本科“十四五”规划教材

无机化学实验

主　编　胡　敏　张　雯
副主编　肖春辉　向　丹

图书在版编目(CIP)数据

无机化学实验 / 胡敏，张雯主编. —西安：
西安交通大学出版社，2020. 12(2023.8 重印)
ISBN 978-7-5693-1766-4

Ⅰ. ①无… Ⅱ. ①胡… ②张… Ⅲ. ①无机化学—化学
实验—高等学校—教材 Ⅳ. ①061-33

中国版本图书馆 CIP 数据核字(2020)第 121009 号

WUJI HUAXUE SHIYAN
书　　名　无机化学实验
主　　编　胡　敏　张　雯
副 主 编　肖春辉　向　丹
责任编辑　王　欣
责任校对　陈　昕
装帧设计　伍　胜

出版发行　西安交通大学出版社
　　　　　　(西安市兴庆南路 1 号　邮政编码 710048)
网　　址　http://www.xjtupress.com
电　　话　(029)82668357　82667874(市场营销中心)
　　　　　　(029)82668315(总编办)
传　　真　(029)82668280
印　　刷　西安日报社印务中心

开　　本　787mm×1092mm　1/16　**印张**　10.5　**字数**　320 千字
版次印次　2020 年 12 月第 1 版　2023 年 8 月第 3 次印刷
书　　号　ISBN 978-7-5693-1766-4
定　　价　29.80 元

如发现印装质量问题，请与本社市场营销中心联系。
订购热线：(029)82665248　(029)82667874
投稿热线：(029)82664954
读者信箱：1410465857@qq.com

前 言

《无机化学实验》是化学及近化学专业的基础实验教材。学生通过对相关无机化学实验的学习、实践，可以加深对无机化学基本理论和元素性质的理解，掌握无机化学实验的基本操作，同时培养科学严谨的求知态度、逻辑缜密的思维能力以及灵活多样的研究手段。本教材紧扣无机纳米功能材料研究领域的前沿热点，增加了无机纳米材料的基本表征和性能测试部分，旨在让学生通过该部分的学习，加深对纳米、微米级功能无机材料基本表征及测试手段的了解，从而对今后的学习、科研起到抛砖引玉的作用。同时，教材针对以往实验教材中重视操作、实验结果，但对实验数据处理软件使用不足的问题，增加了常用数据软件的使用教程及训练的相关内容。本书所编写的实验包括基础实验、综合实验和创新实验三个层次的实验内容。其中，基础实验层次主要侧重与理论课程的穿插结合；综合实验层次集中示范了科研过程中的一般规则，包括材料制备、表征和应用等方面；而创新实验层次则结合了相关领域的前沿热点，例如常用功能纳米材料的制备、表征和应用等。通过多个层次的实验设计，本书将理论与实践相结合，在实践中应用理论、将理论拓展到实践。与此同时，本书还引入了一些新兴的化学实验手段，介绍了相关的生命科学、医学前沿，让学生在学习实验技能的同时有所拓展、有所思考、有所启发。

本教材包括传统教材和在线内容。纸质版的传统教材由西安交通大学化学学科的胡敏、张雯、向丹、肖春辉、吴宥伸、贾钦相、潘爱钊、党东锋、高培红、高敏、刘文彬等参与编写，全书由胡敏定稿，刘文彬、张虹和张桓铭进行相关文字整理工作。同时，胡敏、张雯、向丹、高培红、张虹、刘家豪、胡懿玮、郭仕龙、杨雅儒、刘轩宇、严杰和刘洋河、赵齐仲等参与本实验教材在线内容（影像资料）的编制工作。在线内容作为参考资料，是对传统教材的支撑与拓展，对学生学习无机化学实验课程有很大助益。本教材得了到西安交通大学教务处、化学学院以及化学实验教学中心、分析测试共享中心的领导及老师的支持和帮助，并且参考了相关教材及文献资料，在此深表感谢。

受编者水平所限，书中难免存在错误或疏漏，欢迎读者批评指正。

编 者

2019 年 9 月

目　录

第1章 绪 论

1.1 无机化学实验的目的和要求

化学是一门以实验为基础的学科，化学实验则是化学教学中不可缺少的重要组成部分。本课程通过实验的操作和测定，使学生掌握无机化学以及分析化学的基本操作技能，巩固和深化课堂学习的理论知识；通过观察和分析实验现象，提高学生观察、分析和发现问题的能力；通过分析和处理实验数据，培养学生严谨、认真和实事求是的科学态度，使学生具有一定的收集和处理化学信息的能力、分析和解决较复杂问题的实践能力、用文字表达实验结果的能力以及团队协作能力，为后续课程的学习打好基础。

1.2 无机化学实验的学习方法

为了完成实验任务，达到上述实验目的，除了端正的学习态度，还要有正确的学习方法。化学实验课一般有以下三个环节。

1.重视课前预习

实验前，要认真进行课前预习，了解实验的目的和要求，理解实验原理，熟悉操作步骤和注意事项，写出简明扼要的预习报告，对于设计实验，要写出具体的设计方案。

2.认真实验

应在实验教师的指导下，根据实验教材提示的实验方法和步骤进行实验。实验过程中，要求认真操作、细心观察、如实记录实验数据和现象。如有疑问，及时与实验老师讨论并修订实验方案。

实验结束后，要洗净实验用具，关闭水、电、气及门窗，指导教师签字后方可离开实验室。如果实验数据有疑问，需重复实验。

3.撰写实验报告

在实验课余时间，应通过详细分析、科学归纳、逻辑整理等方式，撰写一份完整的实验报告。实验报告的格式规范将在3.5节具体介绍。

1.3 实验室规则

实验室规则是人们在长期实验工作中总结出来的，它是防止意外事故发生、保证正常实验秩序的前提，要求每个学生都必须遵守。其具体内容包括以下七点：

(1)实验前认真预习，明确实验目的和要求，了解实验的基本原理、方法、步骤。写好预习报告。

(2)实验中认真观察、记录现象，按照要求进行操作，保持实验室的安静。

(3)遵守实验室的各项制度。爱护仪器，节约试剂、水、电。

(4)听从教师和实验室工作人员的指导，严禁在实验室内饮食。

(5)实验完毕，将仪器洗净，把实验桌面整理好。洗手后，离开实验室。

(6)值日生负责实验室的清理工作，离开实验室时检查水阀、电闸是否关好。

(7)实验完毕，做好实验数据的整理工作，及时完成实验报告。

1.4 实验室安全知识

在进行化学实验时，经常会使用到水、电、煤气和各种化学试剂。如果马马虎虎、不遵守操作规程，就会造成不必要的损失，甚至引发事故。因此，熟悉一些实验室安全知识是很有必要的。

(1)熟悉实验室环境，充分熟悉水、电及气阀门以及急救箱和消防用品的位置。要按时参加实验，不能迟到早退。

(2)禁止在实验室饮食、吸烟、嚼口香糖等。实验时，要身穿实验服(鞋子不能露出脚趾)，必要时戴手套和防护眼镜。

(3)长头发要束起来，以免实验时掉入反应器中。

(4)使用易挥发或易燃物质时，要远离火焰。

(5)使用电器设备时，不要用湿手接触插销，以防触电，用后拔下电源插头。

(6)使用任何仪器之前，要仔细阅读说明书，并且按照规范操作。在不了解化学试剂性质时，要首先了解它们的性质。严禁将试剂随意混合，以免发生意外事故。注意试剂的瓶盖和瓶塞不能混用。

(7)加热浓缩液体时要小心，不能俯视正在加热的液体，以免液体溅出伤人。加热试管中的液体时，不能将试管口对着自己或者他人。

(8)在闻瓶中气体时，鼻子不能直接对着瓶口，而应用手把少量气体轻轻扇向自己的鼻孔。

(9)制备一切有刺激性的、恶臭的、有毒的气体，加热或蒸发盐酸、硝酸、硫酸时，都应该在通风橱内进行。

(10)有毒试剂，如重铬酸钾、氰化物、砷盐、锑盐、汞盐和镉盐等，不得入口或接触伤口。使用后，不能随便倒入下水道，要回收或者加以特殊处理。

(11)使用浓酸和浓碱等具有强腐蚀性的试剂时，不要洒在皮肤或衣物上。稀释浓硫酸时，应将浓硫酸慢慢注入水中并不断搅拌，切勿将水注入浓硫酸中，以免局部过热，溅出引起灼伤。

(12)在实验室里，不要使用任何电子产品(如手机和平板电脑等)。这些物品会分散你在实验里的注意力，也会干扰他人。

1.5 实验室中意外事故的处理

一旦发生意外事故，一定不要慌张，要根据实际情况，采取必要的救护措施。

(1)起火:物质燃烧需要氧气和一定的温度,所以通过降温或者将燃烧的物质与空气隔绝,便能达到灭火的目的。一般的小火可以用湿布、石棉布或者细沙土灭火,火势大时要使用合适的灭火器;如果是电气设备起火,应立即切断电源,并用四氯化碳、干粉灭火器等灭火;如果是有机溶剂着火,切不可用水灭火;实验人员衣服着火,应立即脱下衣服或者就地打滚,切勿乱跑。

实验前,要熟悉实验室里灭火器的摆放位置。不同的灭火器有不同的应用范围,因此要根据情况采取适当的灭火方法。表1-5-1给出了常见灭火器及其应用范围。

表1-5-1 灭火器的种类及其应用范围

灭火器名称	应用范围
泡沫灭火器	用于油类着火。这种灭火器由 $NaHCO_3$ 与 $Al_2(SO_4)_3$ 溶液作用产生 $Al(OH)_3$ 和 CO_2 泡沫,泡沫把燃烧物质包住,使其与空气隔绝而灭火。由于泡沫能导电,因此该类灭火器不能用于电器灭火
二氧化碳灭火器	内装液态 CO_2,用于电器设备灭火和小范围油类及忌水的化学品灭火
1211灭火器	内装 CF_2ClBr 液化气,用于油类、有机溶剂、精密仪器及高压电器设备灭火
干粉灭火器	这种灭火器内装 $NaHCO_3$ 等盐类物质以及适量的润滑剂和防潮剂,用于油类、可燃气体、电器设备、精密仪器、图书文件等不能用水的灭火情况
四氯化碳灭火器	内装液态 CCl_4,用于电器设备和小范围的汽油、丙酮等的灭火,不能用于活泼金属(如金属钠、钾等)灭火
酸碱灭火器	内装硫酸或者碳酸氢钠,用于非油类和电器起火引起的初期火灾

(2)割伤:先挑出伤口的异物,涂上红药水或粘贴创可贴,必要时送往医院处理。

(3)烫伤:若出现水泡,切勿挑破,可在烫伤处涂上烫伤膏,必要时送往医院治疗。

(4)强酸腐蚀性烧伤:立刻用大量水冲洗,并用饱和碳酸氢钠溶液或稀氨水冲洗。若酸溅入眼中,先用大量水冲洗,再立即送往医院。

(5)强碱腐蚀性烧伤:立刻用水长时间冲洗,再用醋酸溶液($20\ g\cdot L^{-1}$)或硼酸溶液冲洗。若溅入眼中,用大量的水冲洗后立即送往医院。

(6)触电:立即切断电源,对呼吸、心跳骤停者,立刻进行人工呼吸。

(7)吸入溴蒸气、氯气、氯化氢气体后,可吸入少量酒精和乙醚混合蒸气。

1.6 实验室“三废”的处理

实验中会产生各种各样的废气、废液和废渣。“三废”不仅污染环境,而且会造成不必要的浪费。因此,处理好“三废”具有十分重要的意义。

(1)废气:若试验中产生少量有毒气体,可在通风橱中进行操作,通过排风设备将少量有毒气体排到室外,以免污染室内空气。对于毒气量较大的实验,必须有吸收或者处理装置。

(2)废液:废酸和废碱溶液经过中和处理,并用大量的水稀释后方可排放。实验室用量较大的铬酸洗液,可用高锰酸钾氧化法使其再生,继续使用;少量的洗液可加入废碱液或者石灰使其生成氢氧化铬沉淀,将废渣埋于地下。含铅等重金属的废液,可加入硫化钠或者氢氧化钠，使铅盐以及重金属离子生成难溶的硫化物（或氢氧化物）而除去。含有砷的废液，可加入硫酸亚铁，然后用氢氧化钠调节 pH 值到 9，这时砷化物就和氢氧化铁与难溶的亚砷酸钠或者砷酸钠产生共沉淀，经过滤除去；也可以加入硫化钠或者硫化氢，使其生成沉淀而除去。

绪论

（3）废渣：少量的有毒废渣可埋于地下。

第 2 章　普通化学实验的基本操作

2.1　普通化学实验常用仪器介绍

常用的实验仪器如表 2-1-1 所示。

表 2-1-1　常用的实验仪器

仪器	用途	注意事项
试管　离心试管	用作少量试液的反应容器,便于操作和观察; 离心试管还可用于定性分析中的沉淀分离	加热后不能骤冷,以免试管破裂; 盛放的试液体积不得超过试管体积的 1/3
试管夹	用于夹拿试管	防止烧损(竹质)或锈蚀(金属的)
烧杯	用于盛放试剂,配制、煮沸、蒸发、浓缩溶液,或用作反应器	加热时应放在石棉网上
锥形瓶	常用作滴定操作的反应容器	加热时应放在石棉网上
碘量瓶	有 100 mL、250 mL 等规格,用于碘量法	

续表

仪器	用途	注意事项
装酸液滴瓶 装碱液滴瓶	用于盛放酸液或碱液	不能长期盛放浓碱液，滴瓶上的滴管不能混用
点滴板	白色瓷板，按凹穴数目分为十二穴、九穴、六穴等，用于点滴反应，尤其是显色反应	
洗瓶	塑料瓶，多为 500 mL，内装蒸馏水或者去离子水，用于洗涤沉淀和作为容器	
广口试剂瓶 细口试剂瓶	细口试剂瓶用于盛放液体试剂； 广口试剂瓶用于盛放固体试剂	不能受热
量筒	用于量取一定体积的液体	不能受热
酒精灯	主要有 150 mL、250 mL 等规格，是常用的加热器具	见 2.5.1 节
移液管	用于准确量取一定体积的液体	不能受热

续表

仪器	用途	注意事项
酸式滴定管　碱式滴定管	分为碱式和酸式、无色和棕色，通常有 25 mL、50 mL 等规格。碱式滴定管用于盛放碱性液体；酸式滴定管用于盛放酸性液体	滴定管不能受热
容量瓶	用于配制准确浓度的溶液	不能受热
干燥器　真空干燥器	用于干燥或保存干燥试剂	不得放入过热物品
研钵	用于研磨固体试剂	不能用火直接加热
药勺	用于取用固体试剂	取不同的试剂时不能混用
称量瓶	用于准确称取固体	不能用火直接加热

续表

仪器	用途	注意事项
长颈漏斗　漏斗	用于过滤	不得用火加热
蒸发皿	用于蒸发液体或溶液	忌骤冷、骤热
分液漏斗	用于分离互不相溶的液体，也可用作发生气体装置中的加液漏斗	不得用火加热
吸滤瓶布氏漏斗	用于减压过滤	不得用火加热
圆底烧瓶　平底烧瓶	可作为长时间加热的反应容器	加热时应放在石棉网上
坩埚	用于灼烧试剂	忌骤冷、骤热

续表

仪器	用途	注意事项
毛刷	洗刷玻璃仪器	小心刷子顶端的铁丝撞破玻璃仪器
表面皿	盖在烧杯上	不得用火加热
泥三角	用于承放加热的坩埚和小蒸发皿	
石棉网	加热玻璃反应容器时垫在容器底部，能使加热均匀	不能与水接触，以免铁丝锈蚀
三角架	铁制品，放置较大或较重的加热容器	
温度计	用于测量物体的温度。常用的温度计分为水银温度计和酒精温度计两种。温度计有不同的精度和不同的量程，如 0—100 ℃、0—360 ℃等量程，0.1 ℃、0.2 ℃等精度	温度计不能当作搅拌棒使用；在使用时，要轻拿轻放；不能骤冷、骤热，以免外壳玻璃因受热不均而破裂

续表

仪器	用途	注意事项
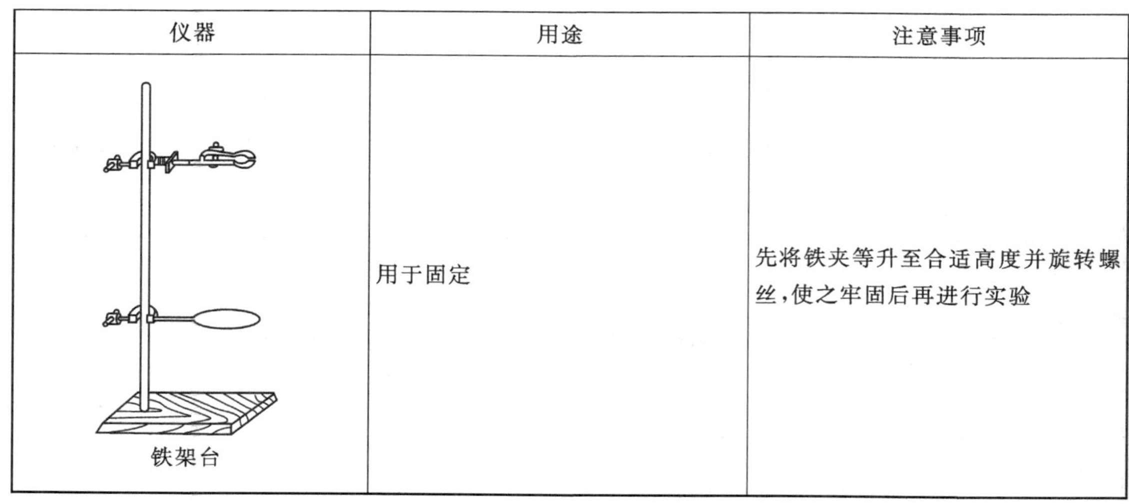 铁架台	用于固定	先将铁夹等升至合适高度并旋转螺丝,使之牢固后再进行实验

2.2 玻璃仪器的洗涤和干燥

2.2.1 玻璃仪器的洗涤

化学实验中常常用到各种玻璃仪器。这些仪器是否干净,常常影响实验结果的准确性,所以一定要保证实验所用的玻璃器皿是清洁的。针对玻璃仪器的特性和玻璃仪器上污物的不同,可以采用不同的洗涤方法,概括起来有下面几种。

(1)用水刷洗:可以洗去玻璃仪器上的可溶性物质、附着在仪器上的尘土等。

(2)用洗涤剂洗:能除去仪器上的油污或者有机物。常用的洗涤剂有去污粉、肥皂、合成洗涤剂等。

(3)用浓盐酸洗:可以洗去附着在器壁上的氧化剂,如二氧化锰。

(4)用铬酸洗:铬酸洗液有强酸性和强氧化性,去污能力强,适用于洗涤油污及有机物。

铬酸洗液的配制方法:将 25 g 研细的工业 $K_2Cr_2O_7$ 加入 50 mL 温热的水中,然后将 450 mL 浓硫酸慢慢加入溶液中。边加热边搅动,冷却后储于细口瓶中。

铬酸洗液的使用方法:使用前,先将玻璃器皿用水或洗衣粉洗刷一遍;随后,尽量把器皿内的水去掉,以免稀释洗液;将洗液小心倒入器皿中,慢慢转动器皿,使洗液充分润湿器皿的内壁,或者浸泡一段时间;用毕将洗液倒回原瓶内,以便重复使用。

铬酸洗液有强腐蚀性,会灼伤皮肤和损坏衣物,使用时最好带橡皮手套和防护镜。万一溅在衣物、皮肤上,要立即用大量水冲洗。

当洗液颜色变成绿色时,洗涤效能下降(请思考这是为什么),应重新配制。

(5)特殊试剂:①含 $KMnO_4$ 的 NaOH 水溶液,适用于洗涤油污及有机物,洗后在玻璃器皿上留下 MnO_2 沉淀,可用浓 HCl 或 Na_2SO_3 溶液将其洗掉;②盐酸-酒精(1∶2)洗涤液,适用于洗涤被有机试剂染色的比色皿。

用以上方法洗涤后的仪器,经自来水冲洗后,还残留有 Ca^{2+}、Mg^{2+} 等离子,如需除掉这些离子，还应用去离子水洗2～3次，每次用水量一般为所洗涤仪器体积的1/4～1/3。

玻璃仪器洗净后器壁应能被水润湿，无水珠附着在上面。如果局部挂水珠或者有水流拐弯，则表示仪器没洗干净，要重新洗涤。

2.2.2 玻璃仪器的干燥

洗净的玻璃仪器如需干燥，可根据实际情况选用以下方法。

(1)晾干：对干燥程度要求不高又不急用的仪器，可以自然晾干。

(2)吹干：急需干燥的仪器，可以用吹风机或者“气流烘干机”吹干。

(3)烘干：对于耐受高温烘烤的仪器可以烘干，通常用烘箱。

(4)用有机溶剂干燥：因为加热会影响仪器的精度，所以带有刻度的仪器不能加热，可用易挥发的有机溶剂干燥。常用的有机溶剂有丙酮、酒精等。

2.3 化学试剂的存放和取用

2.3.1 化学试剂的等级

化学试剂的纯度对实验结果影响很大，要根据实际情况选择合适的等级。根据纯度和杂质含量，化学试剂可以分为五级。化学试剂的级别和应用范围见表2-3-1。

表2-3-1 化学试剂的级别和应用范围

级别	中文名称	英文及缩写	标签颜色	应用范围
一级	优级纯	Guarantee Reagent (GR)	绿色	适用于精密的分析研究及实验
二级	分析纯	Analytical Reagent (AR)	红色	适用于多数分析研究及实验
三级	化学纯	Chemical Pure (CP)	蓝色	适用于一般的化学实验和教学
四级	实验试剂	Laboratory Reagent (LR)	棕色或黄色	工业或化学制备
五级	生物试剂	Biological Reagent (BR)	咖啡色或玫瑰红	生物及医化实验

2.3.2 化学试剂的存放

固体试剂一般存放在广口试剂瓶中，液体试剂一般存放在细口试剂瓶中。一些用量小而使用频繁的试剂，如指示剂等一般盛放在滴瓶中。见光容易分解的试剂应该盛放在棕色瓶中。易腐蚀玻璃的试剂则存放于塑料瓶中。

对于易燃、易爆、强腐蚀性、强氧化性以及剧毒品的存放应该特别注意,一般要求按照分类单独存放。

试剂瓶的瓶塞一般都是磨口的,但是,盛放强碱的试剂瓶以及盛放偏硅酸钠溶液的试剂瓶应该用橡皮塞,以免存放时间久了发生粘连。盛放试剂的试剂瓶都应该贴上标签,并写明试剂的名称、纯度、浓度和配制日期,标签外面应涂蜡或者用透明胶带保护。

2.3.3 固态试剂的取用

试剂取用前,要看清试剂瓶上的标签,以免取错。

取用时,先打开瓶塞,将瓶塞倒放在实验台上。试剂不能用手取用,固态试剂一般用清洁、干燥的药勺(牛角勺、不锈钢勺或者塑料勺)取用。药勺的两端分别为大小两个匙,可取用大量固体和少量固体。用过的药勺必须洗净擦干后才能再用。试剂一旦取出,就不能再倒回原瓶,可将多余的试剂放入指定容器供他人使用。

对于粉末状的试剂,可以用药勺或者纸槽伸进倾斜的容器中,再使容器直立,让试剂直接落到容器的底部[见图 2-3-1(a)和图 2-3-1(b)]。如果是块状的试剂,放入容器时,应先倾斜容器,把固体轻轻放在容器的内壁,让它慢慢地滑落到底部[见图 2-3-1(c)],避免容器被击破;如果固体颗粒较大,应放在研钵中研碎后再取用。

具有腐蚀性、强氧化性或者易潮解的固态试剂应该放在表面皿上或者玻璃容器内称量。固态试剂一般放在干净的称量纸或者表面皿上称量。

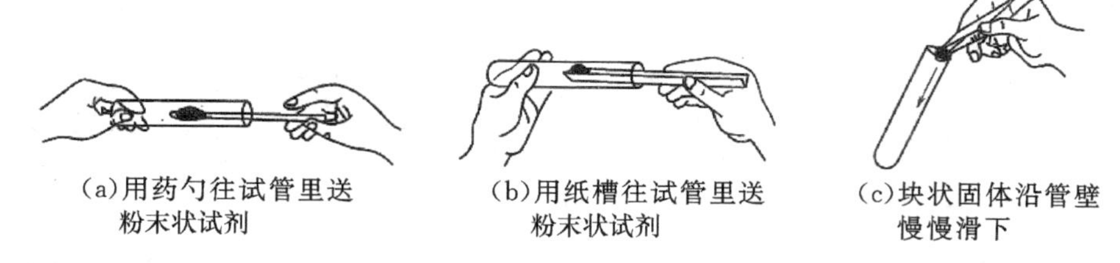

(a)用药勺往试管里送粉末状试剂　(b)用纸槽往试管里送粉末状试剂　(c)块状固体沿管壁慢慢滑下

图 2-3-1　固态试剂的取用

有毒试剂要在教师指导下按规定取用。

2.3.4 液态试剂的取用

试管中加入固体、液体

取用液态试剂时,一般采用倾注法(见图 2-3-2)。取液时,先取下瓶塞并将它倒放在桌上,手握试剂瓶,使标签面朝手心,逐渐倾斜瓶子,让液体试剂沿着瓶壁或者洁净的玻璃棒流入接收器中。倾出所需量后,将试剂瓶口在容器上靠一下,再逐渐竖起瓶子,以防遗留在瓶口的试液留到瓶外。

定量取液体试剂时,可以用量筒或者移液管。移液管的用法将在 2.10 节介绍。下面简单介绍量筒的用法。

向烧杯中加入液体

量筒有 5、10、50、100 和 1000 mL 等规格,可以根据需要选取不同容量的量筒。使用时,一手拿量筒,一手拿试剂瓶,然后倒出所需用量的试剂。最后将瓶口在量筒上轻靠一下,再使试剂瓶竖直,以免留在瓶口的液滴流到瓶的外壁(见图 2-3-3)。

图 2-3-2　倾注法示意图　　图 2-3-3　用量筒取液

读取量桶中液体体积时，应使视线与量筒内液体的弯月面的最低处保持相平，偏高或者偏低都会造成误差(见图 2-3-4)。取用试剂要注意节约，多余的试剂不应倒回原试剂瓶中，有回收价值的，要倒入回收瓶中。

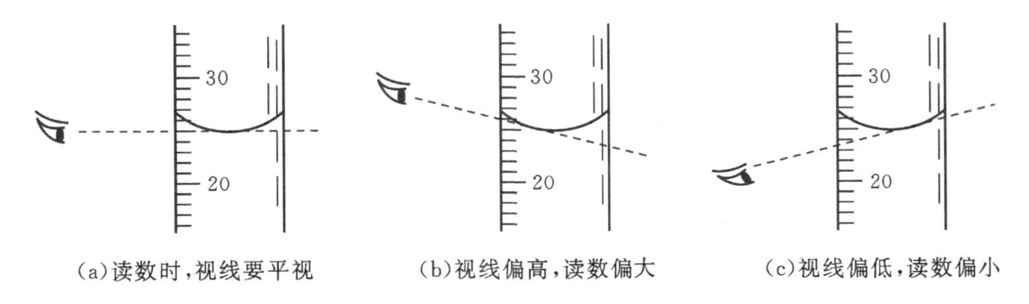

(a)读数时，视线要平视　(b)视线偏高，读数偏大　(c)视线偏低，读数偏小

图 2-3-4　量筒的读数

取用少量试剂时常常用滴管。使用滴管时，先提起滴管，用手指紧捏滴管上部的橡皮胶头，赶走滴管中的空气。然后将滴管伸入试剂瓶中，松开手指吸入试液。取出滴管，将所取试液滴入试管等容器中(见图 2-3-5)。注意：不能将滴管插入容器，以免触及器壁而沾污试剂。滴瓶上的滴管只能专用，不能和其它滴瓶上的滴管混用。滴瓶上的滴管用完后一定放回原瓶，不可随意乱放。装有试剂的滴管不能平放或者管口向上斜放，以免试剂倒流到橡皮胶头里。

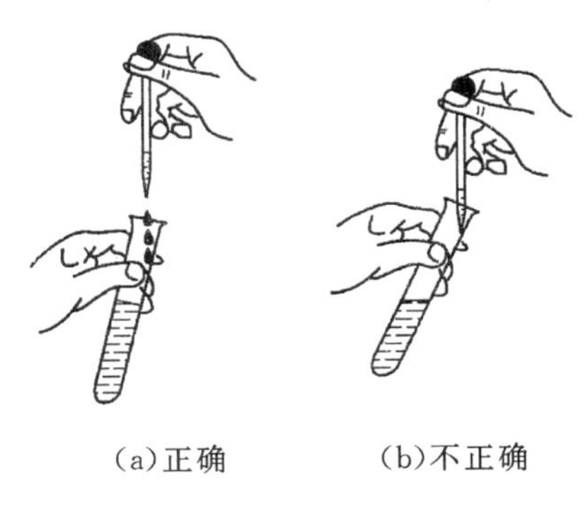

(a)正确　(b)不正确

图 2-3-5　用滴管加入液体试剂

滴管的使用；量筒的使用

取用挥发性的试剂，如浓盐酸、溴等，应该在通风橱中进行，防止污染空气。取用剧毒或者强腐蚀性的试剂要注意安全，切勿洒在手上，以免发生伤害事件。

2.4 试纸的使用

试纸是用于化学分析的检验化学试剂的纸张。商品试纸一般为卷状或者小条状，使用方便，操作简单。在实验室，经常使用试纸来定性检验溶液的酸碱性或者某些成分是否存在。试纸的种类很多，实验室经常用到的有 pH 试纸、石蕊试纸、醋酸铅试纸和碘化钾-淀粉试纸等。下面分别介绍这几种试纸。

2.4.1 pH 试纸

pH 试纸用于检验溶液的 pH 值，一般有两类。一类是广泛 pH 试纸，变色范围在 1～14，用于粗略检验溶液的 pH 值；另一类是精密 pH 试纸，这种试纸在 pH 值变化较小时就有颜色的变化，可以用来较精密地检验溶液的 pH 值。精密试纸分为不同的测量区间，如 0.5～5.0，0.1～1.2，0.8～2.4等。

使用时，可以先用广泛 pH 试纸大致测出溶液的酸碱性，再用精密 pH 试纸进行精确测量。超过了测量的范围，精密 pH 试纸就无效了。

2.4.2 石蕊试纸

石蕊试纸分为红色石蕊试纸和蓝色石蕊试纸两种。红色石蕊试纸用于检验碱性溶液，蓝色石蕊试纸用于检验酸性溶液。

2.4.3 醋酸铅试纸

用于定性检验化学反应过程中是否有 H_2S 气体产生。这种试纸可以在实验室自制，在滤纸条上滴数滴醋酸铅溶液，晾干即可。

当含有 S^{2-} 的溶液被酸化时，逸出的硫化氢气体遇到试纸后，即与试纸上的醋酸铅反应，生成黑色的硫化铅沉淀，使试纸呈褐黑色。

$$Pb(Ac)_2 + H_2S = PbS\downarrow + 2HAc$$

当溶液中 S^{2-} 浓度较小时，则不易检验出。

2.4.4 碘化钾-淀粉试纸

试纸在碘化钾-淀粉溶液中浸泡过，用来定性检验氧化性气体(如 Cl_2、Br_2 等)。使用时要先用蒸馏水润湿试纸，当氧化性气体遇到湿的试纸时，即溶于试纸上的水中，并将试纸上的 I^- 氧化为 I_2，其反应为

$$2I^- + Cl_2 = I_2 + 2Cl^-$$

生成的 I_2 立即与试纸上的淀粉作用，使试纸变蓝色。

如果气体氧化性强而且浓度较大时，还可以进一步将 I_2 氧化成无色的 IO_3^-，使蓝色褪去，其反应为

$$I_2 + 5Cl_2 + 6H_2O = 2HIO_3 + 10HCl$$

所以，使用时必须仔细观察试纸颜色的变化，否则会得出错误的结论。

2.5　加热装置和加热方法

2.5.1　加热装置

加热是实验室常用的实验手段。实验室常用的加热装置有酒精灯、平板电炉、电加热套和高温炉(马弗炉)等。

1.酒精灯

酒精灯为玻璃制品,所用燃料为酒精。使用前,要修剪灯芯[见图 2－5－1(a)]。如果需要往酒精灯内添加酒精,应把火焰熄灭,然后借助于漏斗把酒精加入灯内,加入酒精量不超过其容积的 2/3,如图 2－5－1(b)所示。绝对禁止向燃着的酒精灯里添加酒精,以免失火。

酒精灯要用火柴点燃[见图 2－5－1(c)],不能用另外一个燃着的酒精灯来点火。否则会把灯内的酒精洒在外面,使大量酒精着火引起事故。

酒精灯的使用

酒精灯不能长时间连续使用,以免火焰使酒精灯本身灼热,灯内酒精大量气化形成爆炸物混合物。酒精灯使用完毕后,必须用灯帽盖灭[见图 2－5－1(d)],不可用嘴去吹灭。灯盖要盖严,以免酒精挥发。

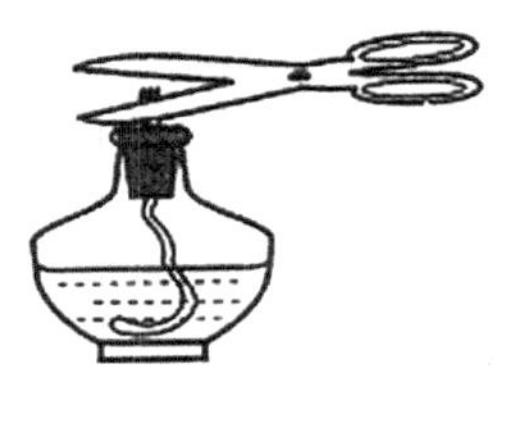

(a)修剪灯芯

(b)添加酒精

(c)点燃

(d)熄灭

图 2－5－1　酒精灯的使用

2.电加热装置

在实验室中还常用平板电炉(见图 2－5－2)、电加热套(见图 2－5－3)和高温炉(见图 2－5－4)等进行加热。

图 2－5－2　平板电炉

图 2－5－3　电加热套

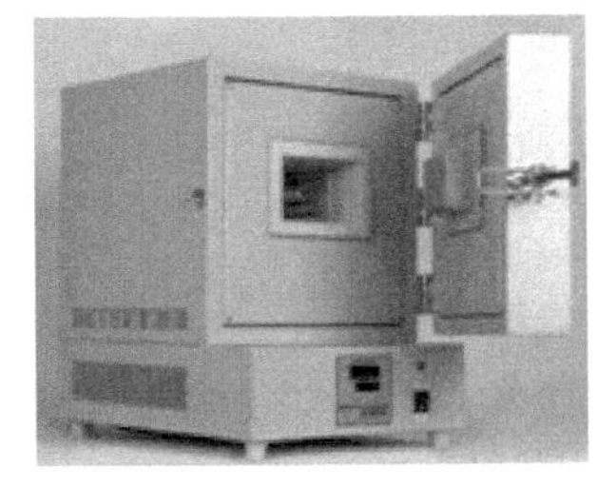

图 2－5－4　高温炉

平板电炉温度的高低可以通过变压器来调节,被加热的容器和电炉之间要放置石棉网,以防止受热不均。

电加热套是一种较方便的加热装置,可加热的温度范围较宽。它是由玻璃纤维包裹着电热丝织成的半圆形的加热器。电加热套有专门的控温装置用于调节温度，由于不是明火加热，所以可加热和蒸馏易燃的有机物，也可以加热沸点较高的化合物。

高温炉通常都可加热到1000 ℃左右，有些还可以更高。

2.5.2 加热方法

1.直接加热

实验室常用的烧杯、烧瓶、蒸发皿、试管（离心式管例外）等器皿可以直接加热，但是，不能骤冷或者骤热。

加热烧杯等容器中的液体时，容器必须放在石棉网上，否则会因受热不均而破裂。加热过程中要保持搅拌，使容器内的液体受热均匀。加热时，烧杯中的液体不能超过其容量的1/2，烧瓶或试管内盛放的液体一般不超过其容量的1/3。

搅拌

试管中的液体可以直接在火焰上加热[见图2-5-5(a)]，加热时要注意以下几点：①试管夹应该夹在试管的中上部；②试管应该稍微倾斜，管口向上，以免烧坏试管夹；③为了使液体受热均匀，先加热液体的中上部，再慢慢往下移动，然后上下移动，不能局部加热；④不能将试管口对准有人的方向，以免溶液煮沸时溅出伤人。

试管加热溶液

加热试管中的固体时，试剂要均匀平铺于试管底部，试管口略微向下（防止水倒流引起试管炸裂）。用酒精灯的外焰对着试管的底部和中部，左右移动四至五次，再用酒精灯外焰对着有试剂的部位加热[见图2-5-5(b)]。

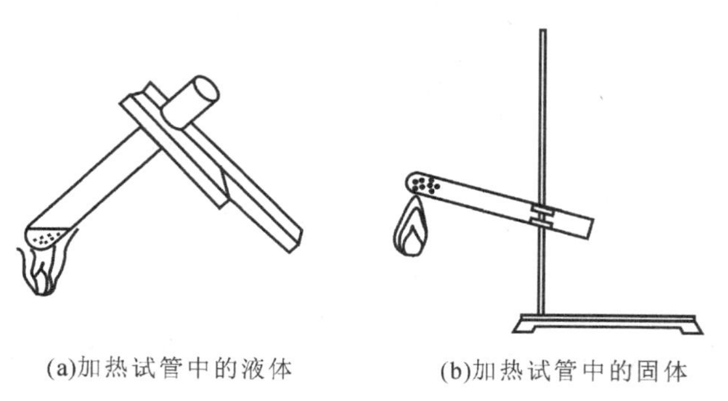

(a)加热试管中的液体　　(b)加热试管中的固体

图2-5-5　加热试管中的液体和固体

2.间接加热

1)水浴

如图2-5-6(a)所示，当要求被加热的物质受热均匀而且温度不高时，可以采用水浴加热。通常，先把水浴中的水煮沸，用水蒸气来加热。水浴加热的温度通常不超过100 ℃。水浴内盛水的量不要超过其容量的1/3。加热时，应随时向水浴锅中补充热水，以保持一定的水量。不能把烧杯直接泡在水浴中加热，这样会使烧杯底部接触水浴锅的底部，因受热不均引起破裂。

2)油浴和沙浴

当要求被加热的物质受热均匀、温度高于100 ℃时，可使用油浴或沙浴[见图2-5-6(b)]加热。

用油代替水浴中的水，即是油浴。油浴的最高温度取决于所用油的沸点。常用的油有甘油、植物油、液体石蜡和硅油等。油浴应小心使用，防止着火。

沙浴是将细沙盛在铁盘里，用煤气灯加热铁盘。加热时，被加热的器皿埋在沙子里。若要测量加热温度，可把温度计埋入靠近器皿的沙中，但不能触及铁盘底部。沙浴升温比较缓慢，停止加热后散热也比较慢。

3)空气浴

沸点在 80 ℃以上的液体原则上可以用空气浴加热。

图 2-5-6(c)是一个简单的空气浴示意图。使用时，将该装置放在三角架或者铁架台的铁环上。注意：罐中的蒸馏瓶或者其它受热容器切勿触及罐底。

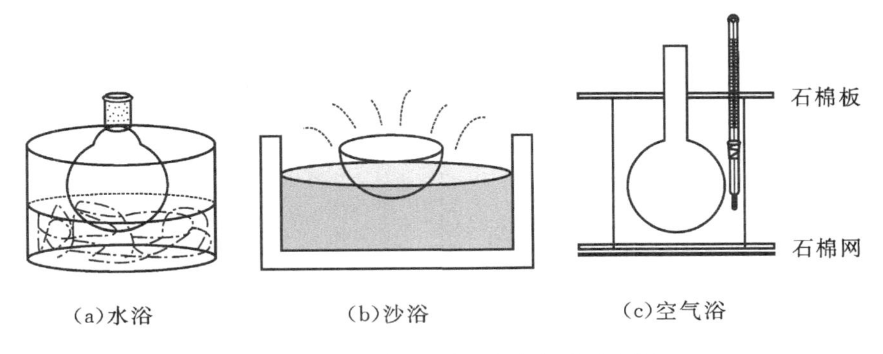

图 2-5-6　水浴、沙浴和空气浴示意图

2.6　蒸发和浓缩

为了使溶质从溶液中析出，常采用加热的方法使水分蒸发而使溶液不断浓缩，加热到一定程度时冷却，即可析出晶体。若溶质的溶解度比较大，必须蒸发到溶液表面出现晶体膜才可以停止加热。若溶液很稀，可以先放在石棉网上直接加热蒸发，然后再放在水浴上加热浓缩、冷却。

常用的蒸发容器是蒸发皿，内盛液体的量不得超过其容量的 2/3。如果液体量较多，蒸发皿一次盛不下，可随水分的蒸发不断添加液体。

蒸发皿的使用

2.7　结晶和重结晶

晶体从溶液中析出的过程称为结晶。结晶是提纯固态物质的重要方法之一。结晶时溶液应达到饱和。使溶液达到饱和的方法有两种：一种是蒸发法，此法适用于溶解度随温度变化不大的物质；另一种是冷却法，此法适用于溶解度随温度下降而明显减小的物质。

析出的晶体颗粒大小与结晶条件有关。如果溶液浓度较高、溶质的溶解度小，不断搅拌溶液并快速冷却，就得到细小的晶体；如果溶液浓度不高，缓慢冷却，就能得到较大的晶体颗粒。这种大的晶体夹带杂质少，易于洗涤，但母液中剩余的溶质较多，损失较大。

实际工作中，常常根据需要来控制结晶条件，得到大小合适的结晶颗粒。当溶液过饱和时，可以振荡容器，用玻璃棒搅动或轻轻地摩擦容器壁，还可以投入几粒晶种，促使晶体析出。

若结晶一次所得物质的纯度不合要求,可加入少量溶剂溶解晶体,再蒸发一次进行重结晶。方法为:把待提纯的物质溶解在适量的溶剂中,除去杂质离子,滤去不溶物后,蒸发浓缩到一定程度,冷却后就会析出溶质的晶体。重结晶是提纯固体物质的一种常见方法。

2.8 固液分离

溶液与沉淀的分离方法有 3 种:倾析法、过滤法和离心分离法。

2.8.1 倾析法

当沉淀的相对密度较大或结晶的颗粒较大、静置后能很快沉降至容器底部时,可用倾析法进行沉淀的分离和洗涤。倾析法是把沉淀上部的溶液倾入另一容器内,使沉淀与溶液分离。如需洗涤沉淀,可以往盛放沉淀的容器内加入少量洗涤液,充分搅拌后沉降,再倾去洗涤液。如此重复操作 3 遍以上,即可把沉淀洗干净。

倾析法固液分离

2.8.2 过滤法

过滤法是最常用的固液分离方法。当沉淀经过过滤器时留在过滤器上,溶液通过过滤器而进入容器中,所得溶液叫做滤液。溶液的黏度、温度、过滤时的压力以及沉淀物质的性质、状态、过滤器孔径大小都会影响过滤速度。过滤时,应将各种因素的影响综合考虑来选择过滤方法。

常用的过滤方法有 3 种:常压过滤、减压过滤和热过滤。

1.常压过滤

此法最为简便和常用,是在常压下使用普通漏斗进行过滤,但是过滤的速度比较慢。

常压过滤使用的滤纸按照空隙大小可分为"快速""中速"和"慢速"3 种;按照直径大小分为 7 cm、9 cm 和 11 cm 等。应根据沉淀的性质选择合适的滤纸。

过滤时,将滤纸对折,再对折,展开成适度的圆锥体,一边是三层,另一边是一层。为了使滤纸与漏斗内壁贴紧,常将滤纸撕去一角,放在漏斗中(见图 2-8-1),滤纸的边缘应该略低于漏斗的边缘。过滤时,先用水润湿滤纸,使滤纸紧贴在玻璃漏斗的内壁上。然后向漏斗中加蒸馏水至接近滤纸边缘,漏斗颈部应该全部充满水形成水柱。这样可以借助水柱的重力抽吸漏斗内的液体,加快过滤速度。如果不能形成水柱,可以用手指堵住漏斗下口,稍稍掀起滤纸的一边,放开下面堵住出口的手指,水柱即可形成。

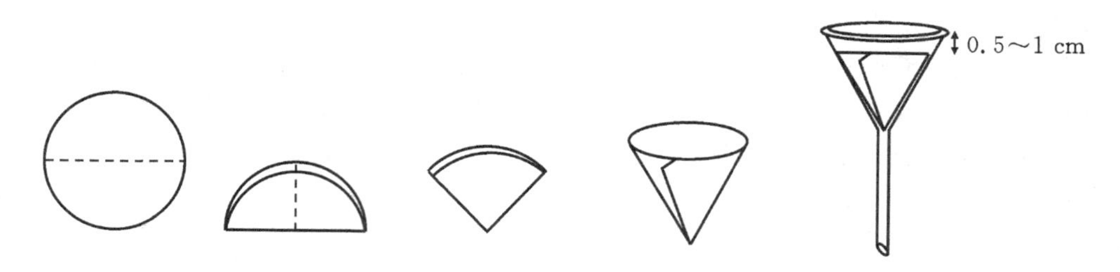

图 2-8-1 滤纸的折叠方法与放置

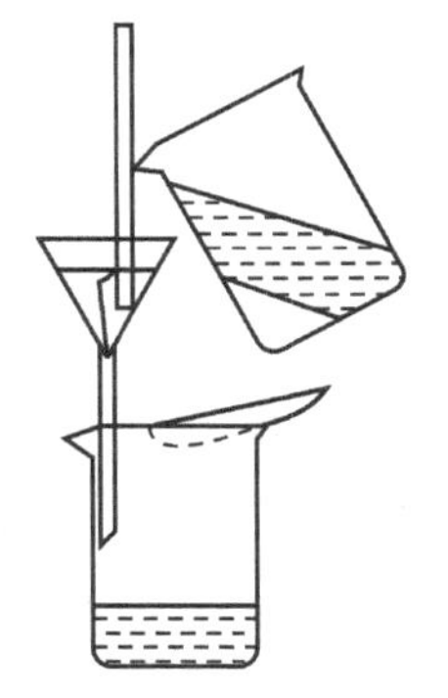

图 2－8－2　常压过滤装置

过滤

常压过滤装置如图 2－8－2 所示。过滤时，先调整漏斗架的高度，使漏斗末端紧靠接收器内壁，然后倾倒溶液。倾倒溶液时，应使搅棒指向三层滤纸处。漏斗中的液面高度应低于滤纸高度的 2/3。

如果沉淀需要洗涤，应待溶液转移完毕，用少量洗涤剂洗涤两三遍，最后把沉淀转移到滤纸上。

2.减压抽滤

减压抽滤的装置如图 2－8－3 所示。减压抽滤的原理是利用水泵冲出的水流带走空气，造成吸滤瓶内的压力减小，使布氏漏斗与瓶内产生压力差，从而加快过滤速度。减压抽滤不宜过滤胶状沉淀和颗粒太小的沉淀，因为胶状沉淀容易穿透滤纸，颗粒太小的沉淀容易在滤纸上形成一层密实的沉淀，使溶液不易透过。

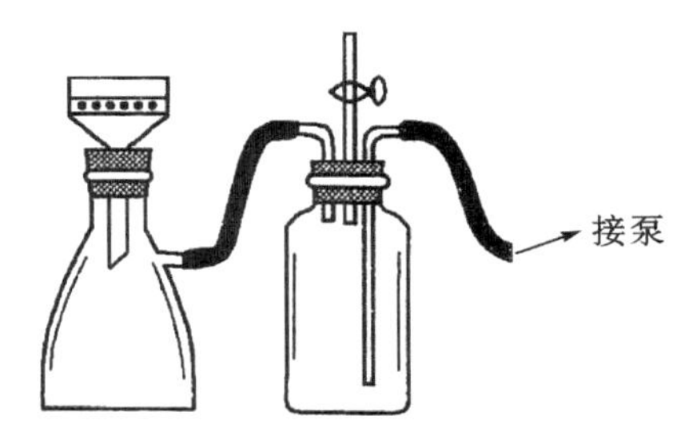

图 2－8－3　减压抽滤装置

减压抽滤使用的滤纸大小应比漏斗内径略小，但又能全部覆盖布氏漏斗上的小孔。过滤时，先用少量水润湿滤纸，再打开水泵减压抽气，使滤纸紧贴在漏斗的瓷板上。然后用倾析法将溶液沿玻璃棒倒入漏斗，每次倒入量不超过漏斗容量的 2/3，等上层清液滤下后，继续抽滤到沉淀被吸干为止。停止吸滤时，需先拔掉连接吸滤瓶和泵的橡皮管，再关闭水泵，以防倒吸。有时候为了防止倒吸，可以在吸滤瓶和水泵之间装一个安全瓶。如果有必要，还需用合适的洗涤剂洗涤沉淀，除去沉淀中夹杂的杂质。

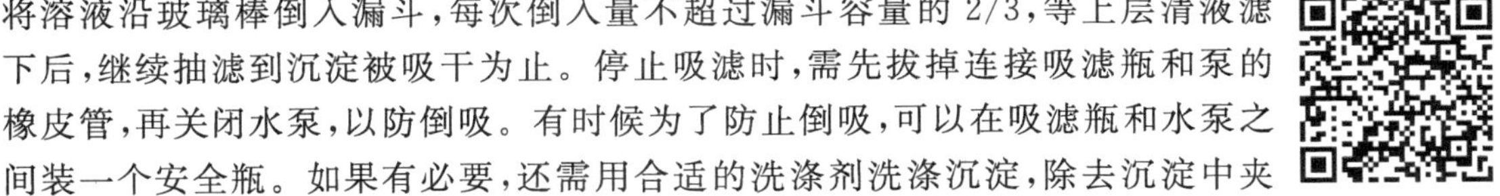

真空泵的使用和减压抽滤法

3.热过滤

有些物质在溶液温度降低时，易结晶析出。滤除这类溶液中所含的其它难溶性杂质，常用热滤漏斗进行过滤（见图 2－8－4），可防止溶质结晶。

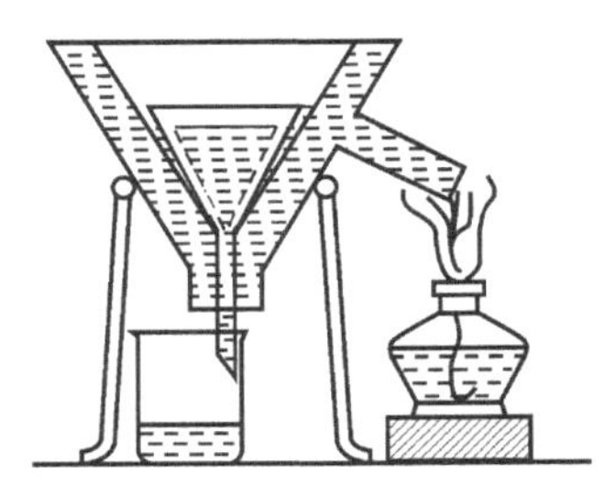

图 2－8－4　热过滤示意图

过滤时,把玻璃漏斗放在铜质的热滤漏斗内,热滤漏斗内装有热水以维持溶液的温度。也可以把玻璃漏斗在水浴上用蒸汽加热后再使用。热过滤选用的玻璃漏斗颈越短越好,以免滤液在漏斗颈内停留时间过久而析出晶体,使漏斗颈发生堵塞。

2.8.3 离心分离法

当被分离的沉淀的量很小时,应采用离心分离法。

分离时,将沉淀和溶液放在离心管内,放入离心机中进行离心分离。如果沉淀需要洗涤,可以加入少量洗涤液,用玻璃棒充分搅动,再离心分离,如此反复 2~3 次。

使用离心机时,应从慢速开始,运转平稳后再加快转速。停止时,应让离心机自然停止,不能用手强制使其停止转动。为了使离心机在旋转时保持平衡,离心管要放在对称的位置上。如果只处理一只离心管,则可在对称位置放一只装有等量水的离心管。如果离心管发生破裂或者强烈振动应立即停止。

离心机的使用

2.9 称 量

2.9.1 天平的种类

天平是化学实验必不可少的称量仪器。常用的天平有托盘天平、电光天平、电子天平等。根据对质量准确度的要求不同,需要使用不同类型的天平进行称量。

电子分析天平为较先进的称量仪器,根据电磁力平衡原理设计,一般可以称准到 0.1 mg。此类天平操作简便,自动化程度高,是目前最好的称量仪器之一。电子天平最基本的功能是自动调零、自动校准、自动扣除空白、自动显示称量结果。

电子分析天平由天平盘、显示屏、操作键、防风罩和水平调节螺丝等组成,如图 2-9-1 所示。电子天平的品牌和型号很多,但是基本使用规程大同小异。

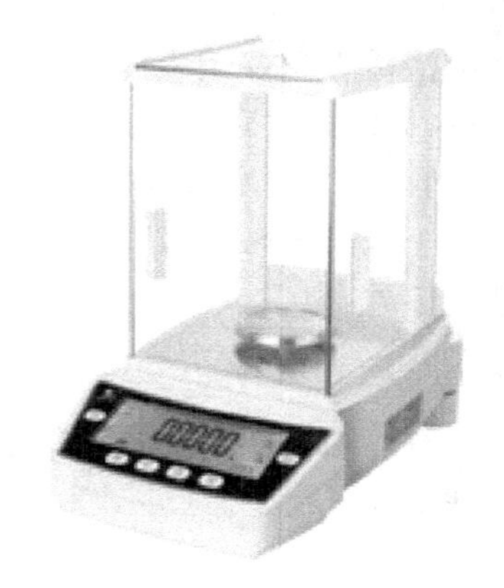

图 2-9-1 电子分析天平

加重法称量的基本操作步骤如下:①使用前,先检查水平仪是否水平,如不水平,需调节天平的水平调节螺丝,使天平水泡位于圆环中央位置;②接通电源,预热几分钟,按"on/off"键开机,天平自检,显示回零时即可开始称量;③将称量容器放于天平称量盘上,其质量即从天平面板的屏幕上显示出来,按"zero"键调零(去皮);④向称量容器中加入样品,再次置于托盘上称量,样品质量即从质量屏幕上显示出来;⑤称量结束后,长按"on/off"键关机,关闭电源,盖上防尘罩,并做好使用登记。

实际使用时,也常常用到减量法称量。减量法的操作与上述操作的主要区别在于操作步骤中的第 3 步和第 4 步,将第 3 步改为称量样品及称量瓶的总质量,第 4 步改为称量并记录剩余样品和称量瓶的总质量。其余步骤与上面的加重法一样。

分析天平简介;
电子天平的使用

2.9.2　称量方法

在称量样品时，根据样品性质的不同，有直接法和差减法等不同的称量方法。

1.直接法

如果固体样品无吸湿性，在空气中性质稳定，可以用直接法称量。称量时，可以用烧杯、表面皿或者称量纸做称量器皿。先准确称出称量器皿的质量，然后在右边加上相当于试样质量的砝码，再在左盘的称量器皿中逐渐加入待称量的试样，直到天平达到平衡。这种方法要求试样性质稳定，操作者技术熟练。

直接法

2.差减法(或减量法)

易吸潮或者在空气中性质不稳定的样品，最好用差减法来称量。将试样装入称量瓶中，先准确称出称量瓶和试样的总质量 m_1，然后用纸条裹着取出称量瓶(如图 2-9-2 所示)；在容器的上方将称量瓶倾斜，用称量瓶盖轻敲瓶口上部，使试样慢慢落入容器中，当倾出的试样量接近所需要的质量时将称量瓶竖起；再用称量瓶盖轻敲称量瓶上部，使粘在瓶口的试样全部落下，然后盖好瓶盖，称出称量瓶和剩余试样的总质量 m_2；两次质量之差 m_1-m_2就是倒出的试样质量。这种称量方法就叫差减法(或减量法)。

图 2-9-2　用称量瓶倒出试剂示意图

称量瓶是带有磨口塞的小玻璃瓶，一般保存在干燥器中。它的质量较小，可直接在天平上称量，防止试样吸收空气中的水分等。称量瓶不能用手拿，要用干净的纸带套住，小心用手拿住纸带两头。若从称量瓶中倒出的试剂太多，不能再倒回瓶中。

差减法

2.10　滴定分析仪器和基本操作

2.10.1　移液管及其使用

移液管是用来准确移取一定体积溶液的量器，如图 2-10-1 所示。其准确度与滴定管相当。

移液管有两种，一种是中间有一膨大部分(称为球部)的玻璃管，无分刻度，两端细长，管颈上部刻有一标线，此标线是按放出的体积来刻制的。常见的移液管有 5 mL、10 mL、25 mL、50 mL等几种规格，最常用的是 25 mL 的移液管。另一种是标有分刻度的直型玻璃管，叫做吸量管。吸量管一般用来量取小体积的溶液，在吸量管的上端标有指定温度下的总体积，常见的吸量管有 1 mL、2 mL、5 mL、10 mL 等几种规格。

移液管使用前首先要洗涤干净：先用合适的刷子刷洗，若有油污则要用洗液洗涤。洗涤时，吸入 1/3 容积的洗液，平放并转动移液管，用洗液充分润洗内壁，然后将洗液放回原试剂瓶，再用自来水冲洗后用去离子水清洗 2～3 次备用。

洗净后的移液管使用前必须用吸水纸擦干外壁，再用试液润洗 2～3 次。润洗时，将溶液吸至"胖肚"约 1/4 处，平放并转动移液管，让溶液充分润洗移液管内壁。润洗完毕后将溶液从下端放出。

移液时，将润洗好的移液管插入待取的溶液液面下 1～2 cm 处(不能太浅以免吸空，也不能触及容器底部以免吸起沉渣)。拇指及中指握住移液管标线以上部位，左手拿洗耳球，排出洗耳球内的空气；然后将洗耳球对准移液管上端，吸入试液至标线以上约 2 cm，拿掉洗耳球，迅速用食指代替洗耳球堵住管口；将移液管提出液面，倾斜盛液容器，将移液管尖紧贴容器内壁成约 45°角，稍停片刻，然后微微松开食指，并用拇指和中指缓慢转动移液管，使标线以上的试液流至标线(见图 2－10－2)。

放液时，将移液管迅速放入接收容器中，并使接收容器倾斜而移液管直立；出口尖端接触容器壁；松开食指，使溶液自由流出；待溶液流出后停留 15 s，然后将移液管左右转动一下，再取出(见图 2－10－3)。

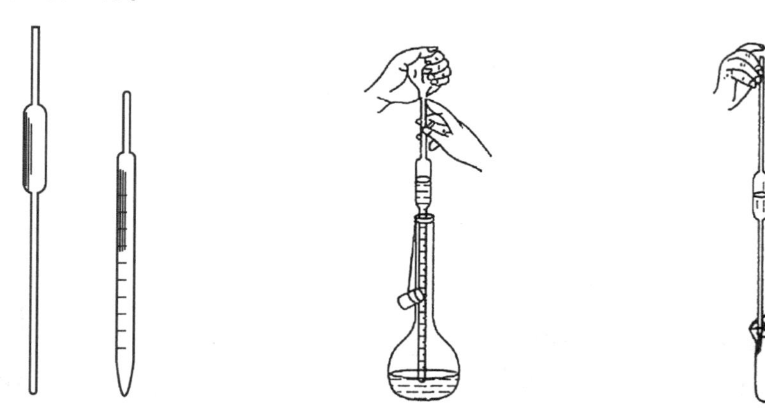

图 2－10－1　移液管图　　图 2－10－2　移液管吸液　　图 2－10－3　移液管放液

注意：除了标有"吹"字的移液管外，不要将残留于管尖的液体吹出。因为在校准移液管容积时，没有算上这部分液体。

移液管和量管的使用

2.10.2　容量瓶及其使用

容量瓶是一个细颈梨形的平底瓶，带有磨口塞(见图 2－10－4)。颈上标线表明，在所指温度下(一般为 20 ℃)，当液体充满到标线时，瓶内液体体积恰好与瓶上所注明的体积相等。容量瓶是用于配制准确浓度的溶液的，常和移液管配合使用，通常有 25 mL、50 mL、100 mL、250 mL、500 mL、1000 mL 等数种规格，实验中常用的是 100 mL 和 250 mL 的容量瓶。

容量瓶使用前要充分洗涤。小容量瓶可装满洗液浸泡一定时间；大的容量瓶不必装满，注入约 1/3 体积的洗液，塞紧瓶塞，摇动片刻，隔一段时间再摇动几次即可洗净。（问题：容量瓶是否要用待盛放的溶液润洗？）

在使用容量瓶之前，首先要检查容量瓶容积与所要求的是否一致，然后检查瓶塞是否漏水。检查时，在瓶中放自来水到标线附近，塞好瓶塞，用左手食指按住瓶塞，同时用右手五指托住瓶底边缘，使瓶倒立 2 min，用干滤纸沿瓶口缝处检查，看有无水珠渗出。如果不漏，把瓶塞旋转 180°，塞紧，倒置，检查此方向有无渗漏。容量瓶的瓶塞必须妥善保管，最好用绳子把它系在瓶颈上，以防摔碎或与其它容量瓶瓶塞搞混。

配制标准溶液时，先将精确称重的试剂放入小烧杯中，加入少量溶剂使其完全溶解（若难溶，可盖上表面皿，稍加热，但必须放冷后才能转移）后，沿玻璃棒将溶液移入洗净的容量瓶中（见图 2-10-5）；用少量溶剂冲洗玻璃棒和烧杯内壁，按同样方法将溶液转入容量瓶中。如此重复操作 3 次以上。补充溶剂时，当瓶中液体加至 3/4 左右，将容量瓶水平方向摇转几周，使溶液初步混合均匀；再慢慢加水到距标线 1 cm 左右，等待 1～2 min，使附在瓶颈内壁的溶液全部流下，最后用滴管加水至弯月面下部与标线相切（眼睛平视标线）；盖好瓶塞，用一只手的食指按住瓶塞，另一只手的手指托住瓶底；随后将容量瓶倒转，使气泡上升到顶部；再倒转过来，仍使气泡上升到顶。如此反复 10 次以上，使溶液混合均匀（见图 2-10-6）。

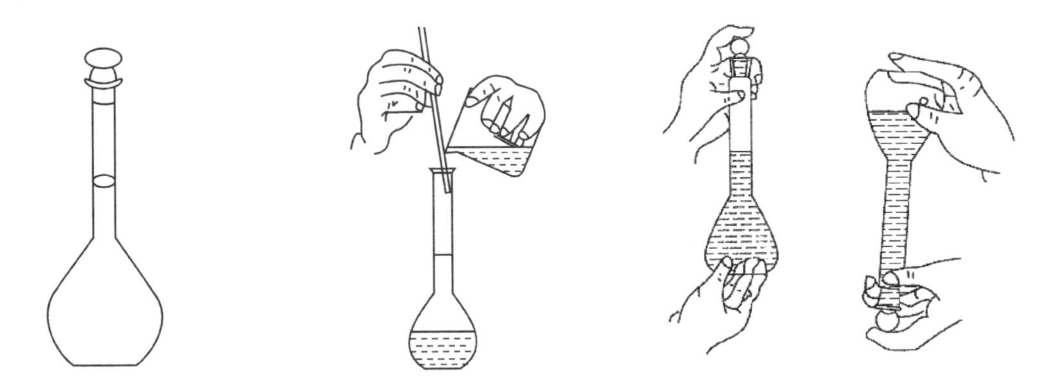

图 2-10-4　容量瓶　　图 2-10-5　转移溶液到容量瓶中　　图 2-10-6　摇匀容量瓶中的溶液

注意：容量瓶不能久贮溶液，尤其是碱性溶液会腐蚀瓶壁，并使瓶塞粘住，无法打开。另外，容量瓶不能加热。

容量瓶的使用

2.10.3　滴定管及其使用

滴定管是滴定分析中最基本的量器，用来准确放出不确定量的液体。滴定管是用细长而均匀的玻璃管制成的，管上有刻度，下端是一尖嘴，中间有活塞等用来控制滴定的速度，如图2-10-7所示。常量分析的滴定管有 25 mL、50 mL 等规格，最小分度是 0.1 mL，读数可以估计到 0.01 mL。此外，还有容积为 10 mL、5 mL、2 mL 的半微量和微量滴定管，最小分度为0.05 mL、0.01 mL 或者 0.005 mL。

滴定管分酸式和碱式两种。下端用玻璃活塞控制滴定速度的是酸式滴定管，用于量取对橡皮管有腐蚀作用的酸性试剂。碱式滴定管下端用橡皮管连接一个尖嘴的小玻璃管，橡皮管内有一个玻璃珠用来控制溶液的流出速度。碱式滴定管不宜装对橡皮管有腐蚀性的溶液，如碘、高锰酸钾和硝酸银等。

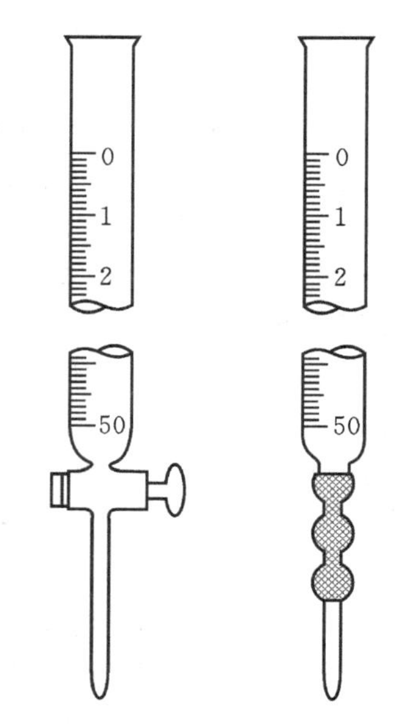

(a)酸式滴定管　(b)碱式滴定管

图 2-10-7　滴定管

滴定管使用前首先要检漏，以酸式滴定管为例，具体操作为：开启酸式滴定管的下端活塞，若液体能正常自管内滴出，先取下旋塞，洗净后用滤纸将水吸干或吹干，然后在活塞的两头涂一层很薄的凡士林，切勿堵住塞孔(见图 2-10-8)；装上旋塞并转动，使旋塞与塞槽接触处呈透明状态，装水试验是否漏液；将旋塞转动 180°，再观察，如果两次均无水渗出方可使用。

滴定管使用前一定要洗涤干净。具体操作为：向管中注入 10 mL 洗液，两手平握滴定管不断转动，直到洗液把全管浸润，然后将洗液由上口或尖嘴倒回贮存瓶中。若以上方法不能洗净，需将洗液装满滴定管浸泡后再冲洗干净。用蒸馏水润洗后，还要按照上述方法，用待装溶液润洗 2～3 次。

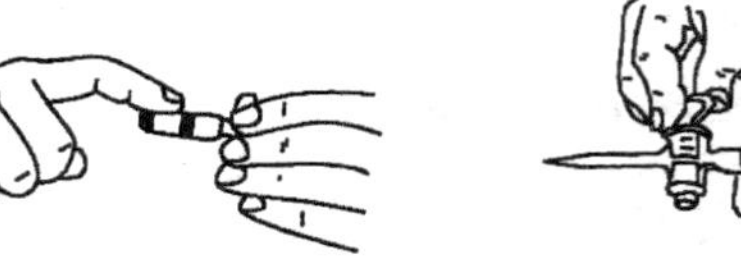

图 2-10-8　旋塞涂凡士林方法

润洗后，关好旋塞，向滴定管中加入操作液至“0”刻度附近。注意不要注入太快，以免产生气泡。装入操作液的滴定管，应该检查出口下端是否有气泡。如有气泡，应及时排除。如果是酸式滴定管，可迅速打开旋塞(反复多次)，使溶液冲出带走气泡。若碱式滴定管中形成气泡，则可将胶皮管向上弯曲，并用手指挤压玻璃球上部，使溶液从管口喷出，赶走碱式滴定管内气泡(见图 2-10-9)。排出气泡后，滴定管下端如果悬

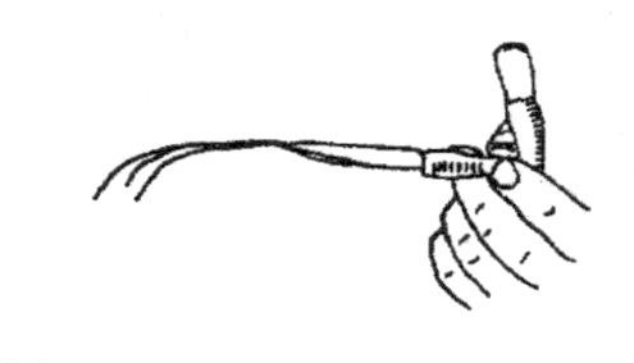

图 2-10-9　碱式滴定管排气泡

挂有液滴，也应除去。

使用酸式滴定管时，用一只手控制滴定管的旋塞，大拇指在前，食指和中指在后，手心空握，以免碰到旋塞使其松动或者顶出，发生漏液。另一只手持锥形瓶，使滴定管管尖伸入瓶内约 1～2 cm，如图 2-10-10(a)所示。滴定时，锥形瓶沿同一方向做圆周运动振荡，滴定和振荡溶液要同时进行。开始时，滴定一般为每秒 3～4 滴；接近终点时，应一滴一滴或半滴半滴加入滴定剂（滴加半滴溶液时，可慢慢控制旋塞，将溶液悬挂管尖而不滴落，然后用锥形瓶内壁将液滴碰落，再用洗瓶将之冲入锥形瓶中）。

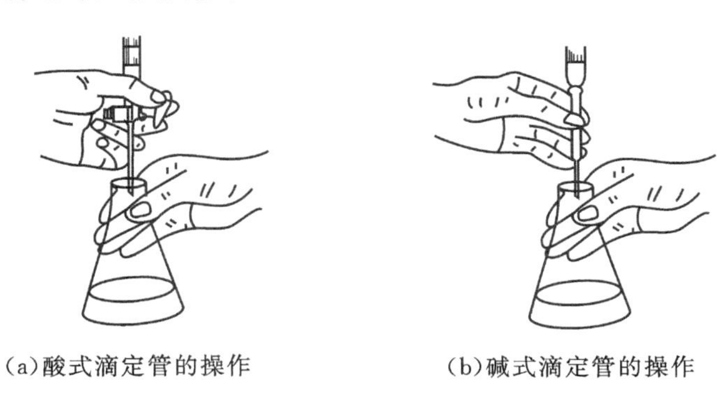

(a)酸式滴定管的操作　　(b)碱式滴定管的操作

图 2-10-10　滴定管的操作示意图

使用碱式滴定管时，拇指在前，食指在后，捏挤玻璃珠外侧稍向上方的橡皮管，溶液即可流出（如果挤捏位置不妥，松手后玻璃尖嘴中会出现气泡），如图 2-10-10(b)所示。

滴定管读数时，对于无色或者浅色溶液，读取弯月面下端最低点；视线应在溶液弯月面下缘最低处的同一水平位置上，以避免视差[见图 2-10-11(a)]。因为液面是球面，眼睛位置不同会得到不同的读数。对于常用的 50 mL 滴定管，读数应精确到 0.01 mL。对于有色或深色溶液如碘溶液、高锰酸钾溶液，弯月面很难看清楚，而液面最高点较清楚，所以常读取液面最高点，读数时应调节眼睛的位置，使之与液面最高点前后在同一水平位置上[见图 2-10-11(b)]。对于白色带蓝条的滴定管，无色溶液的读数应以两个弯月面的相交最尖部分为准[见图 2-10-11(c)]。有色溶液读取液面两侧的最高点[见图 2-10-11(d)]。

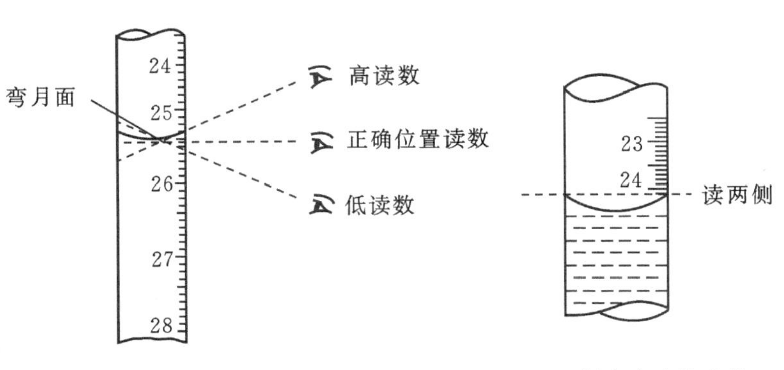

(a)无色或者浅色溶液的读数　　(b)深色溶液的读数

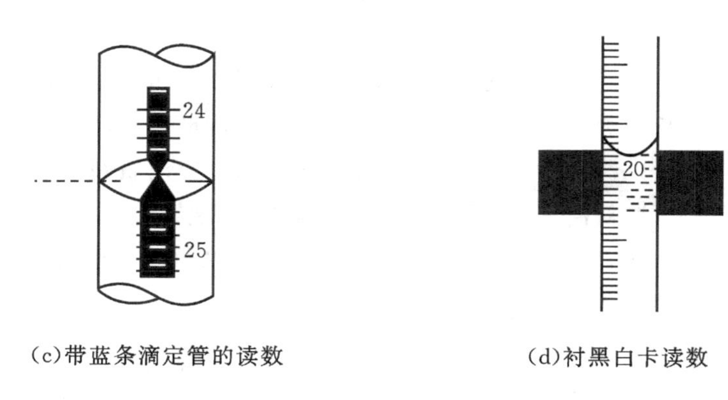

(c)带蓝条滴定管的读数　　(d)衬黑白卡读数

图 2-10-11　滴定管的读数

2.11　酸度计

酸度计是测定溶液 pH 值最常用的仪器之一。它主要是利用一对电极在不同 pH 值的溶液中能产生不同的电动势,把电压表测得的电动势直接表示为 pH 值,不用再进行换算。测量时用的一对电极分别称为指示电极和参比电极。

酸度计种类很多,但是基本原理和使用步骤都大体相同,现以 PHS-25 型酸度计为例,说明酸度计的使用方法及注意事项。

PHS-25 型酸度计使用的指示电极是玻璃电极,参比电极是甘汞电极,在使用前要先进行标定。一般来说,在连续使用时,每天标定一次就能达到要求。标定的具体步骤如下:

(1)温度补偿探头设定在测定的温度值上;

(2)将 pH/mV 开关转至 pH 挡;

(3)将量程选择开关拨到待测溶液的 pH 值范围(7～0 或 7～14);

(4)过 1～2 min 后,调节零点调节器,使指针仍指在 pH 值为 7 处;

(5)电极先用蒸馏水清洗,然后插入已知 pH 值的标准缓冲溶液中,并摇动烧杯使溶液均匀;

(6)调节定位调节器,使指针指在该溶液的 pH 值处;操作几次,使指针的指示值稳定;仪器校正后,定位调节器不能再动。

测量时,将电极插入待测溶液中,读出溶液的 pH 值;测量完毕后,洗净电极。将 pH/mV 开关转至 mV 挡,读出的数值就是被测量样品的 mV 值。

玻璃电极使用时要注意:①玻璃电极的主要部分是下端的玻璃球泡,它由一层较薄的特种玻璃制成,所以切勿与硬物接触,以免碰破;②初次使用时,应先将玻璃电极在去离子水中浸泡 24 h 以上;暂不使用时,也要浸在去离子水中;③若玻璃膜上沾有油污,应先浸在酒精中,再放入乙醚或四氯化碳中,然后再移到酒精中,最后用水冲洗干净;④在测强碱性溶液时,应快速操作,测完后立刻用水洗净,以免碱液腐蚀玻璃;⑤凡是含氟离子的酸性溶液,不能用玻璃电极测量。(试分析原因)

2.12　可见分光光度计

定量化学分析中所讨论的吸光光度法主要是利用可见光来测量，常用的仪器是分光光度计。下面以 721 型可见分光光度计为例，说明这类仪器的使用方法和注意事项。

721 型可见分光光度计是以碘钨灯为光源、衍射光栅为色散元件、端窗式光电管为光电转换器的单光束、数显式可见分光光度计。波长范围为 330～800 nm，波长精度为±2 nm，波长重复性为 0.5 nm，单色光的带宽为 6 nm，吸光度的显示范围为 0～1.999，吸光度的精确度为 0.004（在吸光度 A＝0.5 处），试样架通常可以放置 4 个吸收池（比色皿）。碘钨灯发出的连续光经滤光片选择、聚光镜聚集后投向单色仪的进光狭缝，此狭缝正好处于聚光镜及单色器内准直镜的聚焦平面上，因此，进入单色器的复合光通过平面反射镜反射到准直镜变成平行光射向光栅，通过光栅的衍射作用形成按波长顺序排列的连续光谱。此光谱重新回到准直镜上，由于单色器的出光狭缝设置在准直镜的聚焦平面上，这样从光栅色散出来的光谱经准直镜依据聚光原理成像在出光狭缝上。出光狭缝选出指定带宽的单色光，通过聚光镜照射在被测溶液中心，其透过光经光门射向光电管的阴极面。波长刻度盘下面的转动轴与光栅上的扇形齿轮相吻合，通过转动波长刻度盘而带动光栅转动，从而改变光源出射狭缝的波长值。

721 型可见分光光度计由光源、单色器、样品室、光电管暗盒、电子系统及数字显示器等部件组成，其外观如图 2-12-1 所示。

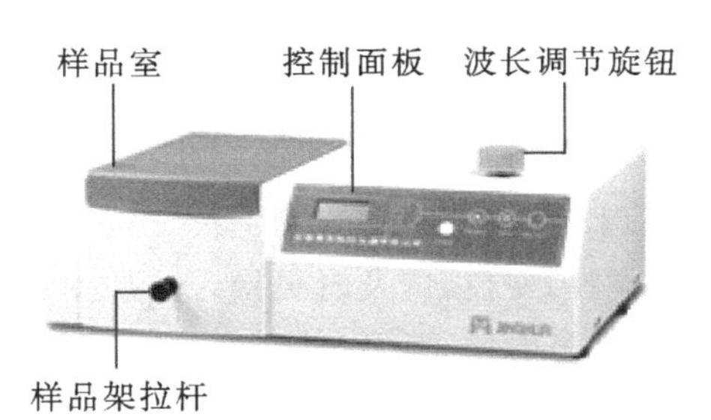

(a)分光光度计正面

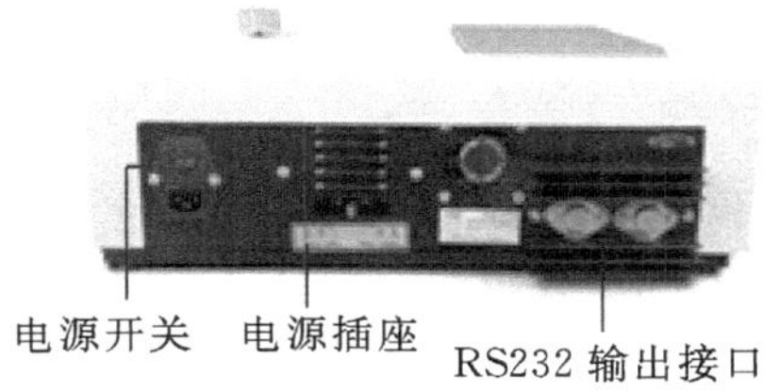

(b)分光光度计后面

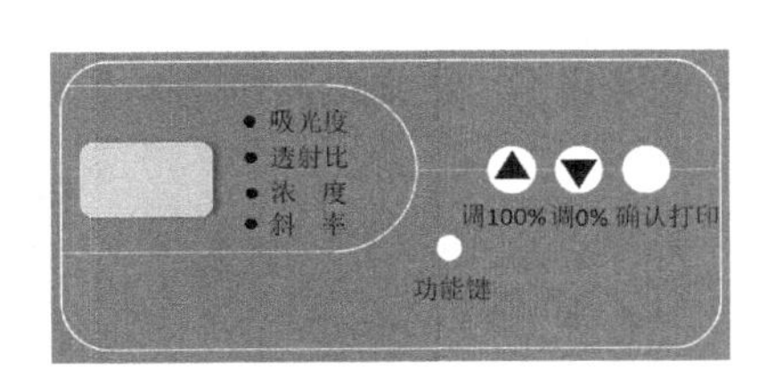

(c)分光光度计控制面板

(d)分光光度计样品架

图 2-12-1　721 型可见分光光度计外观

721 型可见分光光度计的使用方法如下：

(1)取下防尘罩，插上电源，打开分光光度计开关，预热仪器，30 min 后系统正常即可使用；

(2)调节波长调节旋钮至所需波长；

(3)打开样品室盖子，将黑色比色皿放于样品架任一卡槽中，将装有参比液的比色皿(光面处于光路上)放于另一卡槽中，盖上样品室盖子；

(4)校准仪器，拉动样品架拉杆，将装有黑色比色皿的卡槽置于光路中，按控制面板上的功能键，调节至透射比界面(透射比前方灯亮)，按“调 0%”按钮，显示器上显示 0.000；拉动样品架拉杆，将装有参比液的卡槽置于光路中，按“调 100%”按钮，显示器上显示 100.0，重复此操作至仪器显示稳定；

(5)样品检测：将装有样品的比色皿置于另一样品池卡槽中，拉动样品架拉杆使装有样品的卡槽处于光路中，按功能键，调节至吸光度界面，此时显示器上显示的数值即为该波长下样品的吸光度；

(6)一般情况下，黑色比色皿和装有参比液的比色皿应一直放在样品室内，每换一次波长要重新校准一次仪器。比色皿外观如图 2-12-2 所示。

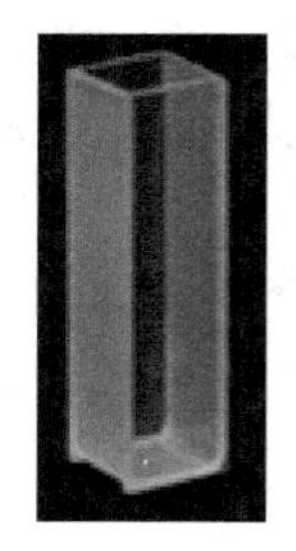

(a)玻璃比色皿

(b)黑色比色皿

图 2-12-2　比色皿

721 型可见分光光度计在使用过程中要注意以下几点：

(1)仪器不能受潮，若发现仪器上的干燥剂(硅胶)变色，应及时更换；

(2)仪器调“0%”和“100%”可以反复多次，特别是电压不稳定的时候；

(3)每改变一个波长，就要重新调“0%”和“100%”；

(4)如果大幅度调整波长，应该稍等一段时间，待机器稳定再测定；

(5)测定时，比色皿要用被测液润洗 2～3 次，以免被测液浓度改变；测定时，样品池(比色皿)只需装至其容积的 3/4 即可，不要过满；比色皿用完以后，要及时用蒸馏水洗净，晾干后装在盒子里；

(6)比色皿的光面要保护好，不能用手拿，擦干水分时，只能用擦镜纸或者绸布沿一个方向擦拭，不能用力来回擦；

(7)为了防止光电管疲劳，当不测试时，应该使暗箱盖处于开启位置；连续使用的时间不得超过 2 h，若已经工作 2 h，最好间歇 30 min 后再继续使用。

分光光度计

2.13　紫外-可见分光光度计

紫外-可见分光光度计可以根据物质的吸收光谱研究物质的成分、结构和物质间相互作用。紫外分光光度计可以在紫外可见光区任意选择不同波长的光。物质的吸收光谱是物质中的分子和原子吸收了入射光中的某些特定波长的光能量，相应地发生了分子振动能级跃迁和电子能级跃迁的结果。由于各种物质具有各自不同的分子、原子和不同的空间结构，其吸收光能量的情况也不相同，因此，每种物质就有其特有的、固定的吸收光谱曲线，可根据吸收光谱上的某些特征波长处的吸光度的高低判别或测定该物质的含量。

紫外分光光度计由光源、单色器、样品池、检测器和显示器等组成。光源的作用是发出所需范围内的连续光谱。单色器可将光源发射的复合光分解成单色光并且可以从中选出任意波长的单色光，它主要由狭缝、色散原件和透镜系统组成。样品池（比色皿）用于盛放样品溶液和空白溶液，有两个光面和两个磨砂面。测试时，样品溶液放在外侧，空白溶液放在内侧，比色皿光面对准光源。使用紫外-可见分光光度计时，使用的是石英比色皿。

岛津 UV－2550 紫外-可见分光光度计的外观如图 2－13－1 所示，其使用方法如下：

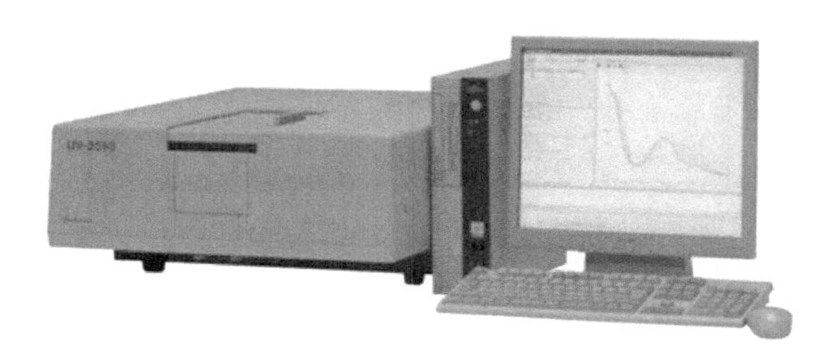

图 2－13－1　岛津 UV－2550 紫外-可见分光光度计

（1）打开紫外-可见分光光度计，预热 20 min；

（2）开启计算机显示器和主机；

（3）点击 UV－Probe 工作站图标，点击屏幕下方的“连接”，仪器进行初始化，若所有项目前显示绿灯，则初始化通过，点击“确定”，仪器连接成功；

（4）取两只比色皿，装入空白溶液，调基线；

（5）进入光谱测量模式，设置参数，将空白溶液和样品溶液装入比色皿，空白溶液放入内测，样品溶液放入外测，点击“扫描”，得到最大吸收波长；

（6）进入光度测定模式，设置参数，输入样品序号，点击“读取 std”，依次测定标准溶液和样品溶液的吸光度，得到样品溶液的浓度；

可见分光光度计

（7）根据测得的标准溶液和样品溶液的吸光度进行计算，得到样品溶液的浓度；

（8）关闭工作站和计算机，关闭紫外-可见分光光度计。

2.14　透射电子显微镜

透射电子显微镜（Transmission Electron Microscope，TEM）是利用高能电子束穿透试样时发生散射、吸收、干涉和衍射，在相平面形成衬度，从而显示出明暗不同的影像的仪器。透射电子显微镜可以用于观察样品的精细结构，可提供晶体形貌、分子量分布、微孔尺寸分布、多相结构和晶格与缺陷等信息（见图 2－14－1）。TEM 在材料学、物理学和生物学相关的许多科学领域都有重要的利用价值。

图 2-14-1　透射电子显微镜

STEM(Scanning Transmission Electron Microscopy,STEM)在扫描电镜上配置透射附件,应用透射模式可得到物质的内部结构信息,既有扫描电镜的功能,又具备透射电镜的功能。与透射电镜相比,由于其加速电压低,特别适合有机高分子、生物软材料等样品的透射分析。在 STEM 模式下亦可获取纳米材料元素分布信息。

TEM

2.15　X 射线衍射仪

X 射线衍射仪(X-Ray Powder Diffractometer,XRD)主要用于确定多晶样品的物相与晶体结构,其原理基于布拉格方程 $2d\sin\theta=n\lambda$。本书涉及的 XRD 型号为 Bruker D8 Advance。

(1)仪器的主要部件。所有的 XRD 都有三个主要部件,第一个部件是 X 射线发生器(铜靶),可点、线焦斑切换,可确定特征射线波长 λ;第二个部件是测角仪,精度为万分之一度,可精确测量 2θ 角;第三个部件是探测器,是一维阵列探测器,型号为 Lynxeye XE,它是 Bruker 公司的中高端一维探测器,可快速接收衍射信号。

(2)样品的制备。实验中心有三种用于制备样品的样品架,分别是石英玻璃样品架、零背底样品架和固体样品架。石英玻璃样品架、零背底样品架可用于制备粉末样品,固体样品架可用于制备块体和薄膜样品。粉末样品测试量为几毫克到几十毫克,其制备方法是,先将粉末倒入玻璃样品架的凹槽中,使用载玻片将其压平,再使粉末铺满凹槽或位于凹槽中间呈条状分布,并与样品架表面齐平。

(3)测试与数据分析。测试使用 Bruker D8 Advance 自带控制软件,设定好测试参数(如:电压为 40 kV、电流为 40 mA、默认扫描方式是步进扫描、测试速度是 12°/min),点击"START"即可。测试结束后,保存数据为 RAW 和 TXT 格式。RAW 格式可使用 JADE 软件打开。

XRD

2.16 超导量子干涉仪

新一代磁学测量系统 MPMS3(Magnetic Properties Measurement System)是基于 SQUID (Superconducting Quantum Interference Device,超导量子干涉仪)开发的测量设备,学界常将 MPMS3 称为 SQUID。仪器主要用于测量样品的磁性能以及磁光、磁电性能,其中磁性能可得样品的磁滞回线、直流磁化曲线以及交流磁化曲线。

其基本工作原理是:样品磁矩在超导探测线圈里产生感生电流,感生电流与探测线圈里的磁通成正比,样品在探测线圈里的移动引起感生电流的变化,探测线圈的电流与 SQUID 感应耦合,SQUID 输出的是电压的变化量。SQUID 电子探测系统可以保证输出电压正比于输入电流,因此可以把 SQUID 看作极高精度的电流-电压转换器。从而 SQUID 的输出电压正比于样品的磁矩。

仪器主体主要分为四个部分,第一部分为样品控制系统,样品振动电动机采用电磁力驱动的振动杆,大大提高了测量精度,同时采用微米级的光学编码定位技术,可满足高精度测量的要求;第二部分为控温系统,采用液氦致冷,最低温度可达 2 K,便于在不同温度下考察磁性能;第三部分为超导磁体单元,超导磁体能提供±7 T 的磁场,允许最大 700Oe·s^{-1}(1Oe=79.578 A·m^{-1})的励磁速度,超导开关在超导态和正常态之间的转换仅需要 1 s 时间;第四部分为测量单元,零场下仅需 4 s 数据平均时间,系统便能够达到 1×10^{-8} emu(1emu=10^3 A·m^{-1})的测量精度,并且系统允许用户在扫场模式下进行高精度的测量。

仪器可以对块体、薄膜和粉末样品进行测试,并设计了专门针对粉末、薄膜、块体等不同形式样品的专用样品固定板。其中块体和粉末样品使用铜管,以生胶带固定,粉末样品需事先用胶囊封装;薄膜样品使用石英杆,用低温胶粘连并用生胶带固定。

测试与数据分析时,首先设定好测试程序,包括测试温度、测试磁场、扫描速度、升降温速度、采点间隔等,点击“run”即可进行测试。测试结束后,数据保存为 dat 格式(可用 Excel 和 Origin 软件打开),进行分析和作图。

2.17 马弗炉

马弗炉是一种通用的加热设备,可供实验室、工矿企业、科研单位于元素分析测定和小型钢件淬火、退火、回火等热处理时加热,高温马弗炉还可用于金属、陶瓷的烧结、熔解、分析等高温加热。马弗炉主要用于金属陶瓷材料、复合陶瓷材料、纳米相材料、梯度功能材料、纳米热电材料、晶体材料的烧结和氧化实验。箱式马弗炉的结构主要有炉架、炉壳、炉衬、炉门装置、电热元件及辅助装置构成,外观如图 2-17-1 所示。

马弗炉控制面板各个功能键用途:“↻”“◀”同时按,返回主页面;“◀”为程序设置按钮,也可用于切换光标位置;“▲”短按时数值增加,长按 3 s 以上程序暂停;“▼”短按时数值减小,长按 3 s 以上程序运行。

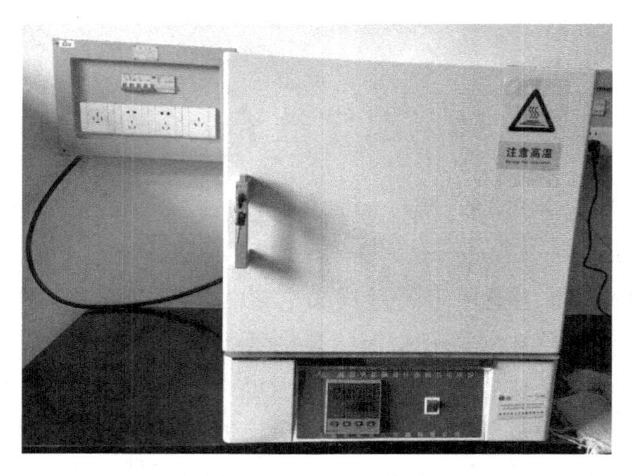

图 2-17-1　马弗炉

马弗炉程序升温设置方法(以 30 min 升到 400 ℃、在 400 ℃灼烧 1 h、烧结完成后 2 h 降到室温为例):可先将 C、t 的相关数值画成升温工作曲线(见图 2-17-2),即 $C01=100$,$t01=30$;$C02=400$,$t02=60$;$C03=400$,$t03=120$;$C04=160$,$t04=-121$。具体设置如下。

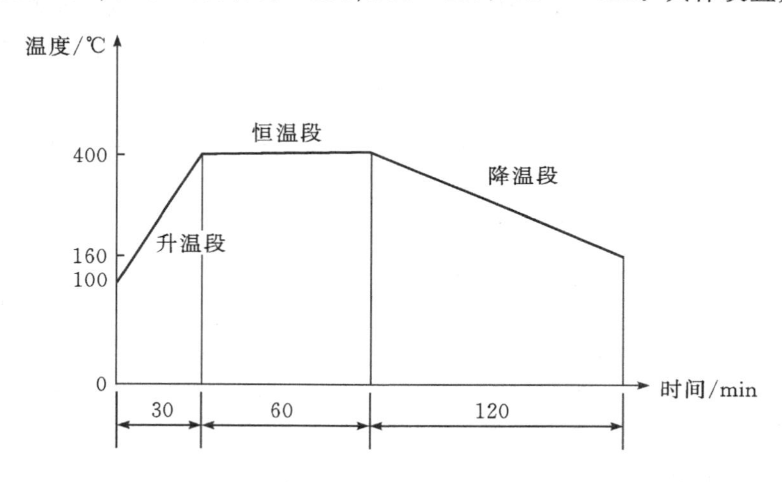

图 2-17-2　程序升温示意图

①插上电源,开启马弗炉绿色开关按钮。

②温度设置时,同时按"↻""◀"键,回到主页面,然后按"◀"键,开始设置;

③设置 $C01$ 为 100 ℃。按"◀"键,可移动光标,通过"▲"和"▼"按钮调节显示屏上数字为 100。

④设置 $t01$ 为 30 min。按"↻"键,从温度设置模式切换至时间设置模式,通过"◀""▲"和"▼"设置时间为 30。

⑤依次设置 $C02$、$t02$、$C03$、$t03$、$C04$、$t04$。

⑥升温程序设置完成后,同时按"↻""◀"键,回到主页面,长按"▼"键,即运行,显示屏上显示"RUN"字样后,马弗炉开始工作。

⑦马弗炉的程序升温设置了自动降温,整个程序完成后,显示屏上显示"STOP"字样时,

关闭马弗炉开关，拿出样品即可。

马弗炉使用注意事项：

①炉子首次使用或长时间不用后，要在 120 ℃左右烘烤 1 h、在 300 ℃左右烘烤 2 h 后使用，以免造成炉膛开裂；炉温不得超过额定温度，以免损坏加热元件及炉衬。禁止向炉膛内直接灌注各种液体及熔解金属，应保持炉内的清洁；

②要求工作环境无易燃物品及腐蚀性气体；

③在炉膛内放取样品时，应先关断电源，并轻拿轻放，以保证安全和避免损坏炉膛。

2.18　真空干燥箱

真空干燥箱是专为干燥热敏性、易分解和易氧化物质而设计的，工作时可使工作室内保持一定的真空度，特别是对一些成分复杂的物品也能进行快速干燥，被广泛用于食品卫生、仪器电子、工矿企业、化工制药等领域。

图 2-18-1 为真空干燥装置示意图。

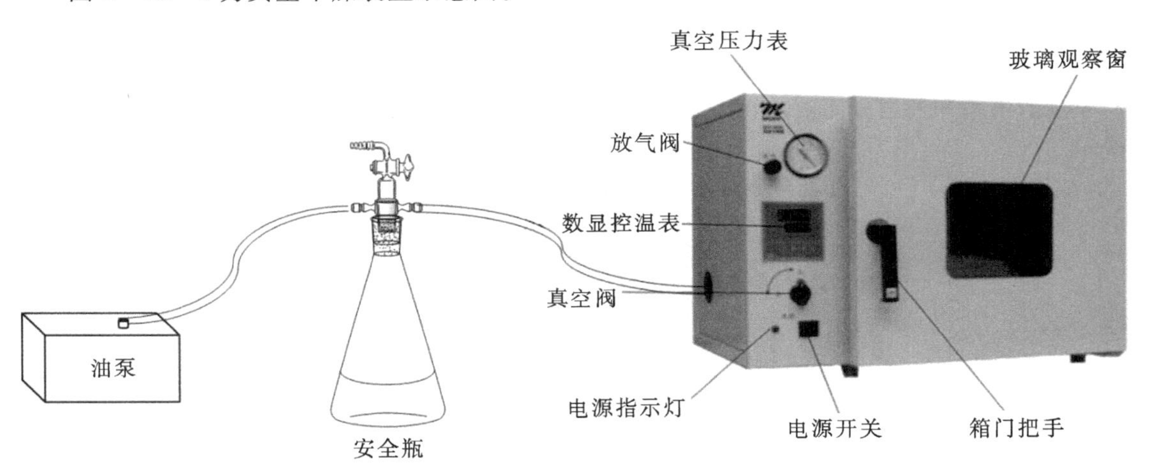

图 2-18-1　真空干燥装置

真空干燥箱操作流程如下：

①将物料均匀放入培养皿中(最好盖上盖子、抽真空，防止物料吹散)，放于真空干燥箱内样品架上，推入干燥箱内；

②关紧箱门，关闭放气阀(放气阀上有个小孔，小孔向上时和干燥箱内部的小孔重合，干燥箱和大气连通，即为开；将放气阀开关向左旋转 90°，即为关)，旋紧箱门上的螺栓，可使箱门与硅胶密封条紧密结合；

③将油泵与安全瓶、真空阀连接，关闭安全瓶开关，开启真空阀，打开油泵开关，开始抽真空；

④依据油泵的性能，抽到所需真空度为止；

⑤抽完真空后，先将真空阀关闭，如果真空阀关不紧，请更换；打开安全瓶旋钮，连通大气，然后再将油泵电源关闭或移除(防止倒吸现象产生)；

⑥通过温度调节按钮，设置所需温度，在物料的干燥周期内，每隔一段时间观察一次，压力

表、温度表和箱体内的变化，依情况来处理，如果压力表指数下降，则可能存在漏气现象，可再进行抽真空操作；

⑦干燥完成后，先将放气阀打开，使箱体与大气连通，再打开真空干燥箱箱门，取出物料。

真空干燥箱先抽真空再升温加热的原因：

①样品放入真空箱里抽真空是为了去除样品材质中可以抽去的气体成分；如果先加热样品，气体遇热就会膨胀，由于真空干燥箱的密封性非常好，膨胀气体所产生的巨大压力有可能使玻璃观察窗爆裂，这是一个潜在的危险，按先抽真空再升温加热的程序操作，就可以避免这种危险的发生；

②如果按先升温加热再抽真空的程序操作，加热的空气被油泵抽出时，热量必然会被带到油泵上去，从而导致油泵温升过高，有可能使油泵效率下降；

③加热后的气体被导向真空压力表，真空压力表就会产生温升，如果温升超过了真空压力表规定的使用温度范围，就可能使真空压力表产生示值误差。

真空干燥箱

2.19 旋转蒸发仪

旋转蒸发仪主要是利用减压蒸馏原理在减压条件下连续蒸馏大量易挥发性溶剂，尤其对萃取液的浓缩和色谱分离时的接收液的蒸馏，可以分离和纯化反应产物，其外观如图 2－19－1 所示。

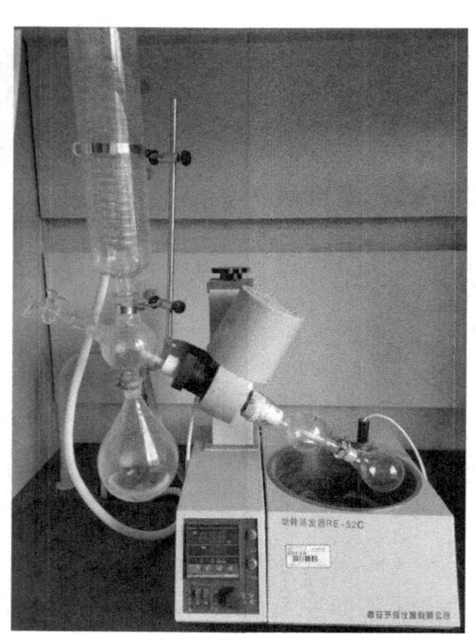

图 2－19－1　旋转蒸发仪

旋转蒸发仪的使用方法：

①用胶管与冷凝水龙头连接，用真空胶管与油泵相连；

②先将水注入加热槽(最好用纯水，自来水要放置 1～2 天再用)；

③调正主机角度：只要松开主机和立柱连结螺钉，主机即可在 0～45°之间任意倾斜；

④接通冷凝水，接通电源(220 V/50 Hz)，在主机上连接蒸发瓶(不要放手)，打开油泵使

之达一定真空度后再松开手；

⑤调正主机高度：按压下位于加热槽底部的压杆，左右调节弧度使之达到合适位置后放开压杆即可达到所需高度；

⑥打开调速开关，绿灯亮，调节其左侧的转速旋钮，蒸发瓶开始转动；打开调温开关，绿灯亮，调节其左侧的调温旋钮，加热槽开始自动温控加热，仪器进入试运行；一旦温度与真空度达到所要求的范围，即能蒸发溶剂到接收瓶；

⑦蒸发完毕，首先关闭调速开关及调温开关，按压下压杆使主机上升，然后关闭油泵，并打开冷凝器上方的放空阀，使之与大气连通，取下蒸发瓶，蒸发过程结束。

旋转蒸发仪使用注意事项：

①玻璃件应轻拿轻放，用后洗净烘干。

②加热槽应先注水后通电，不允许无水干烧。

③所用磨口仪器安装前需均匀涂抹少量真空脂。

④贵重溶液应先做模拟试验，确认本仪器适用后再转入正常使用。

⑤精确水温可用温度计直接测量。

⑥工作结束后关闭开关，拔下电源插头。

第3章　实验数据的正确表示和处理

测量中所记录的数据，既要能显示测量值的大小，又要能体现测量的准确度。因此，准确地记录实验中测得的数据十分重要。实验时，一定要注意测量过程中的有效数字。

3.1　有效数字及其运算规则

3.1.1　有效数字

有效数字包括数据中所有确定的数字和一位不确定的数字。一般情况下，所测得数据的最后一位可能有上下一个单位的误差，被称为不确定数字。例如，用分析天平称量时，由于分析天平性能的限制，称量数据只能读到小数点后第四位。如果称量质量为 6.4683 g，该数的前四位都是确定的，最后一位是不确定数字，因此共有五位有效数字。又如，从滴定管读出消耗某溶液的体积为 28.36 mL，由于最后一位数“6”是读数时根据滴定管的刻度估计的，“6”是不确定数字，因此，28.36 共有四位有效数字。实验中所有的数字都应该是有效的，所以测量中所记录的数据最多只能保留一位不确定数字。

0～9 这十个数字中，数字“0”可以是有效数字，也可以是定位用的无效数字。例如，滴定管读数可读准至±0.01 mL，在读数 20.00 mL 中，所有的“0”都是有效数字。如将单位改为 L，该体积则写为 0.02000 L，前面的两个“0”不能算作有效数字。在记录实验数据时，应该注意不要将末尾属于有效数字的“0”漏记，例如将 20.10 mL 写为 20.1 mL，将 0.1500 g 写成 0.15 g。

3.1.2　有效数字的修约规则

最终的分析结果，常常要经过若干测量数据的数学运算之后求得。而每个测量参数的有效数字位数却不尽相同，为了简化计算，常常需要舍去某些测量数据中多余的有效数字，这一过程称为有效数字的修约。

有效数字修约时采用“四舍六入五留双”的原则，当舍去的数字小于 5 时，即“舍”（不进位），如：0，1，2，3，4；当舍去的数字大于 5 时，即“入”（进位），如 6，7，8，9；当被舍去的数字是 5 时，分为两种情况：①如果 5 之后没有其它数字，且进位后形成双数，则“入”（进位）；如果进位后形成单数，则“舍”（不进位）；②如果 5 后面还有一些数字，则遵循取舍原则，当 5 后面的数字并非全部是 0 时，进 1；当 5 后面的数字全部为 0 时，前面一位数是奇数进 1，是偶数舍去。当舍去的数字不止一位时，应一次完成修约过程，不得连续修约。

表 3－1－1 中列举了一些数据的修约过程。

表 3-1-1　数据的修约

数据	保留两位有效数字	保留三位有效数字	保留四位有效数字
6.43	6.4	6.43	—
6.47	6.5	6.47	—
6.45	6.4	6.45	—
6.450	6.4	6.45	6.450
6.4501	6.5	6.45	6.450
6.4650	6.5	6.46	6.465
16.485	16	16.5	16.48

3.1.3　有效数字的运算规则

在进行加减法运算时，结果的有效数字保留取决于绝对误差最大的那个数。各测量数据计算结果的小数点后保留的位数，应该与原数据中小数点后位数最少的那个数相同。例如，0.0224+68.13+2.0069，被加和的三个数据中，68.13 小数点后只有两位，所以，结果只应保留两位小数。在进行具体运算时，可按两种方法处理：一种方法是将所有数据都修约到小数点后两位，再进行具体运算；另一种方法是其它数据先修约到小数点后三位，即暂时多保留一位有效数字，运算后再进行最后的修约。两种运算方法的结果在尾数上可能差 1，但都是允许的。

在进行乘除法运算时，结果的有效数字保留取决于相对误差最大的那个数。有时简单地认为：计算结果的有效数字位数应该与有效数字位数最少的那个数据相同。例如，26.18×0.12345÷4.29，其中 4.29 仅有三位有效数字，所以结果只应保留三位有效数字。

在取舍有效数字时，应该注意以下几点：①运算中若有 e、π 等常数，以及$\sqrt{2}$、6、1/2 等系数，其有效数字位数可视为无限，不影响结果有效数字的确定；②pH、lg$K$ 等对数数值的有效数字位数仅取决于小数部分，即尾数数字的位数，如 pH 值为 2.65，不是三位有效数字，而是两位；③进行偏差计算时，大多数情况只取一位或两位有效数字；④遇到第一位数字大于等于 8 时，有效数字可多算一位，如 9.05，可看作四位有效数字；⑤计算器计算分析结果时，由于计算器上显示数字位数较多，要特别注意有效数字位数。

一般定量分析要求保留四位有效数字。有效数字位数保留过多，不但不能提高测定值的实际可靠性，反而增加了计算上的麻烦。

3.2　预习报告

为了加深同学们对准备实验内容的认识，尽快熟悉实验仪器，保证实验教学效果，要求同学们每次实验之前充分预习实验步骤，写出实验预习报告。

实验预习报告是为实验做准备的，要求写在实验记录本上，并留出记录实验数据的空间。预习报告要写得简单明了，主要包括以下几个方面：①实验目的；②实验原理（实验依据的原理及主要公式）；③仪器与试剂（列出实验使用的仪器名称、型号以及所用试剂名称、纯度或浓度）；④实验步骤（书写内容要全面、准确、精炼）；⑤留出位置记录实验数据。

3.3 原始记录

原始记录是化学实验工作原始情况的记载。

实验中直接观察测量到的数据叫原始数据，应该记在实验记录本上。实验过程中的各种测量数据以及有关现象应该及时准确地记录下来，不能随意抄袭和伪造。

原始记录用钢笔或者圆珠笔填写，要求清晰、工整，尽量采用一定的表格形式；原始数据不能随意更改，如果发现数据记错、算错或者测错需要改动时，可将该数据用横线划去，并在其上方写上正确的数字；实验过程中的各种仪器的型号以及标准溶液的浓度等也要记录下来。

3.4 实验数据的表示及处理方法

化学实验数据常用的表达方法主要有列表法、图解法。

3.4.1 列表法

列表法是化学实验数据最常用的表示方法。把实验数据按自变量和因变量的对应关系排列成表格，使得数据一目了然，便于进一步的处理、运算和检查。一张完整的表格应该包含表格的序号、名称、项目、说明以及数据来源五项内容。所记录的数据应该注意其有效数字位数。同一列的数据小数点要对齐，以便寻找规律。

3.4.2 图解法

图解法也是实验数据处理中常用的重要方法之一。图形的特点是能直观显示数据的特点及其变化规律，从图中可以很容易看出数据的极大值、极小值、转折点以及周期性规律。数据作图以后，要注明图的名称、坐标轴代表的量的名称、所用单位以及测量条件。

3.4.3 ImageJ 软件应用简介

ImageJ 是一个基于 Java 的图像处理软件，它能够处理 PNG、GIF、JPEG、BMP 等多种格式的图片。通常由 SEM、TEM 得到的图像文件导出为上述格式，即可利用 ImageJ 进行处理。

首先，在软件界面选择“File→Open”，选择待处理的图像文件，如图 3-4-1 所示。

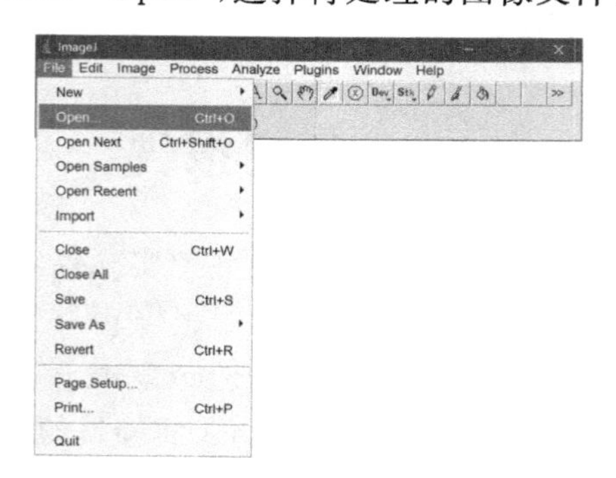

图 3-4-1 选择待处理图像文件

从路径中选择待处理的文件后，界面如图 3－4－2 所示。

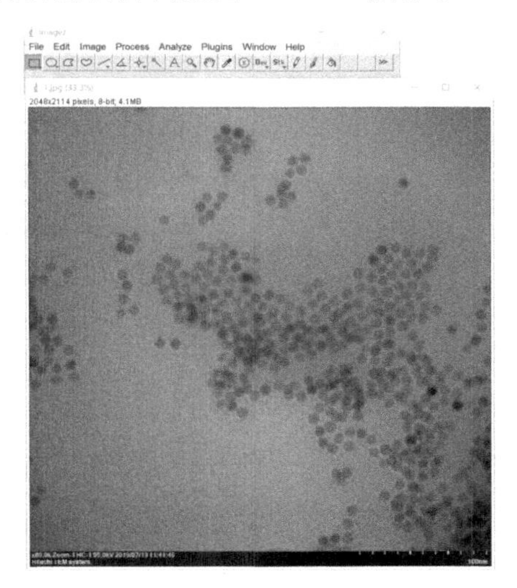

图 3－4－2　待处理文件

接下来定义标尺，在工具栏中选择线段工具，如图 3－4－3 所示。

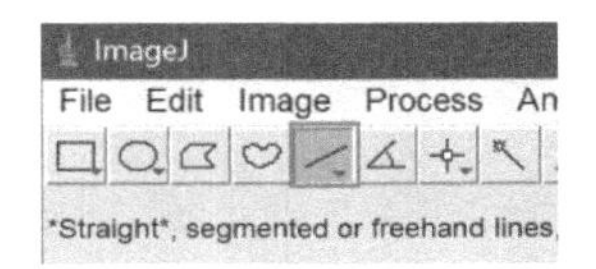

图 3－4－3　选择线段工具

在已打开的文件中，画一条与已有标尺长度一致的线段，如图 3－4－4 所示。

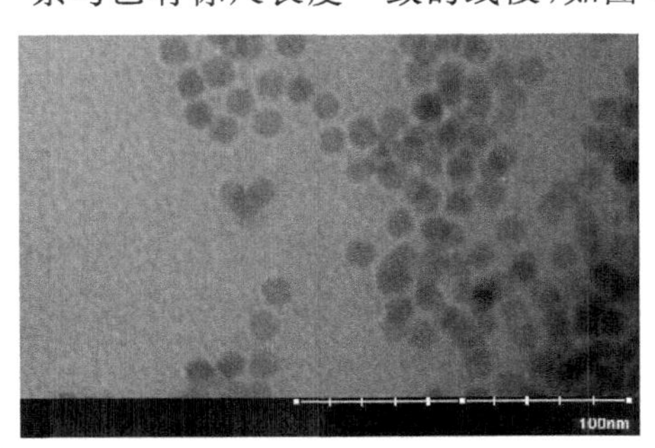

图 3－4－4　画标尺线段

若图中已有标尺长度过短或端点过于细小，可以利用工具栏中的缩放工具将图片放大后再画线，如图 3－4－5 所示。

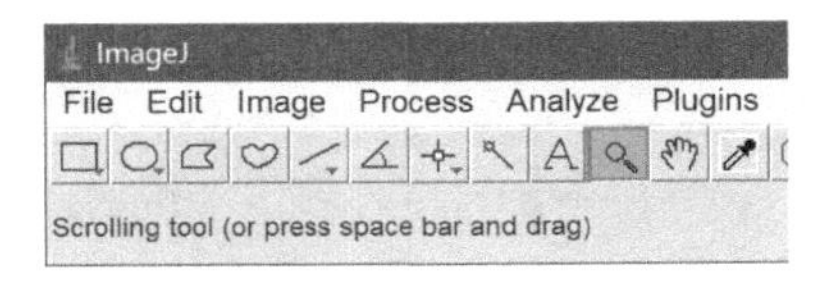

图 3－4－5　工具栏中的缩放工具

设置标尺。在菜单栏中选择“Analyze→Set Scale”，在弹出界面中设置 Known distance 为该段标尺的实际长度，“Unit of length”为对应的单位，勾选“Global”，点击“OK”，如图 3-4-6 所示。

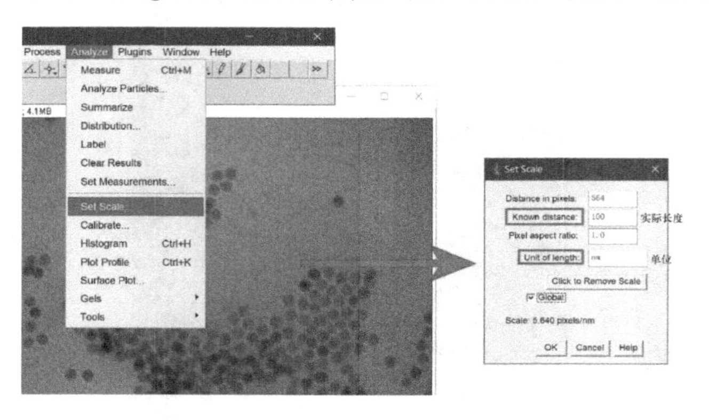

图 3-4-6 设置标尺

测量粒径。利用缩放工具将图片缩放至合适尺寸后，选择直线工具。选取一个颗粒，画出其直径，依次点击“Analyze→Measure→Analyze→Label”，可以在 Results 窗口中看到所选中粒子的面积、粒径等数据，如图 3-4-7 所示。

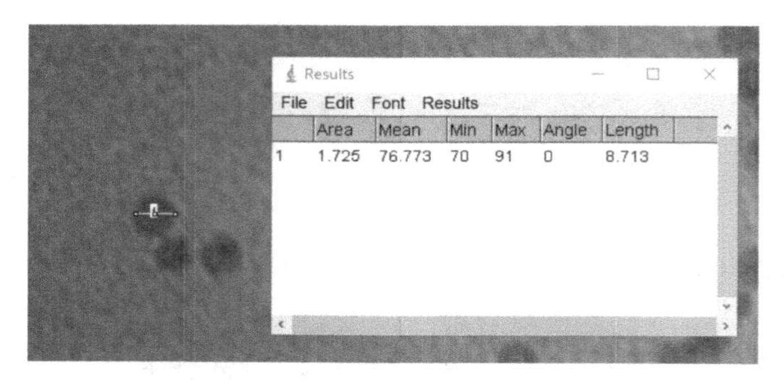

	Area	Mean	Min	Max	Angle	Length
1	1.725	76.773	70	91	0	8.713

图 3-4-7 测量粒径

上述步骤中，Label 操作的作用是标记已经测量过的颗粒，从而避免重复统计。随后，对图像内剩余粒子重复“画出直径→Analyze→Measure→Analyze→Label”操作，最终结果展示在 Results 窗口中，如图 3-4-8 所示。

405.54x418.61 nm (2048x2114); 8-bit; 4.1MB

Results

	Area	Mean	Min	Max	Angle	Lengt
1	1.725	76.773	70	91	0	8.713
2	1.333	79.680	73.434	88	0	6.601
3	1.921	84.276	68.926	118	2.386	9.520
4	1.568	76.076	66.836	89.444	4.399	7.675
5	1.686	74.720	66.925	85.396	8.326	8.291
6	1.725	85.677	70.649	111	20.556	8.436
7	1.333	61.636	54.677	73.556	21.161	6.521

图 3-4-8 最终测量结果

导出粒径统计文件。在 Results 窗口中，依次点击“File→Save As”，选择所要导出的路径，如图 3-4-9 所示。

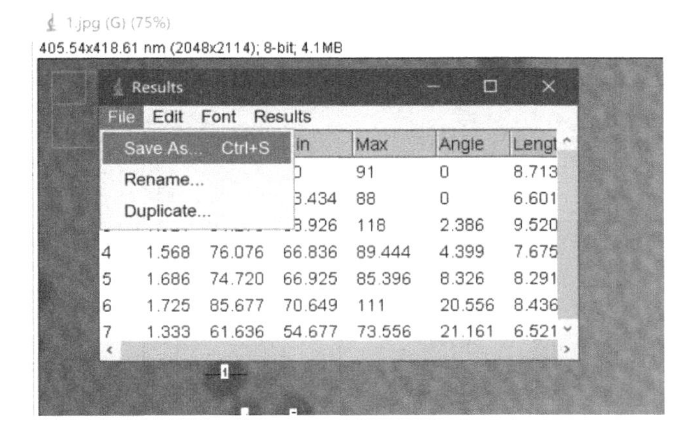

图 3-4-9　导出粒径统计文件

程序自动生成 xls 文件，可用 Microsoft Excel、Origin 等数据处理软件进行分析。

3.4.4　Origin 软件应用简介

Origin 粒径处理；Image J 获取粒径尺寸

Origin 是由 Origin Lab 公司开发的科学绘图、数据分析软件，可用于图表绘制、曲线拟合等分析过程。本小节将简要介绍 OriginPro 2019 中数据导入、条形图绘制、线性拟合、荧光光谱图绘制以及修改图像格式的基本方法。

1.数据导入

软件运行后，点击界面中“Blank Workbook”，再点击“OK”，如图 3-4-10 所示。

图 3-4-10　选择 Blank Workbook

选择后的界面如图 3－4－11 所示。

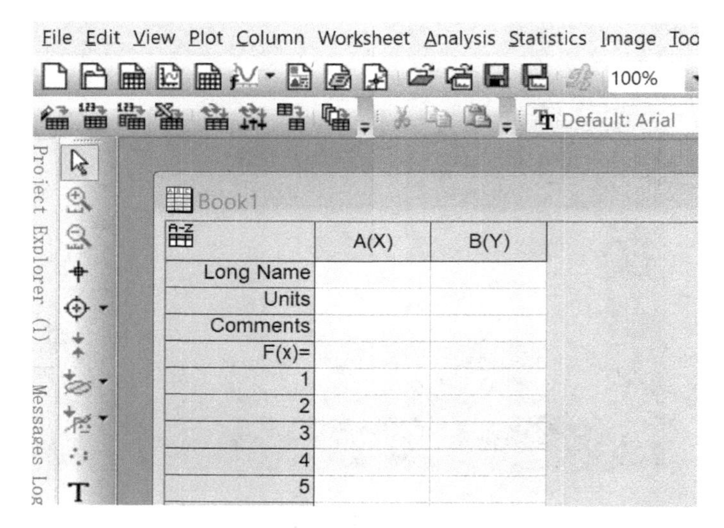

图 3－4－11 Blank Workbook 界面

图中 A 列为自变量，B 列为因变量，Long Name、Units、Comments、F(x)分别为对应列的完整名称、单位、注释以及函数表达式。

导入数据有两种基本方式，分别如下所示。

第一种为直接复制、粘贴：首先从 xls、xlsx、txt 等格式的文件中复制一列数据，然后在 Origin 界面内选择目标列标记为“1”的单元格，执行粘贴操作，如图 3－4－12 所示。

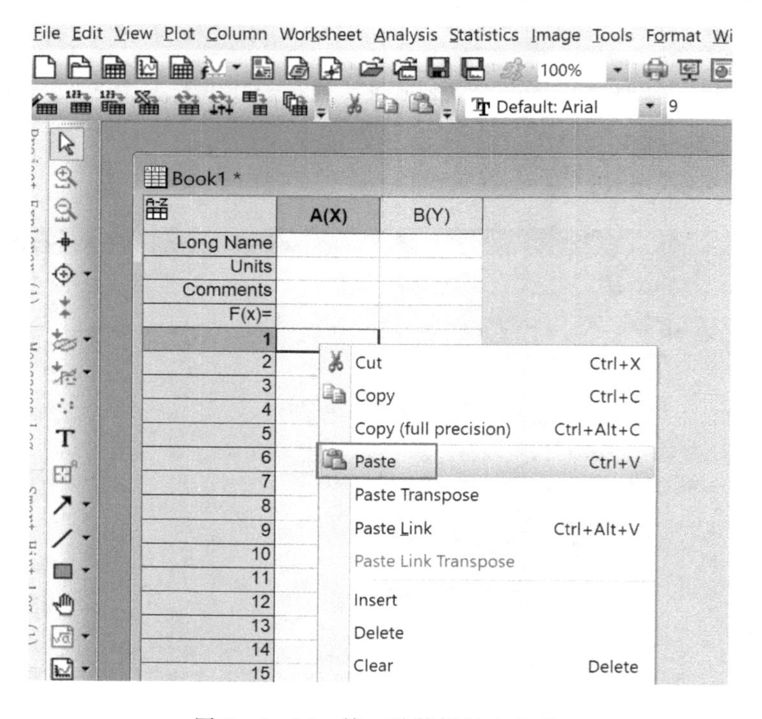

图 3－4－12 第一种数据导入方式

第二种导入数据的方式:在 Origin 菜单栏中点击“File→Open”,选择原始数据文件,即可导入至新的 Workbook 中,如图 3-4-13 所示。

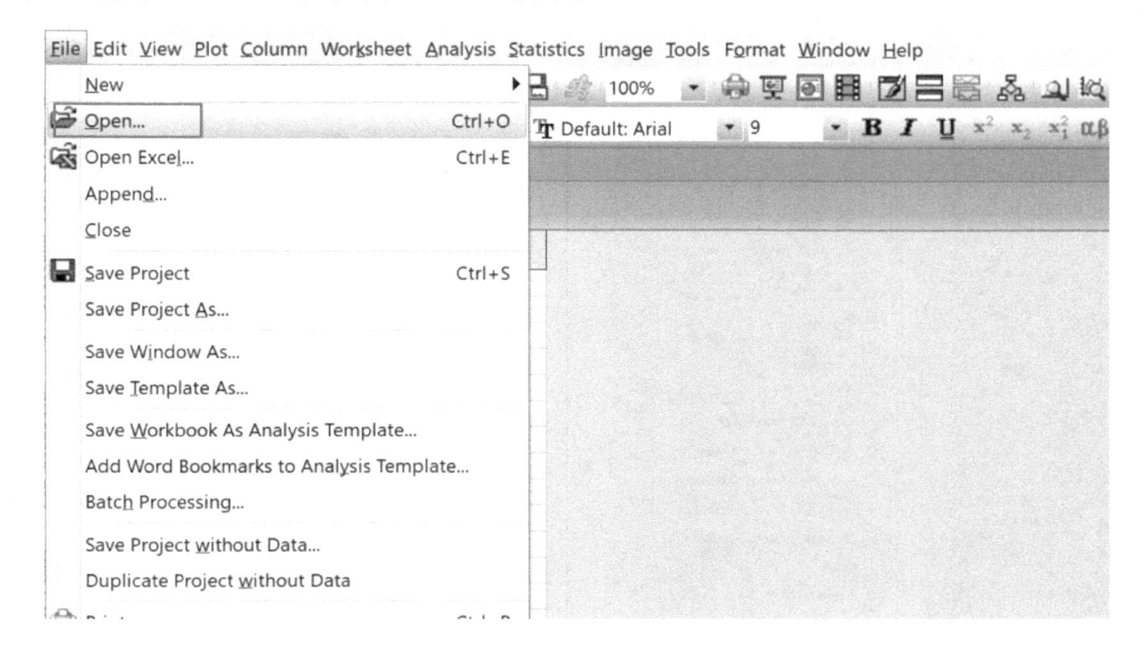

图 3-4-13　第二种数据导入方式

对完整导入的数据进行命名、单位标注后,即可进行进一步分析。

2.条形图绘制

导入数据后,首先分区间对数据的出现次数进行统计。选择需要统计的数据区域,点击导航栏中“Statistics→Descriptive Statistics→Frequency Counts”,如图 3-4-14 所示。

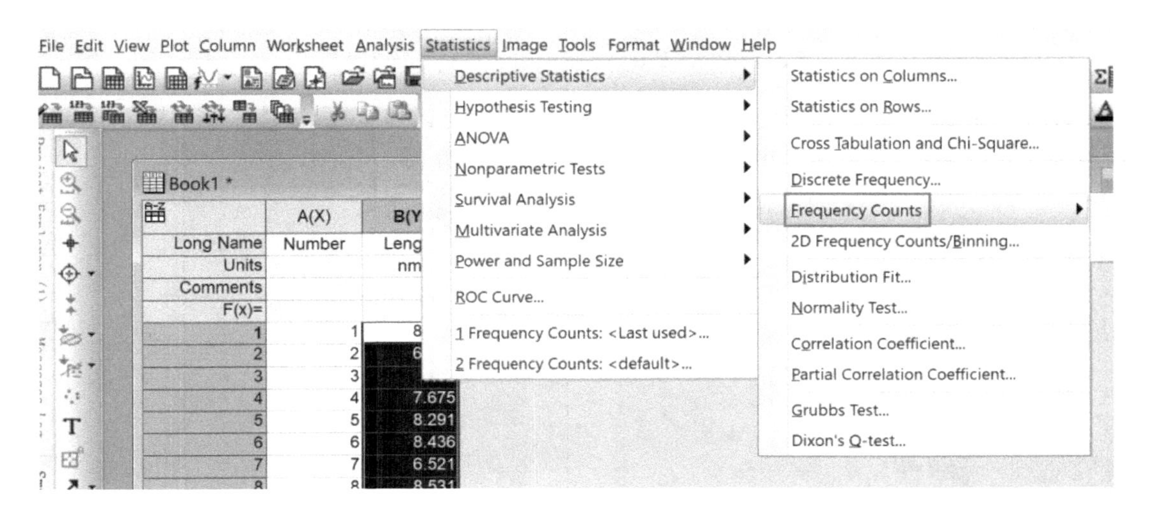

图 3-4-14　数据出现次数统计

点选后出现图 3-4-15 所示界面。

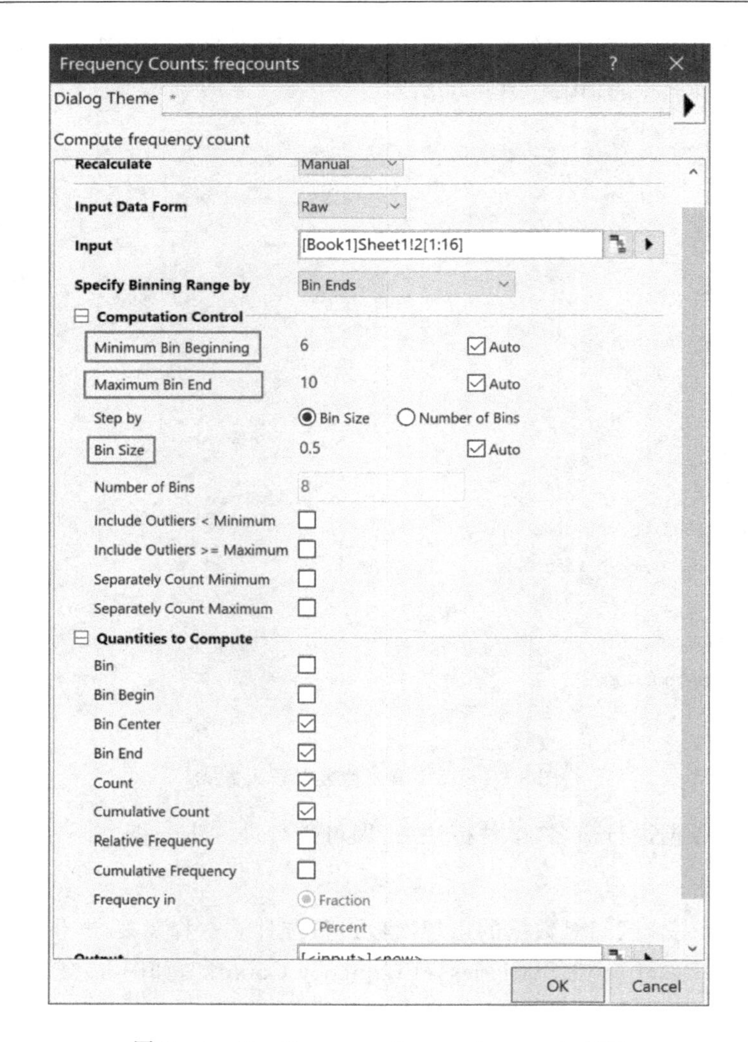

图 3-4-15　Frequency Counts:freqcounts 界面

图中方框标注选项分别代表区间下限、区间上限以及区间宽度，可以根据实际情况调整。所有参数设置完成后，点击“OK”，弹出图 3-4-16 所示界面。

Book1 *

	A(X)	B(Y)	C(Y)	D(Y)
Long Name	Bin Center	Bin End	Count	Cumulative Count
Units				
Comments	Frequency Counts	Frequency Counts	Frequency Counts of B"Length"	Frequency Counts of B"Length"
F(x)=				
1	6.25	6.5	1	1
2	6.75	7	2	3
3	7.25	7.5	3	6
4	7.75	8	1	7
5	8.25	8.5	3	10
6	8.75	9	5	15
7	9.25	9.5	0	15
8	9.75	10	1	16
9				
10				
11				

图 3-4-16　参数设置完成

图中 A 列是区间中间值，B 列是区间终值，C 列是所统计数据落在该行区间的次数。选择 C 列，点击菜单栏 Plot→Bar，再选择合适的模板，如图 3－4－17 所示。

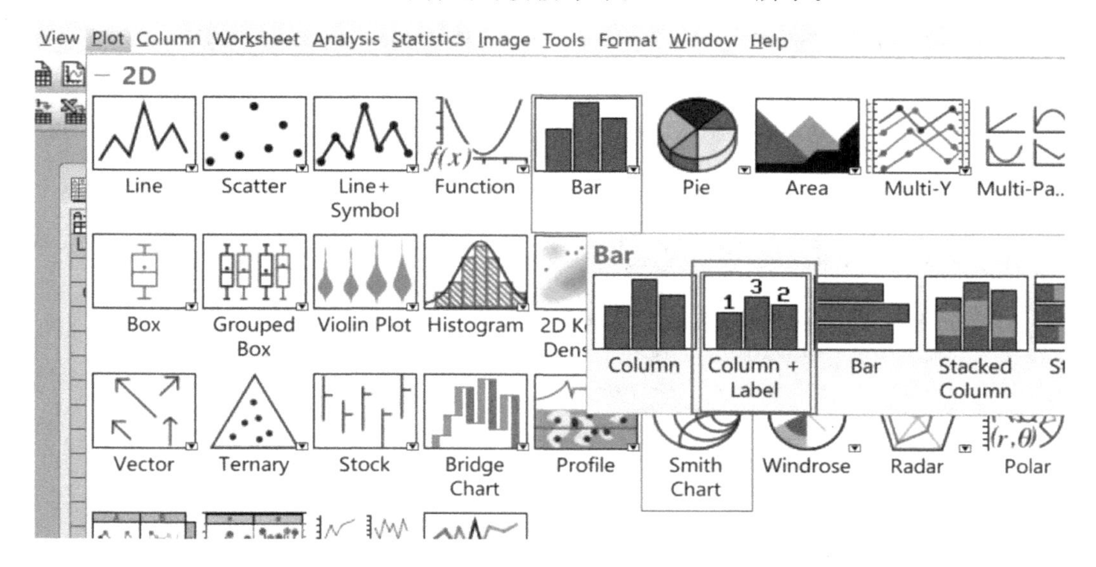

图 3－4－17　选择模板

得到的频率统计条形图如图 3－4－18 所示。

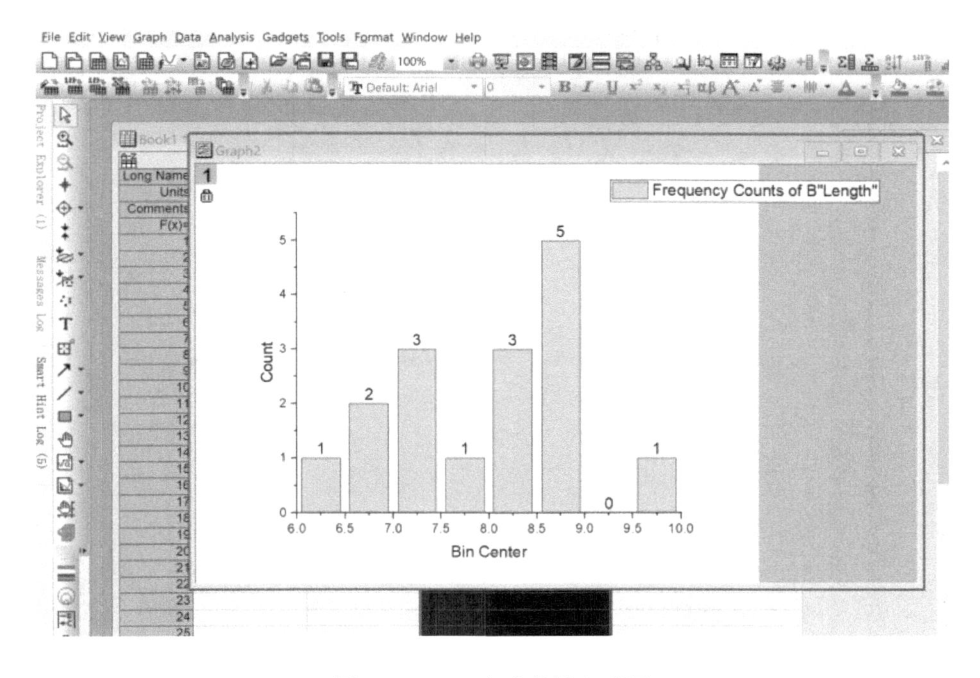

图 3－4－18　频率统计条形图

3.线性拟合

导入数据后，选择因变量数据列，依次点击菜单栏“Analysis→Fitting→Linear Fit”，如图 3－4－19 所示。

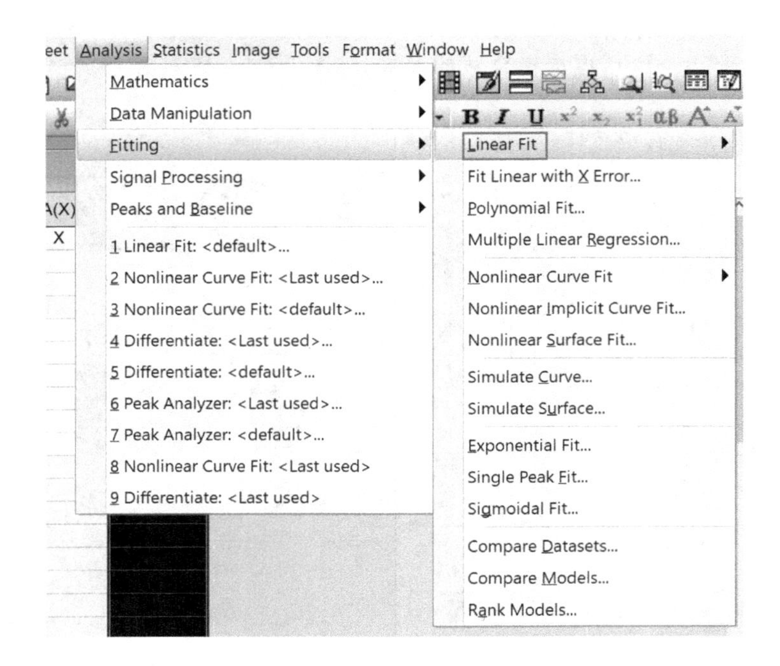

图 3-4-19 进入线性拟合界面

点选后进入 3-4-20 所示界面。

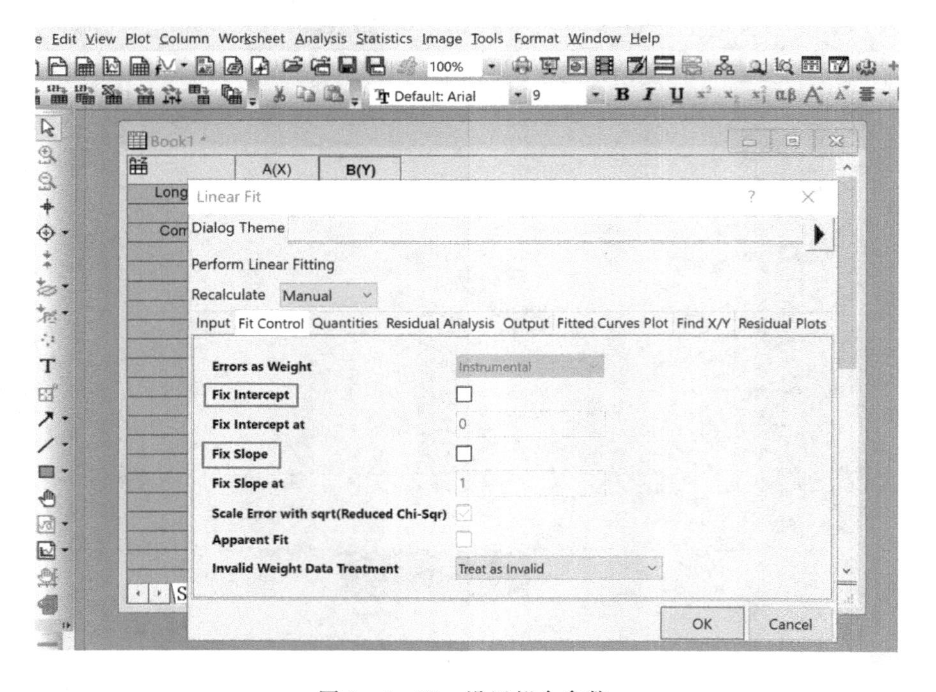

图 3-4-20 设置拟合参数

图中方框标注的 Fix Intercept 和 Fix Slope 分别指固定截距和固定斜率，可以根据实验具体要求设定。其它参数调整完成后，点击“OK”，弹出图 3-4-21 所示窗口。

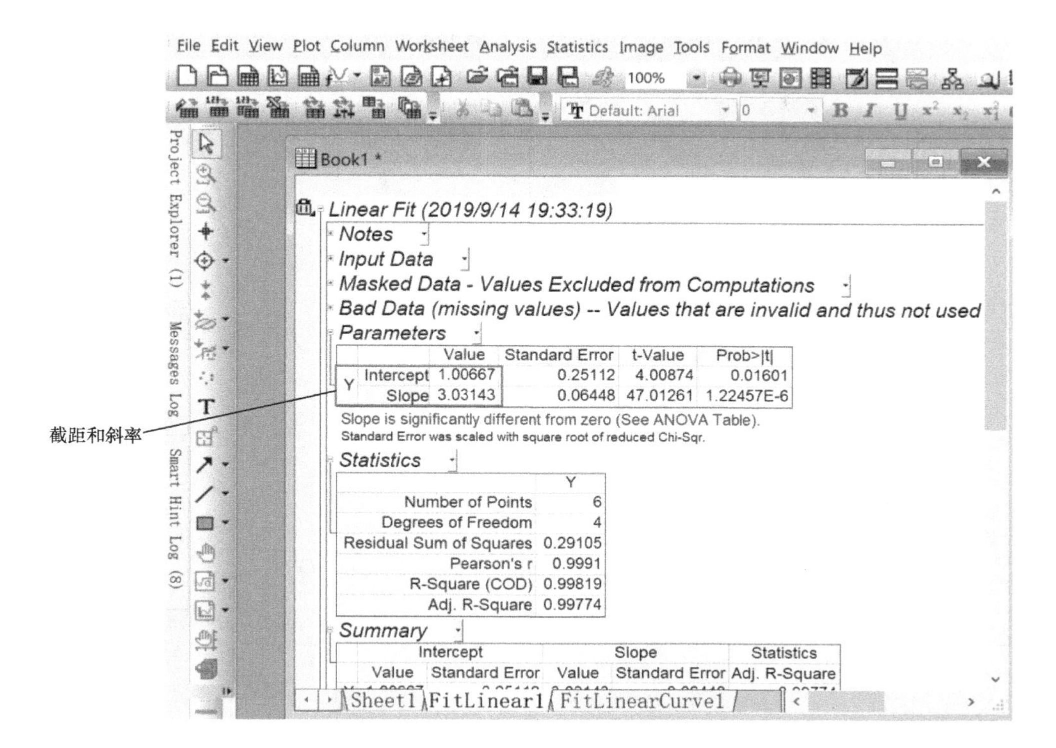

图 3－4－21　拟合参数

图中标注的项目即拟合曲线的截距和斜率。

4.荧光光谱图绘制

导入数据后，定义列名称、单位，然后选择相对强度一列，依次点击菜单栏“Plot→Line→Line”，如图 3－4－22 所示。

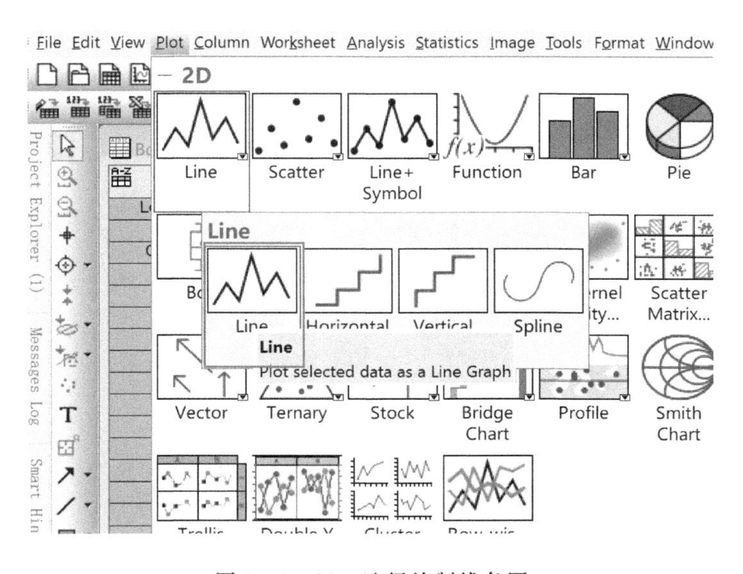

图 3－4－22　选择绘制线条图

所绘制的相对强度-波长图像显示在新窗口中，如图 3-4-23 所示。

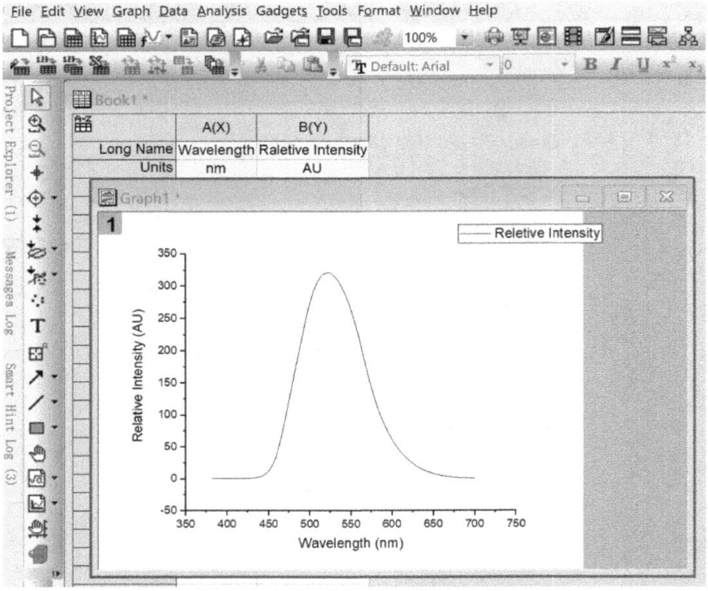

图 3-4-23　绘制的相对强度-波长图

5.修改图像格式

在上一步得到的图像中进行以下修改：调整坐标轴名称、修改坐标轴刻度。

首先，调整坐标轴名称。单击鼠标左键选中坐标轴名称，单击右键并选择“Properties”，如图 3-4-24 所示。

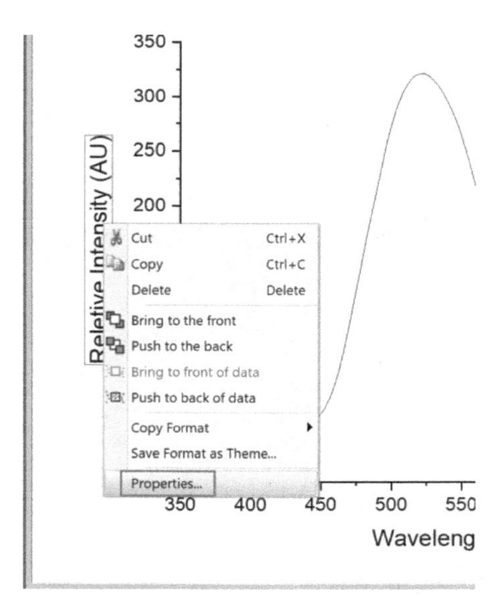

图 3-4-24　选中坐标轴名称

点选后出现图 3-4-25 所示界面。

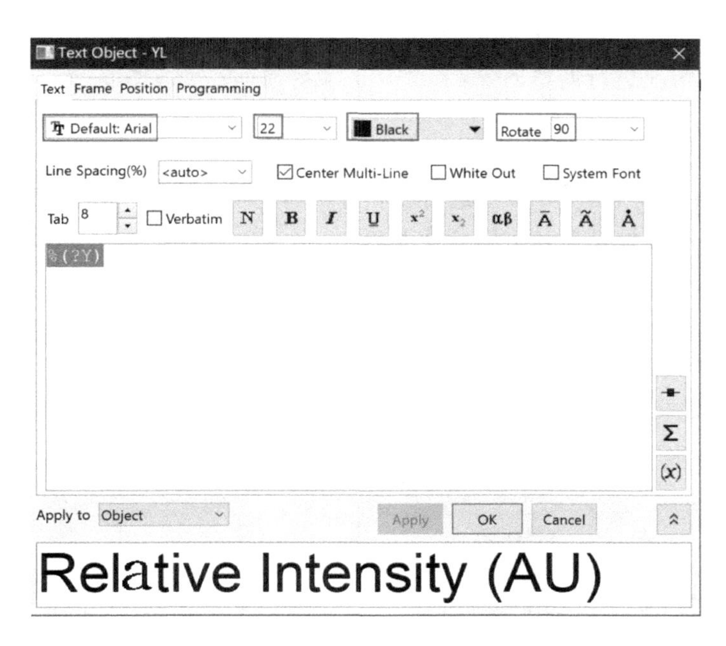

图 3-4-25　调整坐标轴名称

图中方框所标注的项目分别表示坐标轴名称的字体、字号、颜色以及旋转角度，可以根据实际情况做进一步调整。

其次，修改坐标轴刻度。双击任一坐标轴，弹出图 3-4-26 所示窗口。

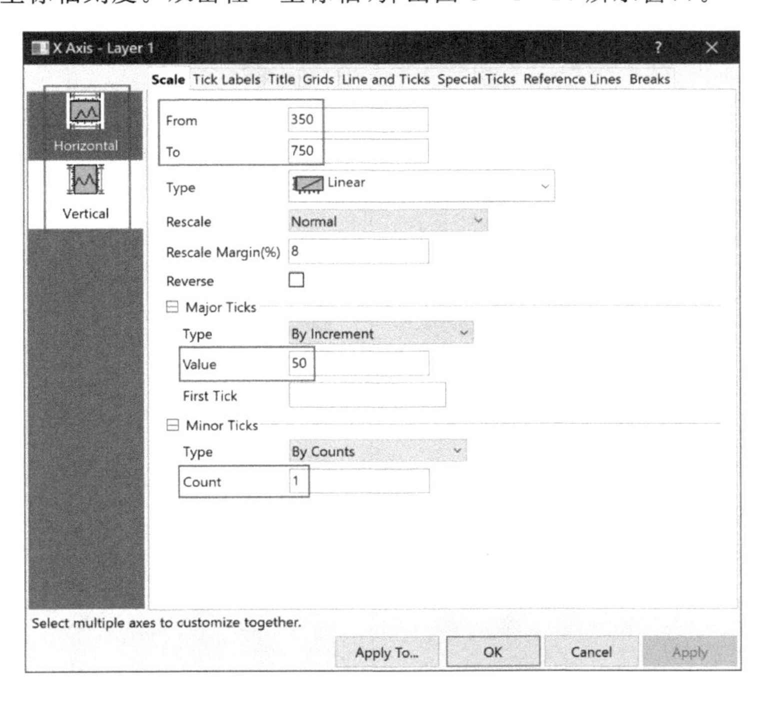

图 3-4-26　修改坐标轴刻度

图左侧 Horizontal、Vertical 分别指横、纵坐标；顶部 From、To 分别指代选定坐标轴的起始、终止值；下方 Major Ticks、Minor Ticks 分别指代选定坐标轴的主刻度线、副刻度线，其下方数字可根据实际情况进行调整。

3.4.5 Jade 软件使用简介

通过 Jade 软件可以对 XRD 数据进行物相分析、计算晶粒尺寸，得到相关信息。本小节将简要介绍 Jade 6.5 中进行物相分析的基本方法。

1.数据处理及导入

打开 Word 文件，将数据上方信息全部删掉，只留下角度和强度的数据，并将这些数据全选、复制，界面如图 3-4-27 所示。

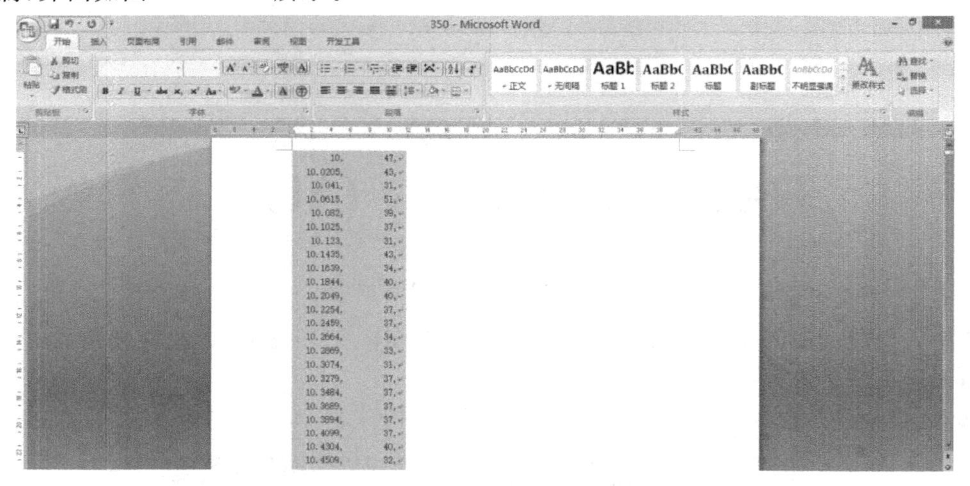

图 3-4-27 数据准备

新建一个 Excel 文件，将复制的数据粘贴到新建的 Excel 文件中，并将其分列，界面如图 3-4-28和图 3-4-29 所示。

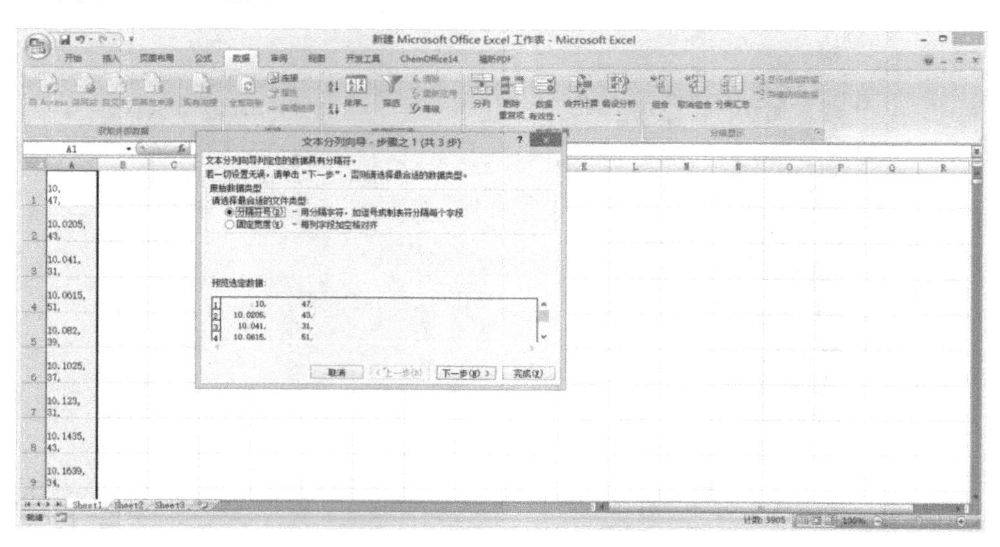

图 3-4-28 数据分列(1)

文本分列向导 - 步骤之 2 (共 3 步)
请设置分列数据所包含的分隔符号。在预览窗口内可看到分列的效果。
分隔符号
Tab 键(T)
分号(M)
逗号(C)
空格(S)
其他(O):
连续分隔符号视为单个处理(R)
文本识别符号(Q):
数据预览(P)
10 47
10.0205 43
10.041 31
10.0615 51
取消
< 上一步(B)
下一步(N) >
完成(F)

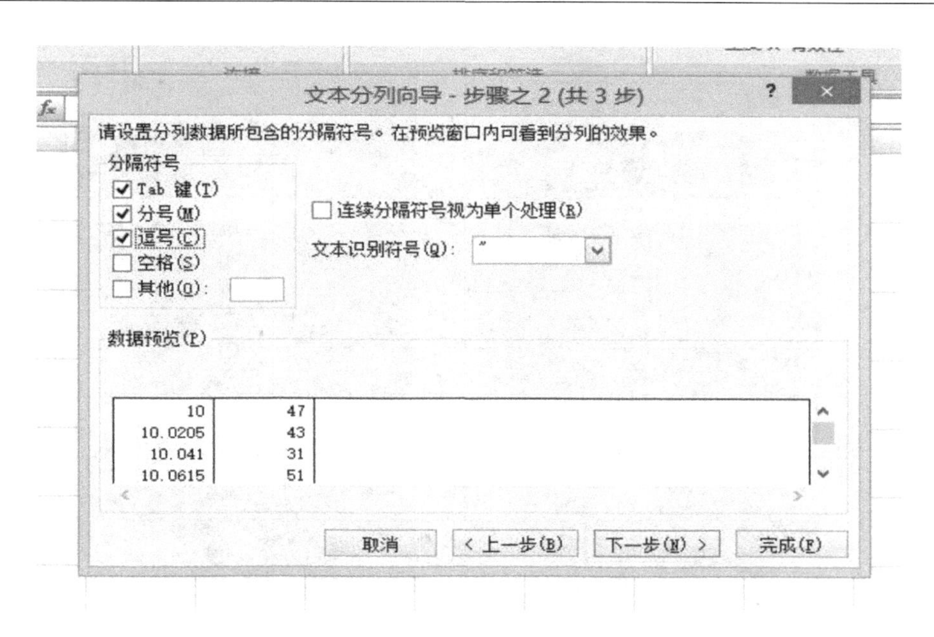

图 3-4-29　数据分列(2)

分列完成后,选择“角度数据”列,设置单元格格式,设置结果界面如图 3-4-30 所示。

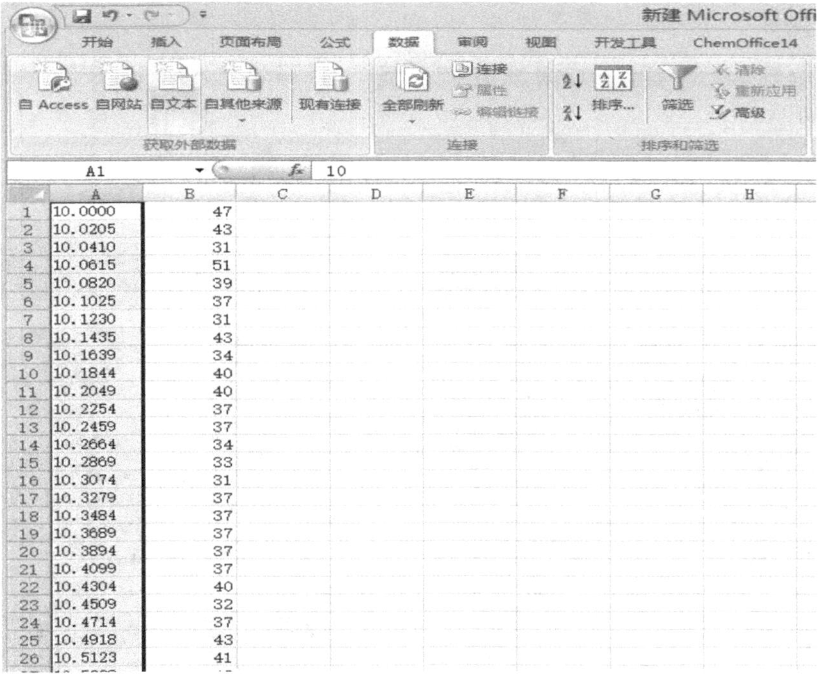

新建 Microsoft Offi
开始
插入
页面布局
公式
数据
审阅
视图
开发工具
ChemOffice14
自 Access
自网站
自文本
自其他来源
现有连接
全部刷新
连接
属性
编辑链接
排序...
筛选
清除
重新应用
高级
获取外部数据
连接
排序和筛选
A1
10
A B C D E F G H
1 10.0000 47
2 10.0205 43
3 10.0410 31
4 10.0615 51
5 10.0820 39
6 10.1025 37
7 10.1230 31
8 10.1435 43
9 10.1639 34
10 10.1844 40
11 10.2049 40
12 10.2254 37
13 10.2459 37
14 10.2664 34
15 10.2869 33
16 10.3074 31
17 10.3279 37
18 10.3484 37
19 10.3689 37
20 10.3894 37
21 10.4099 37
22 10.4304 40
23 10.4509 32
24 10.4714 37
25 10.4918 43
26 10.5123 41

图 3-4-30　设置“角度数据”列格式

将数据另存为 TXT 格式,数据处理结束。将数据拖入 Jade 窗口即可打开,界面如图 3-4-31 所示。

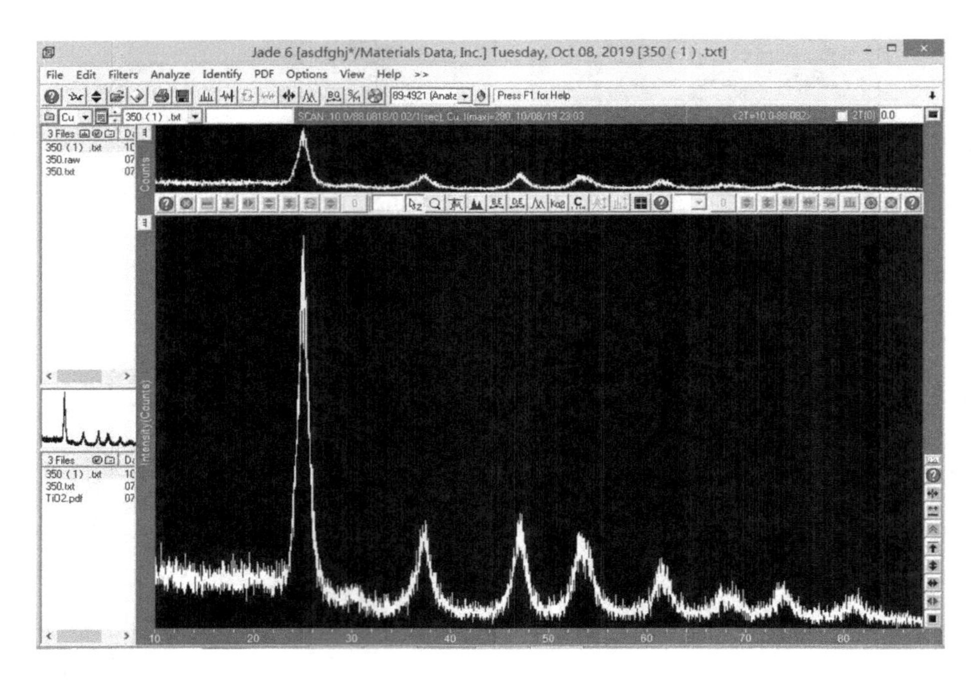

图 3-4-31 数据导入

2.物相分析

二氧化钛(锐钛矿)PDF 卡片编号为 89-4921,将编号输入,然后按“Enter”键,界面如图 3-4-32所示。

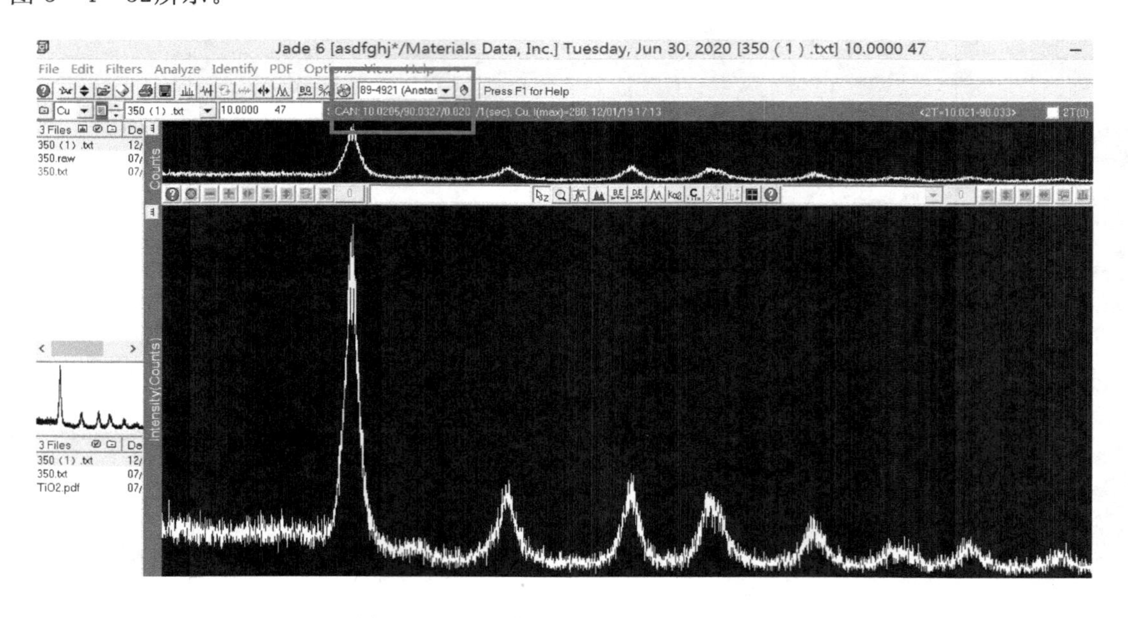

图 3-4-32 输入锐钛矿 PDF 卡片编号

右键单击图 3-4-33 标示图标,选中样品中所含的化学元素(单击左键为“元素可能存在”,双击左键为“元素肯定存在”),点击“OK”。

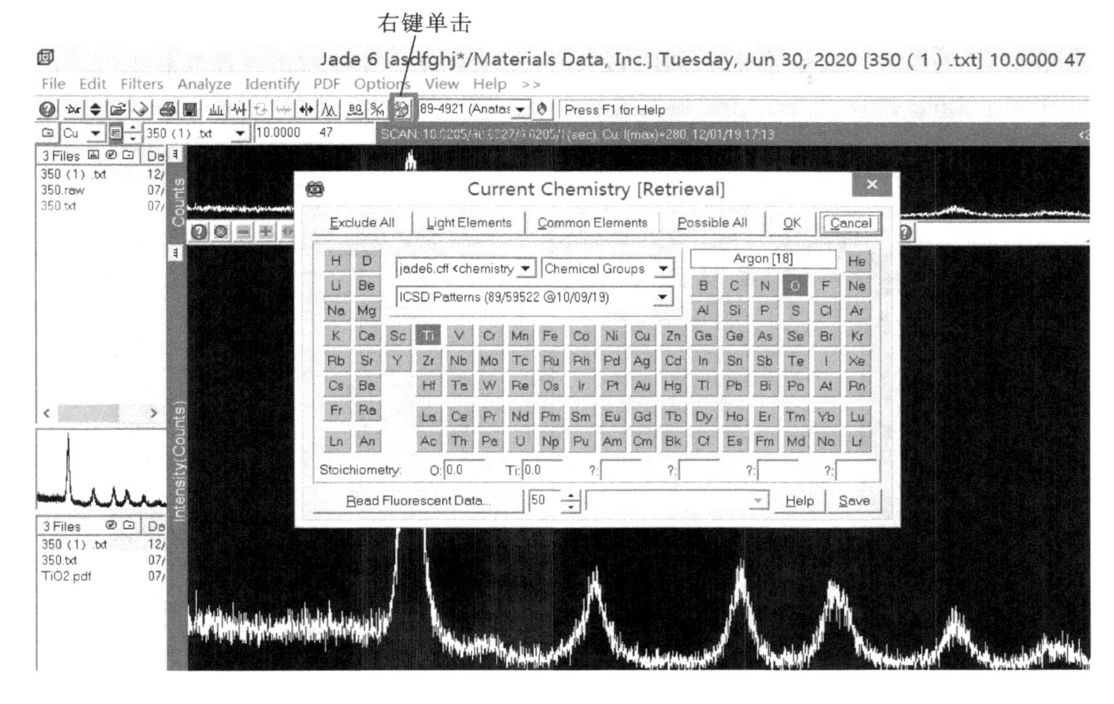

图 3-4-33　选择所含化学元素

在跳出的晶体选择窗口中，一般选择第一个（匹配度高），界面如图 3-4-34 所示，这样就得到了 TiO_2 的晶体类型。

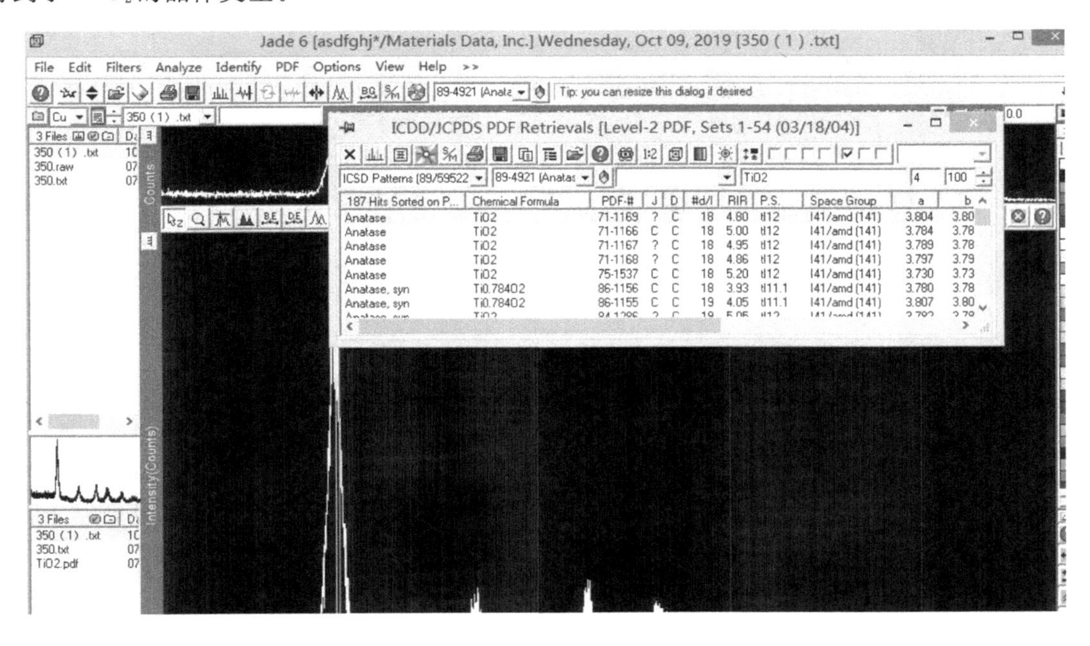

图 3-4-34　晶体选择

3.Origin 作图

对 XRD 数据进行物相分析后，利用 Origin 8.5 来作图。左键双击选择的晶体，在出现的窗口中点击 Liner(18)，然后点击复制到剪切板中。界面如图 3-4-35 所示。

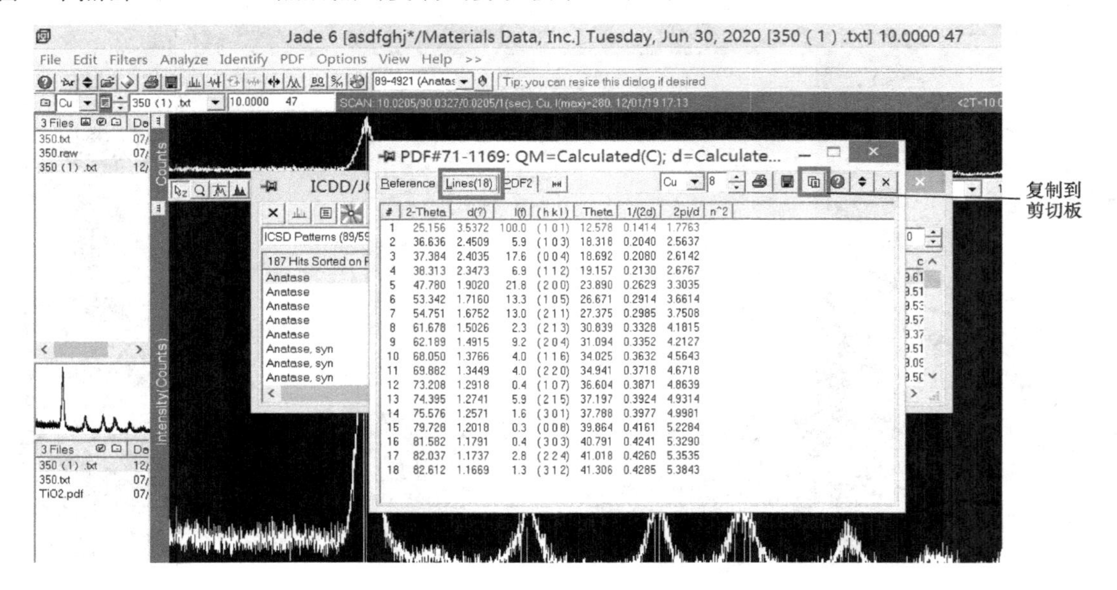

#	2-Theta	d(?)	I(f)	(h k l)	Theta	1/(2d)	2pi/d	n^2
1	25.156	3.5372	100.0	(1 0 1)	12.578	0.1414	1.7763	
2	36.636	2.4509	5.9	(1 0 3)	18.318	0.2040	2.5637	
3	37.384	2.4035	17.6	(0 0 4)	18.692	0.2080	2.6142	
4	38.313	2.3473	6.9	(1 1 2)	19.157	0.2130	2.6767	
5	47.780	1.9020	21.8	(2 0 0)	23.890	0.2629	3.3035	
6	53.342	1.7160	13.3	(1 0 5)	26.671	0.2914	3.6614	
7	54.751	1.6752	13.0	(2 1 1)	27.375	0.2985	3.7508	
8	61.678	1.5026	2.3	(2 1 3)	30.839	0.3328	4.1815	
9	62.189	1.4915	9.2	(2 0 4)	31.094	0.3352	4.2127	
10	68.050	1.3766	4.0	(1 1 6)	34.025	0.3632	4.5643	
11	69.882	1.3449	4.0	(2 2 0)	34.941	0.3718	4.6718	
12	73.208	1.2918	0.4	(1 0 7)	36.604	0.3871	4.8639	
13	74.395	1.2741	5.9	(2 1 5)	37.197	0.3924	4.9314	
14	75.576	1.2571	1.6	(3 0 1)	37.788	0.3977	4.9981	
15	79.728	1.2018	0.3	(0 0 8)	39.864	0.4161	5.2284	
16	81.582	1.1791	0.4	(3 0 3)	40.791	0.4241	5.3290	
17	82.037	1.1737	2.8	(2 2 4)	41.018	0.4260	5.3535	
18	82.612	1.1669	1.3	(3 1 2)	41.306	0.4285	5.3843	

图 3-4-35　复制数据

在 Excel 表格中粘贴数据，复制 2-Theta 和 I(f)两列数据(只复制数据)，界面如图 3-4-36 所示。

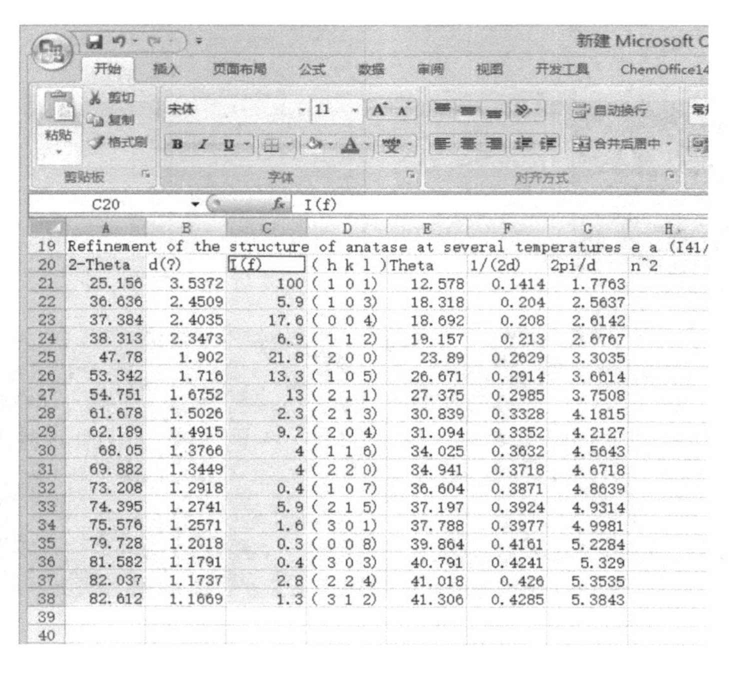

	A	B	C	D	E	F	G	H
19	Refinement of the structure of anatase at several temperatures e a (I41/							
20	2-Theta	d(?)	I(f)	(h k l)	Theta	1/(2d)	2pi/d	n^2
21	25.156	3.5372	100	(1 0 1)	12.578	0.1414	1.7763	
22	36.636	2.4509	5.9	(1 0 3)	18.318	0.204	2.5637	
23	37.384	2.4035	17.6	(0 0 4)	18.692	0.208	2.6142	
24	38.313	2.3473	6.9	(1 1 2)	19.157	0.213	2.6767	
25	47.78	1.902	21.8	(2 0 0)	23.89	0.2629	3.3035	
26	53.342	1.716	13.3	(1 0 5)	26.671	0.2914	3.6614	
27	54.751	1.6752	13	(2 1 1)	27.375	0.2985	3.7508	
28	61.678	1.5026	2.3	(2 1 3)	30.839	0.3328	4.1815	
29	62.189	1.4915	9.2	(2 0 4)	31.094	0.3352	4.2127	
30	68.05	1.3766	4	(1 1 6)	34.025	0.3632	4.5643	
31	69.882	1.3449	4	(2 2 0)	34.941	0.3718	4.6718	
32	73.208	1.2918	0.4	(1 0 7)	36.604	0.3871	4.8639	
33	74.395	1.2741	5.9	(2 1 5)	37.197	0.3924	4.9314	
34	75.576	1.2571	1.6	(3 0 1)	37.788	0.3977	4.9981	
35	79.728	1.2018	0.3	(0 0 8)	39.864	0.4161	5.2284	
36	81.582	1.1791	0.4	(3 0 3)	40.791	0.4241	5.329	
37	82.037	1.1737	2.8	(2 2 4)	41.018	0.426	5.3535	
38	82.612	1.1669	1.3	(3 1 2)	41.306	0.4285	5.3843	
39								
40								

图 3-4-36　粘贴数据

打开 Origin，新建两个 WorkBook，将刚才复制的 PDF 标准卡片数据粘贴到 Book2，将样品 XRD 数据粘贴到 Book1。并在 Book1 上面的黄色单元格中填入如图 3－4－37 所示的信息。

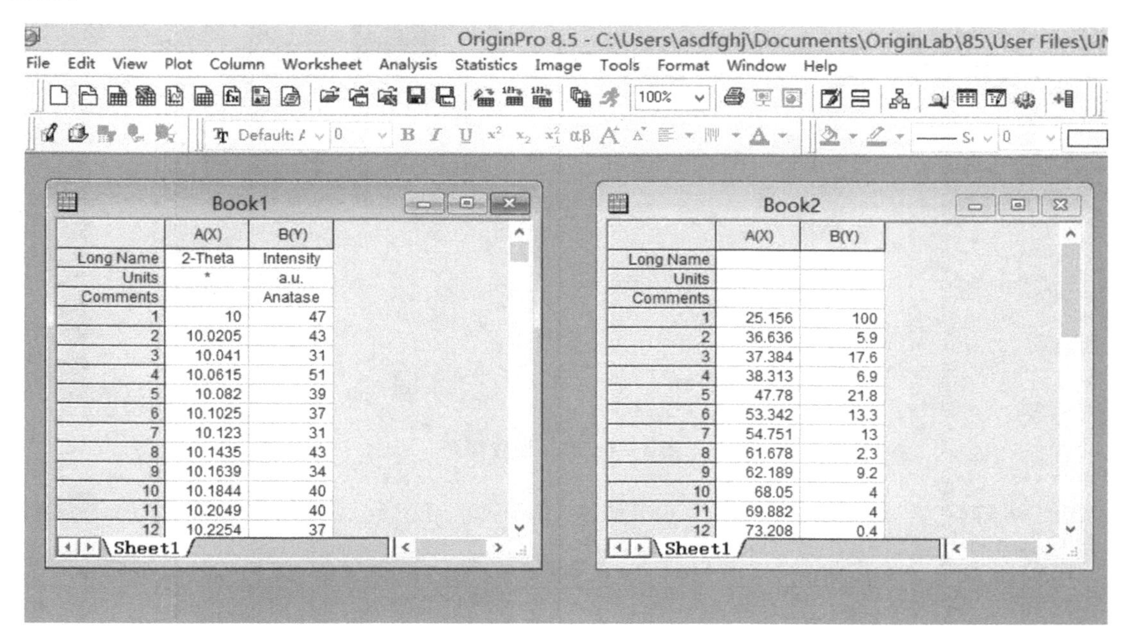

图 3－4－37　新建 Book1 和 Book2

选择 Book1 数据后点击图中图标，作图；选择 Book2 数据后点击图标，选择 Column，作图，得到 Graph1，Graph2，如图 3－4－38 所示。

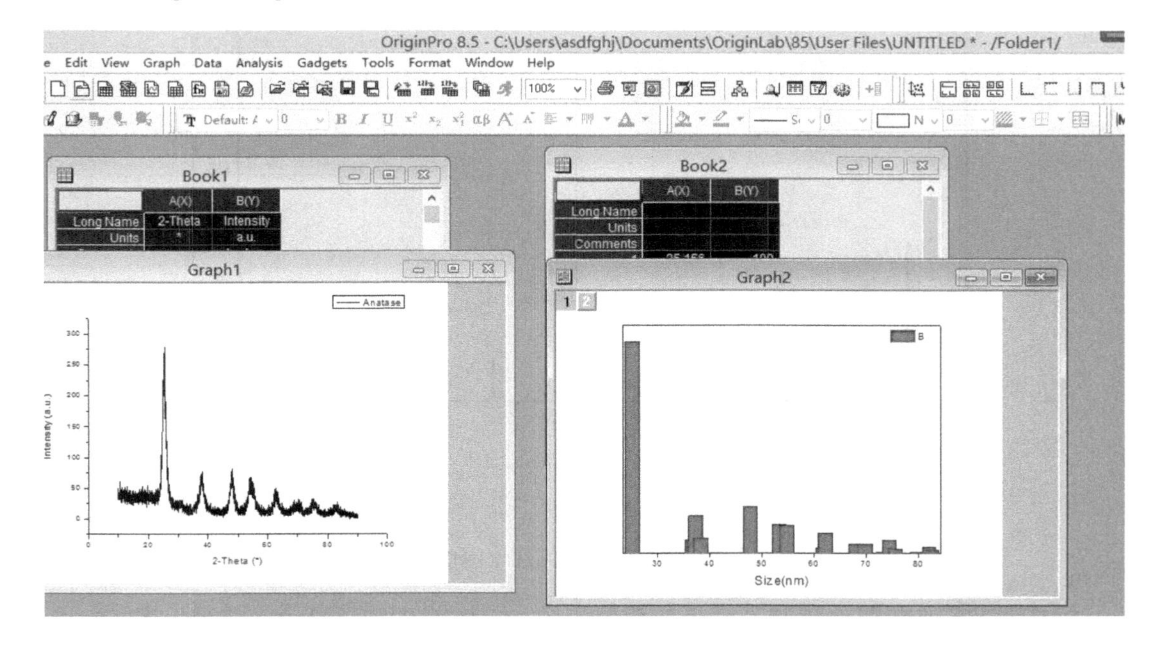

图 3－4－38　用 Book1 和 Book2 数据所作图形

点击 Graph2 图中红色区域，选择 Spacing，将 Gap Between Bars 数据设置为 100。如图 3-4-39所示，调整坐标轴刻度等作图设置，得到如图 3-4-40 界面。

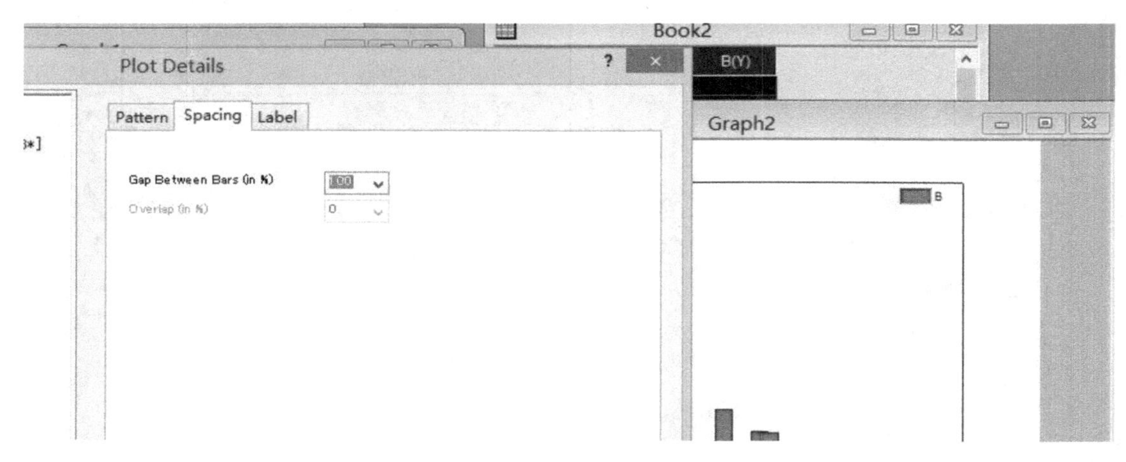

图 3-4-39 设置间距

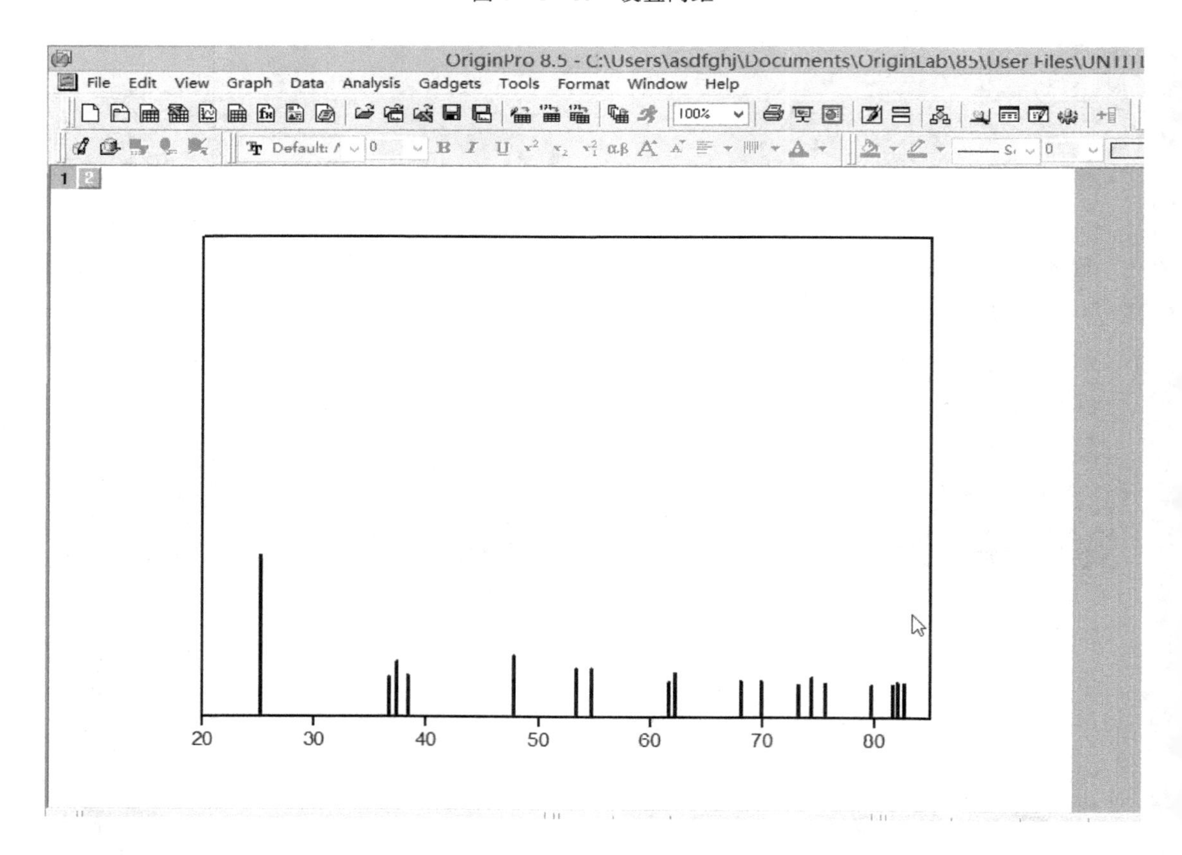

图 3-4-40 Graph 2 图形

将 Graph 1 的作图设置与 Graph 2 调整一致，点击“Graph→Merge Graph Windows→Open Dialog...”，将两幅图合并，界面如图 3-4-41 所示。

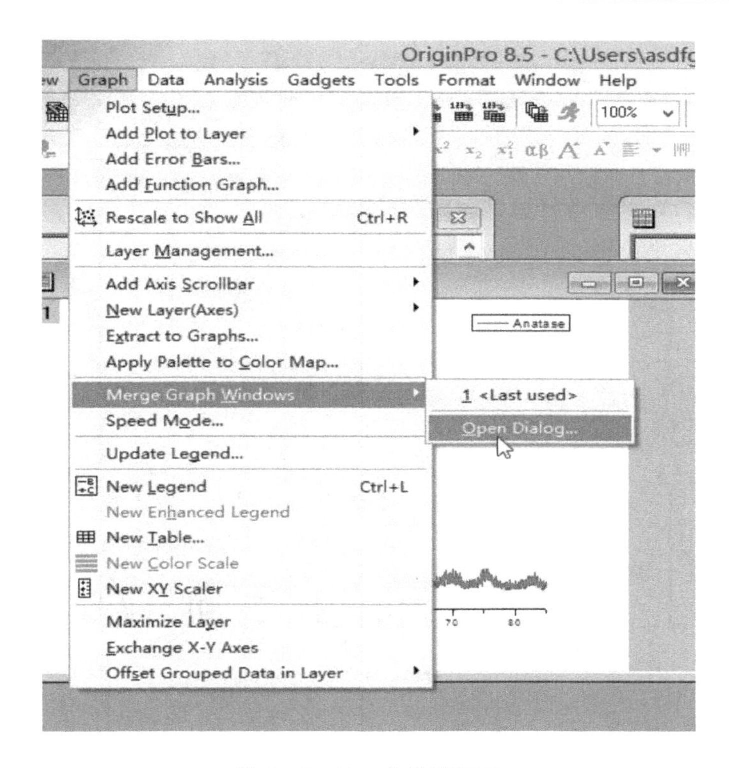

图 3-4-41　合并两幅图

将 Number of Rows 设置为 1，如图 3-4-42 所示，即可得到 XRD 数据图，如图 3-4-43 所示。

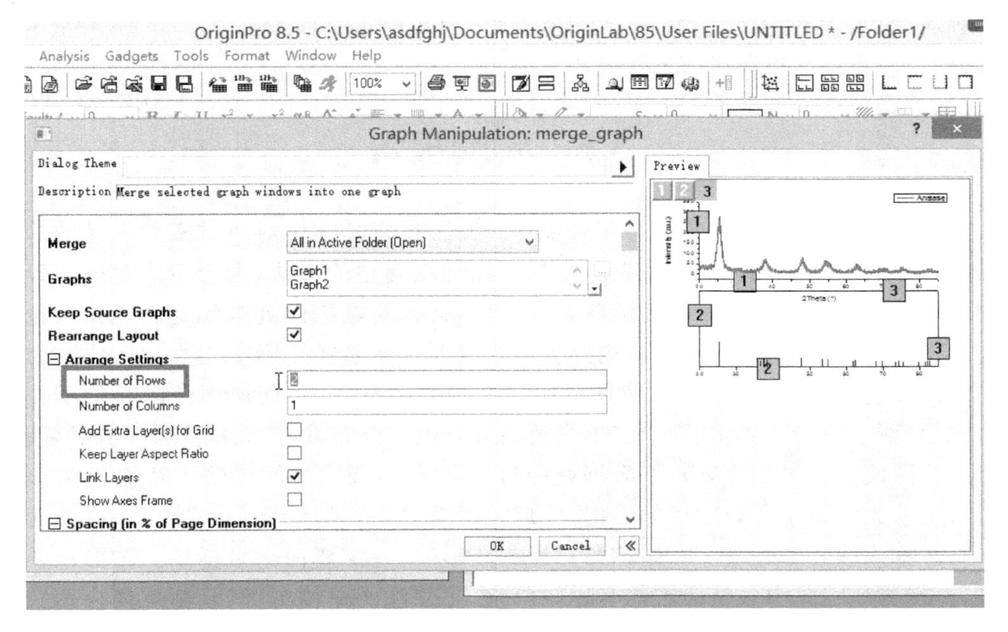

图 3-4-42　设置行数为 1

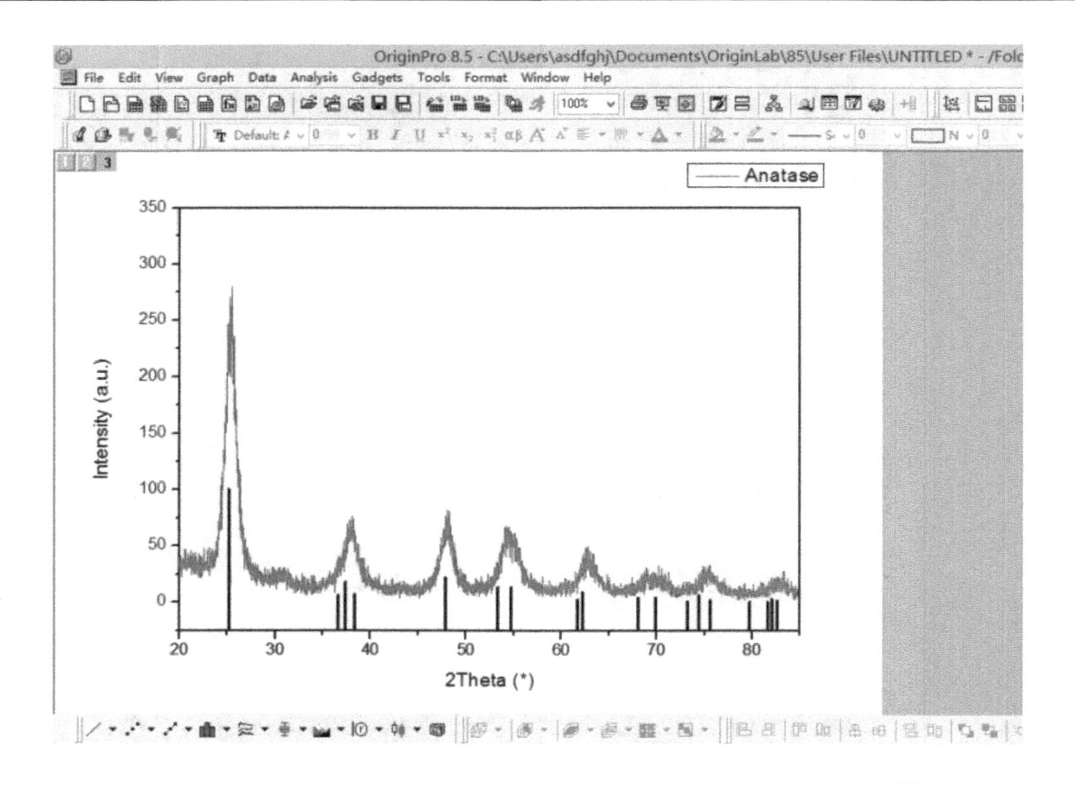

图 3-4-43　合并后的图形

4.数据导出

物相分析及 Origin 作图；
XRD 原始数据处理

得到 XRD 数据图后，点击“File→Export Graphs→Open Dialog...”，对图片命名、选择保存途径后即可将图片导出。

3.5　实验报告

实验结束后，要整理数据并撰写实验报告。实验报告是学生对所做实验内容的总结和再学习，通过总结和整理实验数据，掌握分析问题和解决问题的方法，为今后撰写研究报告打下一定的基础。实验报告与预习报告的侧重点不同，强调对数据的处理和对问题的讨论。实验报告要求用统一的实验报告纸书写，内容应包含以下几个部分：①实验目的；②实验原理（实验依据的原理及公式，要求对教材内容进行适当的精减和整理，保证该部分的篇幅不会太长）；③实验试剂及仪器；④主要实验步骤（书写要精炼且内容要完整，能表现实验步骤的完整过程，必要时要作图使步骤更加直观）；⑤数据处理与结果讨论（要设计好数据处理表格，在表格中应列出所有实验原始数据及处理后的数据，处理数据需要用到的计算公式要在表格下面列出）。表格应有名称或编号，如“表 1”“表 2”等。绘制图形时，一定要使用坐标纸。图形也要有名称或编号，一定要标明图中各坐标轴的名称和单位，必须注明单位刻度，且标度要合理。最后应对实验结果作出详尽的分析讨论，找出实验失败的可能原因。

下面是两份无机化学实验报告的模板，供同学们参考。

无机化学实验报告

成绩	

实验名称：______________________________

班　　级：______________　　　　实验日期：　　年　月　日

姓　　名：______________　　　　交报告日期：　　年　月　日

学　　号：______________　　　　队　　员：______________

一、实验目的

二、实验原理

三、实验仪器与试剂

四、实验步骤

1.测定 Fe^{3+} 含量

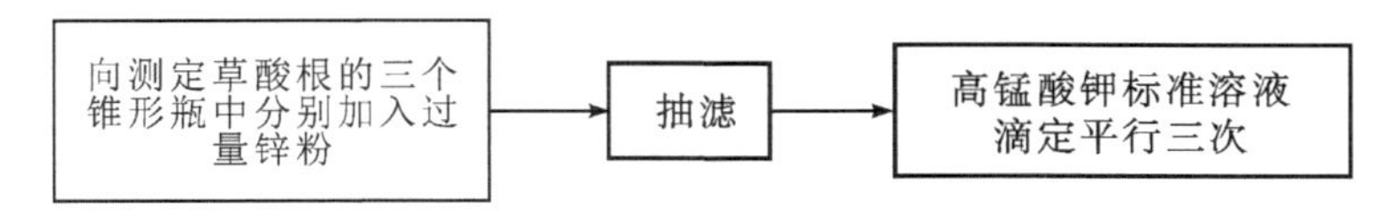

2.……

五、实验数据记录及处理

表 1　Fe 含量测定

初读数/mL			
终读数/mL			
消耗体积/mL			
Fe 质量/g			
Fe 质量分数/%			
Fe 质量分数平均值/%			

六、实验总结

无机化学实验报告

成绩	

实验名称：______________________________

班　　级：________________　　实验日期：　　年　　月　　日

姓　　名：________________　　交报告日期：　　年　　月　　日

学　　号：________________　　队　　员：________________

一、实验目的

二、实验原理

三、实验用品

四、实验步骤、现象及分析

1.硝酸和硝酸盐的性质

实验编号	实验步骤	实验现象	现象解释	结论
1-1	在干燥试管中加入少量 HNO_3(s)，加热熔融，将带余烬的火柴杆投入试管中	红棕色气体产生，带火星的火柴复燃	$4HNO_3 = 4NO_2\uparrow + O_2\uparrow + 2H_2O$	
1-2				

五、总结及心得体会

第 4 章　基础实验

实验一　仪器的认领、洗涤和天平的使用

一、实验目的

(1)熟悉无机化学实验室安全守则,了解无机化学实验目的、学习方法和要求;

(2)熟悉常用仪器名称、规格,学习并练习常用仪器的洗涤和干燥方法;

(3)掌握实验操作中的注意事项以提高实验的准确度和精确度,了解实验记录要求,掌握实验报告写作的方法;

(4)学会使用称量瓶,掌握用直接法和减量法称量试样。

二、实验原理

1.无机化学实验课程的学习方法

无机化学实验课程的学习分为预习、实验操作和记录、撰写实验报告 3 个部分。

(1)预习。首先,阅读实验教材和教科书中的有关内容,明确实验的目的;其次,了解实验内容、有关原理、步骤、操作过程和实验注意事项,认真思考实验前应准备的问题;最后,写好预习报告。

(2)实验操作和记录。按拟定的实验操作计划与方案进行。做到规范操作,细心观察,准确记录,实验桌面、仪器整洁。实验结束应把实验室打扫干净。实验全过程中,集中注意力,独立思考、解决问题。若发现实验现象和理论不符合,应认真检查并分析原因,细心重做;遇到自己难以解释的问题及现象时可请老师解答。操作过程应严格遵守实验室工作规则。实验现象描述要正确、全面,数据记录要规范、完整,绝不允许主观臆造、弄虚作假。

(3)撰写实验报告。做完实验后,应解释实验现象并得出结论,或根据实验数据进行计算和处理。实验报告主要包括:①实验目的;②实验原理;③实验用品;④操作步骤;⑤数据处理(含误差原因及分析);⑥问题与讨论(针对实验中遇到的问题,提出自己的见解或体会,或对实验方法、检测手段、合成路线、实验内容等提出自己的意见和优化建议,以训练创新思维);⑦思考题回答。

实验报告撰写时应简明扼要,整齐清洁。

2.玻璃器皿洗涤方法

化学实验中洁净的器皿对实验结果有着重要影响,因此使用前必须将器皿充分洗净。玻

璃器皿洗涤流程以及干燥方法见第 2 章。

实验室常用的洗液有两种，其配置方法分别如下。

铬酸洗液：50 g 重铬酸钾固体在加热下溶于 100 mL 水中，冷却后在搅拌下向溶液中慢慢加入 900 mL 浓硫酸(注意安全，切勿将重铬酸钾溶液加入浓硫酸中)，冷却后贮存。铬酸洗液具有强酸性、强腐蚀性和强氧化性，对有机物、油污的去除能力特别强。针对仪器沾污物的性质，对用洗涤剂不能有效洗净的仪器，一般采用铬酸洗液浸泡一夜。

碱性高锰酸钾洗液：4 g 高锰酸钾溶于水中，加入 10 g 氢氧化钠，用水稀释至 100 mL 保存。碱性高锰酸钾洗液可用来洗涤油污或其它有机物，洗后容器沾污处有褐色二氧化锰析出，再用浓盐酸或草酸洗液、硫酸亚铁、亚硫酸钠等还原剂去除。

注：洗液可重复使用。

3.熟悉无机化学实验室安全守则及实验中意外事故的处理方法

详见第 1 章。

4.天平的使用

天平是进行化学定量的基础。托盘天平和电子天平是化学实验中最常用的称量仪器。称量方法分为直接称量法和减量法。直接称量法又称为固定质量称量法或加重法，适用于本身不吸水并在空气中性质稳定的试样；减量法适用于称量易吸水、易氧化或易与 CO_2 反应的试样。具体使用方法见第 2 章。

三、实验试剂及仪器

试剂：丙酮、无水乙醇、乙醚、$K_2Cr_2O_7$、H_2SO_4(浓)、NaOH(s)、$CaCO_3$。

仪器：无机化学实验常用仪器一套、电子天平。

四、实验内容及步骤

(1)按实验清单认领无机化学实验常用仪器一套，并熟悉其名称、规格、用途、使用方法和注意事项。

(2)洗涤认领的仪器，并选用适当方法干燥洗涤后的仪器。

(3)用直接法准确称取 0.5000 g 给定固体试样(称准到小数点后第四位)两份。

(4)用差减法称 0.5300～0.5400 g 样品 3 份。

五、数据记录

1.直接法

表 4－1－1　直接法

序号	称量瓶或表面皿的质量/g	样品＋称量瓶或表面皿的总质量/g	样品的质量/g
1			
2			

2.差减法

表 4-1-2　差减法

序号	样品+称量瓶或表面皿的总质量 m_1/g	样品+称量瓶或表面皿的总质量 m_2/g	样品的质量 m_3/g $m_3=m_1-m_2$
1			
2			
3			

六、思考题

(1)烤干试管时为什么管口略向下倾斜?

(2)什么样的仪器不能用加热的方法进行干燥?为什么?

(3)画出离心试管、多用滴管、量筒、容量瓶的简图,讨论其规格、主要用途和使用注意事项。

实验二　玻璃棒、滴管和弯管的制作

一、实验目的

1.练习玻璃管(棒)的截断、弯曲、拉制和熔烧等基本操作;

2.完成玻璃棒、滴管和弯管的制作。

二、实验内容及步骤

1.玻璃加工

1)玻璃管(棒)的截断

将玻璃管(棒)平放在桌面上,左手按住要切割的部位,右手用锉刀的棱边用力锉出一道凹痕(见图 4-2-1)。锉刀切割时须沿一个方向锉。为保证截断后的玻璃管(棒)截面平整,锉出的凹痕应与玻璃管(棒)垂直。然后双手持玻璃管(棒),两拇指齐放在凹痕背面[见图 4-2-2(a)],并轻轻地由凹痕背面向外推折,同时两食指和拇指将玻璃管(棒)向两边拉[见图 4-2-2(b)],将玻璃管(棒)截断。如截面不平整,则不合格。

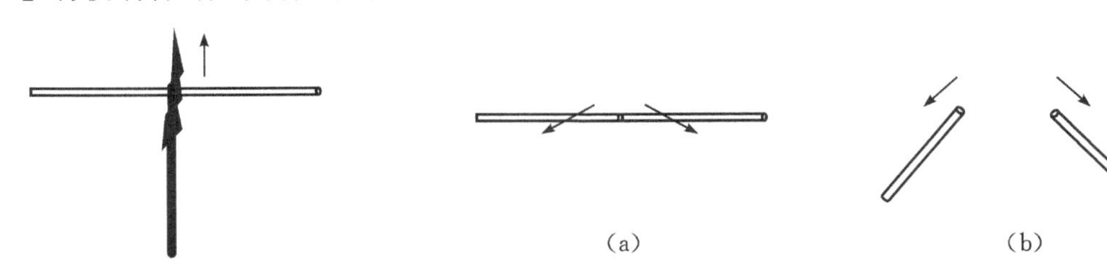

图 4-2-1　玻璃管的锉痕　　图 4-2-2　玻璃管的截断

2)熔光

切割的玻璃管(棒)的截断面的边缘很锋利,为使其平滑须放在火焰中熔烧,此过程称为熔光(或圆口)。熔烧时,玻璃管(棒)的一头以45°角插入火焰中,并不断来回转动玻璃管(棒),直至管口平滑。

熔烧时,若加热时间过短,管(棒)口不平滑;过长,管径会变小。而玻璃管转动不均,会使管口不圆。灼热的玻璃管(棒)应放在石棉网上冷却,切不可直接放在实验台上,以免烧焦台面,切不可用手触碰,以免烫伤。

3)弯曲

第一步,烧管。先将玻璃管用小火预热,然后双手持玻璃管,把要弯曲的部位斜插入喷灯(或煤气灯)火焰中,以增大玻璃管的受热面积(也可在灯管上罩以鱼尾灯头扩展火焰,来增大玻璃管的受热面积),若灯焰较宽,也可将玻璃管平放于火焰中,同时缓慢而均匀地不断转动玻璃管,使之受热均匀(见图4-2-3)。两手用力应均等,转速快慢一致,以免玻璃管在火焰中扭曲。加热至玻璃管发黄变软时,即可自焰中取出,进行弯管。

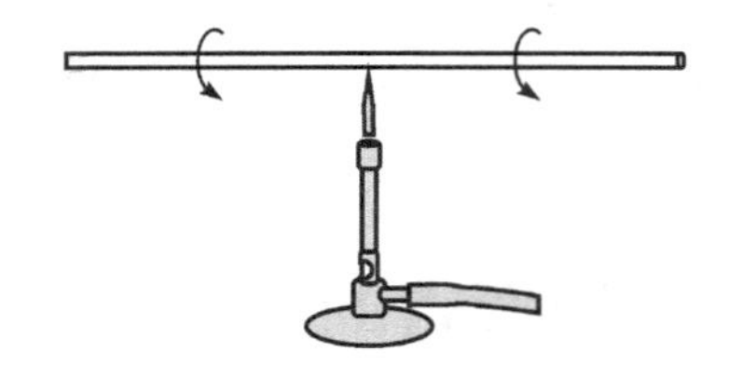

图4-2-3　烧管方法

图4-2-4　弯管的方法

第二步,弯管。将变软的玻璃管取离火焰后稍等一两秒钟,使各部分温度均匀,用“V”字形手法[两手在上方,玻璃管的弯曲部分在两手中间的正下方,见图4-2-4]缓慢地将其弯成所需的角度。弯好后,待其冷却变硬才可撤手,将其放在石棉网上继续冷却。冷却后,应检查其角度是否准确,整个玻璃管是否处于同一个平面上。120°以上的角度可一次弯成,但弯制较小角度的玻璃管,或灯焰较窄、玻璃管受热面积较小时,需分几次弯制(切不可一次完成,否则弯曲部分的玻璃管就会变形)。首先弯成一个较大的角度,然后在第一次受热弯曲部位稍偏左或稍偏右处进行第二次加热弯曲,如此进行第三次、第四次加热弯曲,直至形成所需的角度为止。弯管好坏的比较见图4-2-5。

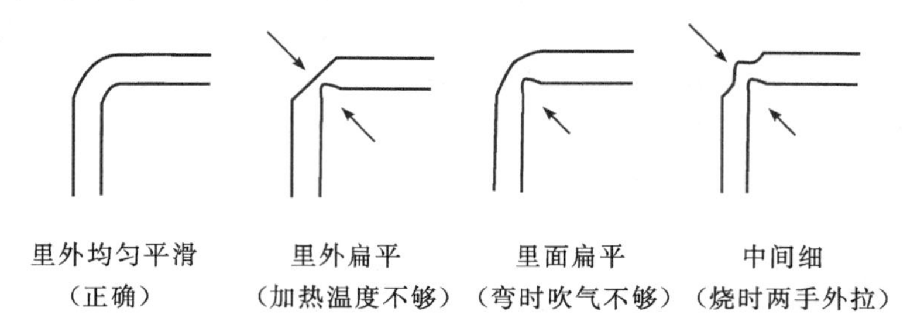

图4-2-5　弯管好坏的比较和分析

4)制备毛细管和滴管

第一步,烧管。拉细玻璃管时,加热玻璃管的方法与弯玻璃管时基本一样,不过要烧得时间长一些,玻璃管软化程度更大一些,烧至发红。

第二步，拉管。待玻璃管烧至发红软化以后，从火焰中取出，两手顺着水平方向边拉边旋转玻璃管（见图 4－2－6），拉到所需要的细度时，一手持玻璃管向下垂一会儿。冷却后，按需要长度截断，形成两个尖嘴管。如果要求细管部分具有一定的厚度，在加热过程中当玻璃管变软后，应将其轻缓向中间挤压，缩短它的长度，使管壁增厚，然后按上述方法拉细。

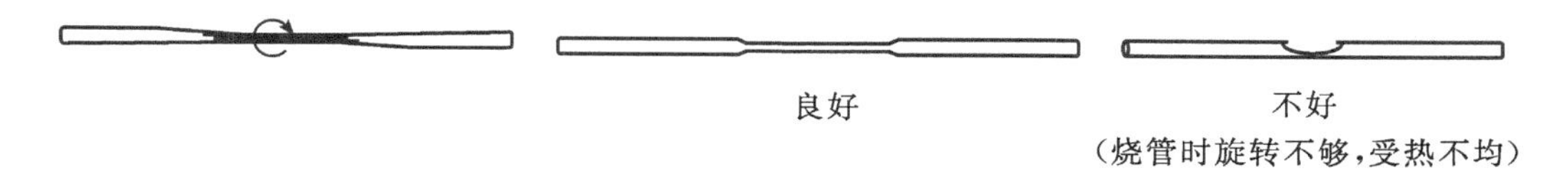

图 4－2－6　拉管方法和拉管好坏比较

第三步，制滴管的扩口。将未拉细的另一端玻璃管口以 45°角斜插入火焰中加热，并不断转动。待管口灼烧至红热后，用金属锉刀柄斜放入管口内迅速而均匀地旋转（见图 4－2－7），将其管口扩开。另一扩口的方法是待管口烧至稍软化后，将玻璃管口垂直放在石棉网上，轻轻向下按一下，将其管口扩开。冷却后，安上胶头即成滴管。

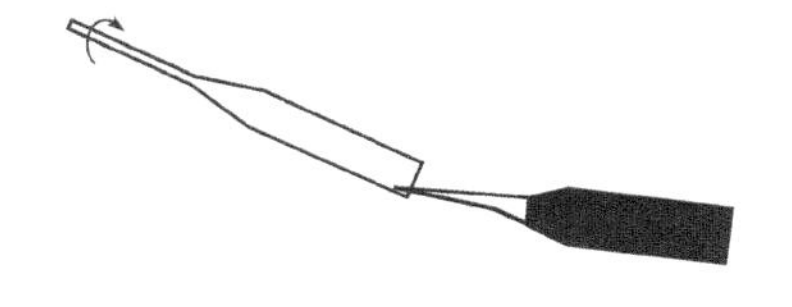

图 4－2－7　玻璃管扩口

2.实验用具的制作

（1）玻璃棒：切取 20 cm 长的小玻璃棒，将玻璃棒两端熔光，冷却，洗净后便可使用。

（2）适用于小试管的玻璃棒：切取 18 cm 长的小玻璃棒，将中部置于火焰上加热，拉细到直径约为 1.5 mm 为止。冷却后用三角锉刀从细处切断，并将两端熔光，冷却，洗净后便可使用（见图4－2－8）。

（3）胶头滴管：切取 26 cm 长（内径约 5 mm）的玻璃管，将中部置火焰上加热，拉细玻璃管。要求玻璃管细部的内径为 1.5 mm，毛细管长约 7 cm。切断并将口熔光。把尖嘴管的另一端加热至发软，然后在石棉网上压一下，使管口外卷，冷却后，套上橡胶头即制成胶头滴管（见图 4－2－9）。

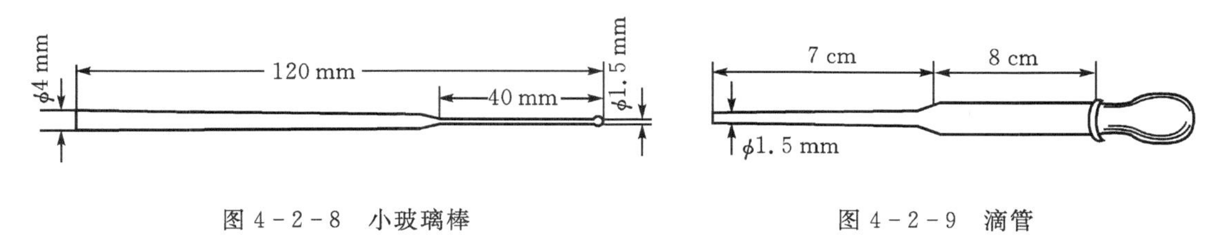

图 4－2－8　小玻璃棒　　图 4－2－9　滴管

（4）60°和 120°弯管：切取一段玻璃管，将中部置火焰上加热，弯成 120°角后，再弯成 60°角。

三、注意事项

（1）切割玻璃管、玻璃棒时要防止划破手。

(2)使用酒精喷灯前，必须先准备一块湿抹布备用，以防失火。

(3)灼热的玻璃管、玻璃棒须放在石棉网上冷却，切不可直接放在实验台上，防止烧焦台面；未冷却之前，也不可用手触摸，以防烫伤。

四、思考题

(1)在酒精灯和酒精喷灯的使用过程中，应注意哪些安全问题？

(2)在加工玻璃管时，应注意哪些安全问题？

(3)切割玻璃管(棒)时，应怎样正确操作？

实验三　硼、碳、硅

一、实验目的

(1)掌握二氧化碳、碳酸盐和酸式碳酸盐在水溶液中互相转化的条件；

(2)掌握硼、硅的相似性和相异性，进一步理解元素的“对角线关系”；

(3)掌握硅酸盐及硼酸盐的性质。

二、实验原理

硼为第二周期ⅢA族元素，其价电子构型为$2s^2 2p^1$。碳、硅为ⅣA族元素，价电子构型为$ns^2 np^2$。硼和硅处于元素周期表对角线位置，因而表现出一定的相似性。

碳酸盐溶液与盐酸反应生成的CO_2通入$Ca(OH)_2$溶液中，能使$Ca(OH)_2$溶液变混浊，这一方法可用于鉴定CO_3^{2-}。

硼酸是一元弱酸，它在水溶液中的解离不同于一般的一元弱酸。硼酸是Lewis酸，能与多羟基醇发生加合反应，使溶液的酸性增强。

硼砂的水溶液因水解而呈现碱性。硼砂溶液与酸反应可析出硼酸。硼砂受热脱水熔化为玻璃体，与不同金属的氧化物或盐类熔融生成具有不同特征颜色的偏硼酸复盐(即硼砂珠试验)。

硅酸钠水解明显。大多数硅酸盐难溶于水，过渡金属的硅酸盐呈现不同的颜色。

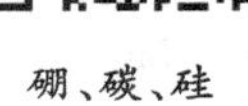
硼、碳、硅

三、实验试剂及仪器

试剂：H_2SO_4(6 mol·L^{-1}，浓)、HCl(6.06 mol·L^{-1}，浓)、$Ca(OH)_2$(新配制)、Na_2CO_3(0.1 mol·L^{-1})、$NaHCO_3$(0.1 mol·L^{-1})、Na_2SiO_3(0.5 mol·L^{-1}，质量分数20%)、NH_4Cl(饱和)、$Na_2B_4O_7 \cdot 10H_2O$(s)、H_3BO_3(s)、Cr_2O_3、$CaCl_2$、$CuSO_4 \cdot 5H_2O$(s)、$NiSO_4 \cdot 7H_2O$(s)、$ZnSO_4 \cdot 7H_2O$(s)、$FeCl_3 \cdot 6H_2O$(s)、$MnSO_4$(s)、$Co(NO_3)_2$、乙醇(工业纯)、甘油、镍铬丝、白糖、果味香精、柠檬酸、红糖、活性炭、甲基橙、碳酸氢钠(s)。

仪器：试管、玻璃棒、汽水瓶、烧杯、滤纸、漏斗、水浴锅、胶头滴管、蒸发皿、火柴、环形镍铬丝、酒精灯、pH试纸。

四、实验内容及步骤

1.碳酸盐及其性质

1)碳酸盐的水解作用

用 pH 试纸测定 0.1 mol·L^{-1} Na_2CO_3溶液和 0.1 mol·L^{-1} $NaHCO_3$溶液的 pH 值。

2)碳酸盐的热稳定性

分别加热盛有约 2 g Na_2CO_3或 $NaHCO_3$固体的两支试管，并将生成的气体通入装有石灰水的试管中，观察石灰水变浑浊的顺序，并解释。

3)自制汽水——趣味实验

取一个干净的汽水瓶，加入冷开水至汽水瓶体积的 80%，然后可加入白糖及 1～2 滴果味香精溶解，再加入 2 g 碳酸氢钠，搅拌溶解，迅速加入 2 g 柠檬酸，并立即将瓶盖压紧。将瓶子放置在冰箱中降温，取出后，打开瓶盖就可以饮用。写出相关反应式。

4)红糖制白糖

在装有 30 mL 水的小烧杯中加入 5 g 红糖，加热溶解。然后加入 1 g 活性炭并不断搅拌，趁热过滤。将滤液转移到小烧杯里，在水浴中蒸发浓缩。当体积减少到原溶液体积的 1/4 左右时，停止加热，从水浴中取出烧杯，自然冷却，有白糖析出。

碳酸盐及其性质

2.硼酸的制备及性质

1)硼酸的鉴定

在蒸发皿中放入少量硼酸晶体，用滴管加入少许乙醇和几滴浓硫酸，混匀后点燃，观察硼酸三乙酯蒸气燃烧时产生的特征绿色火焰。此反应可用于含硼化合物的鉴别。

2)硼酸的制备

在试管中加入 1 g 硼砂和 2 mL 去离子水，微热溶解，用 pH 试纸测定溶液的 pH 值。然后加入 6 mol·L^{-1} H_2SO_4溶液 1 mL，将试管放在冰水中冷却并用玻璃棒不断搅拌，观察硼酸晶体的析出。写出有关反应的离子方程式。

3)硼酸的性质

取 1 mL 饱和硼酸溶液测其 pH 值。再往溶液中加入一滴甲基橙，并将溶液分成两份，一份加 10 滴甘油，混合均匀，比较溶液颜色。解释并写出反应式。该实验说明硼酸具有什么性质？

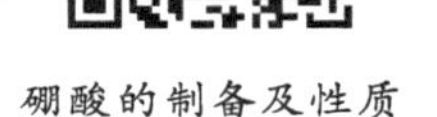

硼酸的制备及性质

3.硼砂珠试验

用环形镍铬丝蘸取浓 HCl(盛在试管中)，用酒精灯外焰灼烧至近无色后，迅速蘸取少量硼砂，灼烧至玻璃状，观察硼砂颜色及形状。用烧红的硼砂珠分别蘸取少量 $Co(NO_3)_2 \cdot 6H_2O$ 或 Cr_2O_3 固体，灼烧至熔融，冷却后观察硼砂珠的颜色。写出反应方程式。

硼砂珠

4.硅酸钠的水解和硅酸凝胶的形成

1)硅酸钠的水解

用 pH 试纸测试 20%(质量分数)Na_2SiO_3溶液的 pH 值。在装有 1 mL 0.5 mol·L^{-1} Na_2SiO_3

溶液的试管中加入 2 mL 饱和 NH_4Cl 溶液，混合均匀，用湿润的 pH 试纸在试管口检验逸出气体的酸碱性。

2）硅酸凝胶的形成

①向装有 1 mL 0.5 mol·L^{-1} Na_2SiO_3 溶液的试管中通入二氧化碳（在盛有 5 g 石灰石的大试管中，加入 5 mL 0.5 mol·L^{-1} HCl，用带导管的塞盖紧，将气体导入试管即可）；

硅酸盐的性质

②在装有 1 mL 0.5 mol·L^{-1} Na_2SiO_3 溶液的试管中，滴加 0.5 mol·L^{-1} HCl，使溶液 pH 值在 6～9 之间，为促进凝胶的生成，可适当微热试管。

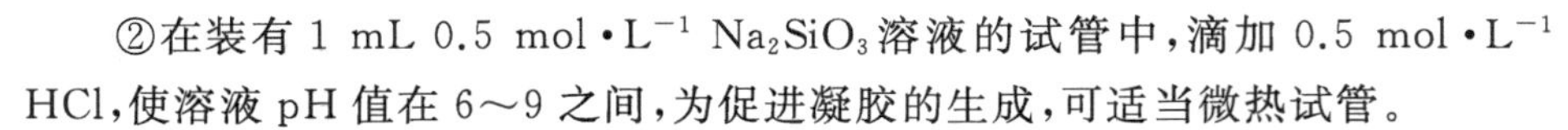

5.难溶性硅酸盐的生成——“水中花园”

将 25 mL20％（质量分数）的 Na_2SiO_3 水玻璃倒入 50 mL 的烧杯中，分别在不同位置放入米粒大小的固体 $CaCl_2$、$CuSO_4$、$Co(NO_3)_2$、$MnSO_4$、$ZnSO_4$、$FeCl_3$、$NiSO_4\cdot7H_2O$，记住它们的位置，放置约 1 h 后观察实验现象，解释实验现象出现的原因。

制备“水中花园”

五、拓展阅读

微量元素

微量元素是指人体中存在量低于体重 0.01％，且每日需要量在 100 mg 以下的元素，主要包括铁、锌、铜、锰、硒、碘、氟、钴、铬、钒、镍、钼、锡、硅等。微量元素摄入过量或不足都会引起不同程度的人体生理异常，从而引发疾病。

人体内含硅约 18 g，每日需要量为 20～50 mg。长期吸入大量含硅的粉尘可引起一种常见职业病——硅肺（Silicosis）。其主要发病机制为，患者长期吸入大量的游离二氧化硅，粉尘进入肺部，被肺内的巨噬细胞所吞噬，但二氧化硅不能被巨噬细胞分解，因此导致巨噬细胞死亡，从而释放出被吞噬的二氧化硅。长此以往，会导致大量的细胞受损。同时，在受损巨噬细胞的刺激下，纤维细胞增生，亦会形成纤维性结节，即硅结节。

实验四　氮、磷、氧、硫

一、实验目的

（1）掌握亚硝酸、硝酸及其相应的盐的主要性质；

（2）了解磷酸盐的主要化学性质；

（3）掌握 NH_4^+、NO_3^-、NO_2^- 和 PO_4^{3-} 等离子的鉴定方法。

二、实验原理

氮、磷、氧、硫为典型非金属元素。氮、磷为ⅤA 族元素，价电子构型为 ns^2np^3，最高氧化值为＋5，最低氧化值为－3 。

氧、硫为ⅥA 族元素，价电子构型为 ns^2np^4，最高氧化值为＋6，最低氧化值为－2 。氧、硫为较活泼的非金属元素。H_2O_2为一种重要的过氧化物，其氧元素的电势图如下：

$$O_2 \xrightarrow{0.6945\ V} H_2O_2 \xrightarrow{1.763\ V} H_2O$$

因此 H_2O_2既有氧化性又有还原性。

硫元素的电势图如下：

0.3002 V（SO_4^{2-}—H_2S）

$$SO_4^{2-} \xrightarrow{0.1576\ V} H_2SO_3 \xrightarrow{0.4497\ V} S \xrightarrow{0.144\ V} H_2S$$

0.3478 V（H_2SO_3—H_2S）

硫的化合物中，H_2S 具有强还原性，而浓 H_2SO_4、$H_2S_2O_8$及其盐具有强氧化性。氧化值为＋6～－2 之间的硫的化合物既有氧化性又有还原性，但以还原性为主。金属硫化物的溶解性能取决于其溶度积常数和其本性，控制适当的酸度、利用 H_2S 能将溶液中的不同金属离子按组分离。

氮、磷、氧、硫

三、实验试剂及仪器

试剂：HNO_3(2.0 mol·L^{-1}，浓)、HAc(2.0 mol·L^{-1})、NaOH(2.0 mol·L^{-1}，6.0 mol·L^{-1})、H_2SO_4(0.1 mol·L^{-1}，1.0 mol·L^{-1}，6.0 mol·L^{-1})、$BaCl_2$(0.5 mol·L^{-1})、NH_4Cl(0.1 mol·L^{-1})、$NaNO_2$(0.1 mol·L^{-1}，1.0 mol·L^{-1})、KI(0.02 mol·L^{-1})、$KMnO_4$(0.01 mol·L^{-1})、KNO_3(0.1 mol·L^{-1})、Na_3PO_4(0.1 mol·L^{-1})、Na_2HPO_4(0.1 mol·L^{-1})、NaH_2PO_4(0.1 mol·L^{-1})、$CaCl_2$(0.1 mol·L^{-1})、$CuSO_4$(0.1 mol·L^{-1})、$Na_4P_2O_7$(0.1 mol·L^{-1})、Na_2CO_3(0.1 mol·L^{-1})、$Na_5P_3O_{10}$(0.1 mol·L^{-1})、$AgNO_3$(0.1 mol·L^{-1})、$Pb(NO_3)_2$(0.2 mol·L^{-1})、H_2O_2、氨水、碘水、$(NH_4)_2MoO_4$(0.1 mol·L^{-1})、$CuSO_4$(0.2 mol·L^{-1})、HCl(2 mol·L^{-1})、浓 HCl、浓 HNO_3、Na_2SO_3(0.1 mol·L^{-1})、$AgNO_3$(0.1 mol·L^{-1})、$MnSO_4$(0.002 mol·L^{-1})、硫粉、锌粉、铜屑、KNO_3、$FeSO_4·7H_2O$、$CO(NH_2)_2$、$Na_3PO_4·12H_2O$、$K_2S_2O_8$、Na_2S(0.2 mol·L^{-1})淀粉试液、钼酸铵试剂。

仪器：水浴锅、表面皿、冰块、红色石蕊试纸、pH 试纸、胶头滴管、玻璃棒、火柴、酒精灯、离心机。

四、实验内容及步骤

1.硝酸和硝酸盐的性质

(1)在干燥试管中加入少量 KNO_3(s)，加热熔融，将带余烬的火柴杆投入试管中，火柴复燃。

硫与浓硝酸的反应

(2)取少量硫粉放入试管，加 1 mL HNO_3(浓)溶液，煮沸片刻，冷却后取少量溶液，用 0.5 mol·L^{-1} $BaCl_2$溶液检测有无 SO_4^{2-}。

(3)在两个试管中分别加入少量锌粉和铜屑，各加入 1 mL 2.0 mol·L^{-1} HNO_3，微微加热，取清液，检验是否有 NH_4^+ 存在。

(4)在两个试管中分别加入少量锌粉和铜屑，各加入 5 滴 HNO_3(浓)，观察实验现象，写出相关反应式。

金属与浓、稀硝酸反应

2.NH_4^+、NO_3^-和NO_2^-的鉴定

NH_4^+、NO_3^-和NO_2^-的鉴定

1）NH_4^+的鉴定

取几滴0.1 mol·L^{-1} NH_4Cl溶液置于一表面皿中心，在另一块小表面皿中心粘附一小块湿润的pH试纸，然后在铵盐溶液中滴加6 mol·L^{-1} NaOH溶液至呈碱性，迅速将粘有pH试纸的表面皿盖在盛有试液的表面皿上作成“气室”。将此气室放在水浴上微热，观察pH试纸的变化。

2）NO_3^-的鉴定

取2滴KNO_3溶液（0.1 mol·L^{-1}）于小试管中，用水稀释至1 mL，加入少量$FeSO_4 \cdot 7H_2O$，振荡溶解，沿试管壁缓慢滴加1 mL浓硫酸，静置片刻，观察两种溶液界面的棕色环。

3）NO_2^-的鉴定

在两支试管中都加入1滴0.1 mol·L^{-1} $NaNO_2$溶液，用水稀释至1 mL，加入少量$FeSO_4 \cdot 7H_2O$，振荡溶解，在一支试管中沿试管壁滴加1 mL 2.0 mol·L^{-1} HAc，静置片刻，观察实验现象。在另一支试管中沿试管壁滴加1 mL浓硫酸，静置片刻，观察实验现象。

取KNO_3（0.1 mol·L^{-1}）和$NaNO_2$（0.1 mol·L^{-1}）溶液各1滴于小试管中，用10滴水稀释，加入少量尿素以消除NO_2^-对检验NO_3^-的干扰，然后酸化，再按NO_3^-的鉴定方法进行棕色环实验。

3.亚硝酸和亚硝酸盐的性质（亚硝酸及其盐有毒，注意切勿入口！）

1）亚硝酸的生成和分解

把盛有约1 mL饱和$NaNO_2$溶液（1.0 mol·L^{-1}）的试管置于冰水中冷却，然后加入约1 mL H_2SO_4溶液（6 mol·L^{-1}），混合均匀，观察其气相和液相颜色。

硝酸盐和亚硝酸盐的性质

2）亚硝酸的氧化性

取0.5 mL $NaNO_2$溶液（0.1 mol·L^{-1}），加1滴0.02 mol·L^{-1} KI溶液于小试管中，加0.1 mol·L^{-1} H_2SO_4使其酸化，再加淀粉试液，观察有何变化并写出反应方程式。

3）亚硝酸的还原性

取0.5 mL 0.1 mol·L^{-1} $NaNO_2$溶液和1滴0.01 mol·L^{-1} $KMnO_4$溶液于小试管中，用0.1 mol·L^{-1} H_2SO_4酸化，比较加入前后溶液颜色的变化。

4.磷酸盐的性质

（1）用pH试纸分别测试0.1 mol·L^{-1}的Na_3PO_4、Na_2HPO_4和NaH_2PO_4溶液的酸碱性。

磷酸盐的性质

（2）分别取0.1 mol·L^{-1} Na_3PO_4、Na_2HPO_4和NaH_2PO_4溶液于三支试管中，各加入等量的0.1 mol·L^{-1} $CaCl_2$溶液，观察有无沉淀产生。然后分别加入氨水，观察有无变化。再分别加入2 mol·L^{-1}盐酸，观察各有何变化。

（3）向试管中加1滴0.1 mol·L^{-1}的$CaCl_2$溶液，再向其中滴加Na_2CO_3（0.1 mol·L^{-1}）至产生沉淀，然后滴加$Na_5P_3O_{10}$溶液（0.1 mol·L^{-1}）至沉淀溶解。

5.磷酸根离子的鉴定

磷酸根离子的鉴定

1）磷酸银沉淀法

在两支试管中分别加入0.1 mol·L^{-1} Na_3PO_4、$Na_4P_2O_7$各0.5 mL，加入1滴HNO_3溶液（2.0 mol·L^{-1}），再加入0.5 mL 0.1 mol·L^{-1} $AgNO_3$溶液，观察实验现象，写出相关反应式。

2)磷钼酸铵法

在 5 滴 0.1 mol·L^{-1} Na_3PO_4 试液中滴入 1 滴浓 HNO_3 和 8～10 滴 0.1 mol·L^{-1} $(NH_4)_2MoO_4$ 溶液，水浴加热到 40～45 ℃，即有黄色沉淀产生。写出相关反应式。

6.H_2O_2 的氧化还原性

自行设计实验，证明 H_2O_2 既可做氧化剂也可做还原剂。

验证 H_2O_2 的氧化还原性

7.硫化物的生成与溶解性

在三支试管中分别加入 0.5 mL 0.2 mol·L^{-1} $MnSO_4$、0.5 mL 0.2 mol·L^{-1} $Pb(NO_3)_2$、0.5 mL 0.2 mol·L^{-1} $CuSO_4$，再各加入 10 滴 0.2 mol·L^{-1} Na_2S，观察现象。离心分离，洗涤沉淀，在各沉淀上滴加 2 mol·L^{-1} HCl、浓 HCl 和浓 HNO_3，观察各硫化物溶解情况。

硫化物的制备与溶解性探究

8.亚硫酸盐的性质

向试管中加入 2 mL 0.5 mol·L^{-1} Na_2SO_3、1 mL 碘水，再向其中加入 5 滴 0.2 mol·L^{-1} H_2SO_4 酸化，观察现象并检验产物。

9.硫代硫酸盐的性质

(1)向 0.1 mol·L^{-1} $Na_2S_2O_3$ 溶液中滴加碘水，溶液的颜色有什么变化？写出反应方程式。

(2)向 0.1 mol·L^{-1} $Na_2S_2O_3$ 溶液中滴加 2 mol·L^{-1} 盐酸，加热，观察有什么变化，写出反应方程式。($S_2O_3^{2-}$ 遇酸会发生分解，常用于检出 $S_2O_3^{2-}$ 离子的存在)

(3)向试管中加入 10 滴 0.1 mol·L^{-1} $AgNO_3$ 溶液，再加几滴 0.1 mol·L^{-1} $Na_2S_2O_3$ 溶液，观察沉淀颜色的变化。(这是 $Na_2S_2O_3$ 的特征反应)

硫代硫酸盐的性质

10.过二硫酸盐的氧化性

向试管中加入 5 mL 1 mol·L^{-1} H_2SO_4 溶液、5 mL 蒸馏水和 4 滴 0.002 mol·L^{-1} $MnSO_4$ 溶液，混合均匀后，再加入 1 滴浓 HNO_3，然后分成两份。向其中一份溶液中加 1 滴 0.1 mol·L^{-1} $AgNO_3$ 溶液和少量 $K_2S_2O_8$ 固体，微热，观察溶液的颜色变化。另一份溶液中加少量 $K_2S_2O_8$ 固体，微热，观察溶液的颜色变化。

过二硫酸盐的氧化性

五、拓展阅读

氨基酸与蛋白质

组成蛋白质的元素主要有 C、H、O、N 和 S，有些蛋白质还含有少量磷或金属元素铁、铜、锌、锰、钴、钼，个别蛋白质含有碘。蛋白质的基本结构单位为氨基酸。根据侧链结构(R 基团)的差异，氨基酸可分为非极性脂肪族 R 基团的氨基酸、芳香族 R 基团的氨基酸、极性不带电荷 R 基团的氨基酸、带负电荷 R 基团(酸性)氨基酸、带正电荷 R 基团(碱性)氨基酸。人体内也存在一些不参与蛋白质合成但具有重要生理作用的氨基酸，如参与合成尿素的鸟氨酸、瓜氨酸和精氨酸代琥珀酸。近年发现，硒代半胱氨酸在某些情况下也可用于合成蛋白质。从结构上看，硒代半胱氨酸中硒原子取代了半胱氨酸分子中的硫原子。

实验五　铁、钴、镍

一、实验目的

(1)掌握铁、钴、镍氢氧化物和铁、钴、镍配合物的生成及性质;

(2)掌握铁盐的氧化、还原性;

(3)了解 Fe^{2+}、Fe^{3+}、Co^{2+} 和 Ni^{2+} 等离子的鉴定方法。

二、实验原理

铁、钴、镍为铁系元素,位于第四周期Ⅷ B 族,其价电子排布为 $3d^{6\sim8}4s^2$,易形成配合物。其常见氧化值为+2、+3。其元素电势图在酸性条件下为

$$FeO_4^{2-}\xrightarrow{+2.20\ V}Fe^{3+}\xrightarrow{+0.771\ V}Fe^{2+}\xrightarrow{-0.44\ V}Fe$$

$$Co^{3+}\xrightarrow{+1.808\ V}Co^{2+}\xrightarrow{-0.277\ V}Co$$

$$NiO_2\xrightarrow{+1.678\ V}Ni^{2+}\xrightarrow{-0.25\ V}Ni$$

在碱性条件下为

$$FeO_4^{2-}\xrightarrow{+0.72\ V}Fe(OH)_3\xrightarrow{-0.56\ V}Fe(OH)_2\xrightarrow{-0.877\ V}Fe$$

$$Co(OH)_3\xrightarrow{+0.17\ V}Co(OH)_2\xrightarrow{-0.73\ V}Co$$

$$NiO_2\xrightarrow{+0.49\ V}Ni(OH)_2\xrightarrow{-0.72\ V}Ni$$

从电势图可以看出,在酸性溶液中,稳定性次序为 $Fe^{2+}>Co^{2+}>Ni^{2+}$。在酸性溶液中,铁(Ⅵ)、钴(Ⅲ)、镍(Ⅳ)为强的氧化剂。空气中的氧气能将酸性溶液中的 Fe^{2+} 氧化为 Fe^{3+},但不能将 Co^{2+} 和 Ni^{2+} 离子氧化为 Co^{3+} 和 Ni^{3+}。

在碱性介质中,铁的最稳定氧化态是+3,而钴和镍的最稳定氧化态仍是+2。在碱性介质中,低氧化态的铁、钴、镍转化为高氧化态比在酸性介质中容易。低氧化态氢氧化物的还原性按 $Fe(OH)_2$、$Co(OH)_2$、$Ni(OH)_2$ 的顺序依次减弱。

铁系元素离子易形成有色配合物,其配合物的生成反应常用于该离子的鉴别。

(1)Fe^{2+}、Fe^{3+} 的鉴定(酸性条件):

$$xFe^{2+}+x[Fe(CN)_6]^{3-}+xK^+\longrightarrow[KFe(CN)_6Fe]_x(s)(\text{滕氏蓝})$$

$$xFe^{3+}+x[Fe(CN)_6]^{4-}+xK^+\longrightarrow[KFe(CN)_6Fe]_x(s)(\text{普鲁士蓝})$$

(2)Co^{2+} 的鉴定:

$$Co^{2+}+4SCN^{-1}=\!=\!=[Co(SCN)_4]^{2-}(\text{戊醇中显蓝色})$$

三、实验试剂及仪器

试剂:硫酸亚铁铵、NH_4Cl、NH_4F、浓盐酸、$NH_3\cdot H_2O$、丙酮、溴水、NaOH($2\ mol\cdot L^{-1}$,$6\ mol\cdot L^{-1}$)、H_2SO_4($6\ mol\cdot L^{-1}$)、NH₄Ac($3\ mol\cdot L^{-1}$)、H_2SO_4($2\ mol\cdot L^{-1}$)、$CoCl_2$($0.5\ mol\cdot L^{-1}$)、$NiSO_4$($0.2\ mol\cdot L^{-1}$)、$FeCl_3$、$FeSO_4$($0.2\ mol\cdot L^{-1}$)、$K_3[Fe(CN)_6]$、$K_4[Fe(CN)_6]$、$KMnO_4$($0.01\ mol\cdot L^{-1}$)、饱和 NH_4SCN、硫代乙酰胺、丁二酮肟酒精溶液、邻菲罗啉、稀盐酸、

氢氧化钠固体、硝酸钠、亚硝酸钠、铁钉。趣味实验试剂：乙醇、$COCl_2 \cdot 6H_2O$、硫氰化钾溶液、硝酸银溶液、苯酚溶液、饱和醋酸钠溶液、饱和硫化钠溶液、亚铁氰化钾溶液。

仪器：酒精灯、电炉、试管、试管夹、试管架、滴管、离心机、水浴、三脚架、石棉网、烧杯。

四、实验内容及步骤

1.铁(Ⅱ)、钴(Ⅱ)、镍(Ⅱ)的还原性

1)铁(Ⅱ)的还原性

(1)铁(Ⅱ)盐的还原性。向盛有0.5 mL 0.2 $mol \cdot L^{-1}$ $FeSO_4$溶液和0.5 mL 6 $mol \cdot L^{-1}$ H_2SO_4溶液的试管中，加入几滴0.01 $mol \cdot L^{-1}$ $KMnO_4$溶液，摇匀，观察溶液的颜色有何变化。

(2)$Fe(OH)_2$的生成和还原性。在装有1 mL除氧蒸馏水的试管中加入几滴稀硫酸，然后加入少量硫酸亚铁铵晶体。在另一试管中加入1 mL 6 $mol \cdot L^{-1}$ NaOH溶液，煮沸、除氧，冷却后用长滴管吸取0.5 mL该溶液，把滴管插入试管底部，缓慢释放滴管内溶液，观察产物颜色和状态。然后向其中加入2 $mol \cdot L^{-1}$盐酸，观察沉淀是否溶解。

用同样的方法制取一份$Fe(OH)_2$，振荡后放置一段时间，观察有何变化，并写出相应的反应方程式。

2)$Co(OH)_2$的生成和还原性

向两支试管中加入0.5 mL 0.5 $mol \cdot L^{-1}$ $CoCl_2$溶液，再滴加2 $mol \cdot L^{-1}$ NaOH溶液，制得两份沉淀。注意观察反应产物的颜色和状态。微热，观察产物的颜色有何变化。然后向一份沉淀中加入2 $mol \cdot L^{-1}$盐酸，观察沉淀是否溶解。另一份沉淀放置一段时间后，观察有何变化。解释现象，并写出相应的反应方程式。

3)$Ni(OH)_2$的生成和还原性

向两支分别装有0.5 mL 0.2 $mol \cdot L^{-1}$ $NiSO_4$溶液的试管中滴加2 $mol \cdot L^{-1}$ NaOH溶液，观察反应产物的颜色和状态。然后向其中一个试管中加入2 $mol \cdot L^{-1}$盐酸，观察沉淀是否溶解。把另一试管放置一段时间后，观察沉淀有何变化。写出相应的反应方程式。

综合上述实验，说明$Fe(OH)_2$、$Co(OH)_2$与$Ni(OH)_2$(Ⅱ)的稳定性。

2.铁(Ⅲ)、钴(Ⅲ)、镍(Ⅲ)的氧化性

1)铁(Ⅲ)的氧化性

(1)向盛有0.5 mL 0.2 $mol \cdot L^{-1}$ $FeCl_3$溶液的离心管中滴加硫代乙酰胺水溶液，水浴加热，观察反应产物的颜色和状态。离心分离，向清液中加入几滴0.1 $mol \cdot L^{-1}$的$K_3[Fe(OH)_3Fe(CN)_6]$溶液，以检验反应产物的生成和氧化性。解释现象，并写出相应的反应方程式。

(2)向两支均装有1 mL 0.2 $mol \cdot L^{-1}$ $FeCl_3$溶液的试管中滴加2 $mol \cdot L^{-1}$ NaOH溶液，观察反应产物的颜色和状态。然后向其中一只试管中加入0.5 mL浓盐酸，观察沉淀是否溶解，并检验有无氯气产生。向另一试管中加少量水，加热至沸腾，观察有无变化。解释上述现象，并写出相应的反应方程式。

2)$Co(OH)_3$的生成和氧化性

向盛有0.5 mL 0.5 $mol \cdot L^{-1}$ $CoCl_2$溶液的试管中加入数滴溴水，再向其中滴加2 $mol \cdot L^{-1}$ NaOH溶液，观察反应产物的颜色和状态。离心分离，将沉淀用蒸馏水洗涤两次，然后向其中加0.5 mL浓盐酸，微热，观察有何现象并检验气体产物。最后用水稀释上述溶液，观察其颜

色有何变化。解释现象,并写出相应的反应方程式。

3) $Ni(OH)_3$(Ⅲ)的生成和氧化性

向盛有 0.5 mL 0.2 mol·L^{-1} $NiSO_4$溶液的试管中加入数滴溴水,再向其中滴加 2 mol·L^{-1} NaOH 溶液,观察反应产物的颜色和状态。离心分离,将沉淀用蒸馏水洗涤两次,然后往沉淀中加 0.5 mL 浓盐酸,观察有何变化并检验气体产物。写出相应的反应方程式。

综合上述实验,说明铁、钴、镍三价氢氧化物的颜色与二价氢氧化物有何不同,氢氧化铁(Ⅲ)、氢氧化钴(Ⅲ)与氢氧化镍(Ⅲ)的生成条件有何不同,以及在酸性溶液中三价铁、三价钴与三价镍的氧化性有何不同。

3.配合物的生成和性质

1)钴配合物的生成和性质

向盛有 0.5 mL 0.5 mol·L^{-1} $CoCl_2$溶液的试管中加入一小匙 NH_4Cl 固体,然后逐滴加入浓氨水,振荡试管,观察沉淀颜色。再继续加入过量的浓氨水至沉淀溶解,观察反应产物的颜色。将溶液放置一段时间,观察溶液的颜色有何变化。

2)镍配合物的生成和性质

向盛有 2 mL 0.2 mol·L^{-1} $NiSO_4$溶液的试管中逐滴加入浓氨水,振荡试管,观察沉淀颜色。再加入过量的浓氨水,观察产物的颜色。然后把溶液分成四份,向其中两份溶液中,分别加入 2 mol·L^{-1} NaOH 溶液和 2 mol·L^{-1} H_2SO_4溶液,观察有何变化。把另一份溶液用水稀释,观察是否有沉淀产生。将最后一份溶液煮沸,观察有何变化。

3) Fe^{2+}、Fe^{3+}、Co^{2+}和 Ni^{2+}离子的鉴定反应

(1) Fe^{2+}、Fe^{3+}的鉴定反应。

①滕氏蓝的生成:向盛有 0.5 mL 0.2 mol·L^{-1} $FeSO_4$溶液的试管中加入 1 滴 0.1 mol·L^{-1} $K_3[Fe(CN)_6]$溶液,观察产物的颜色和状态,并写出相应的反应方程式。

②普鲁士蓝的生成:向盛有 0.5 mL 0.2 mol·L^{-1} $FeCl_3$溶液的试管中加入 1 滴 0.1 mol·L^{-1} $K_4[Fe(CN)_6]$溶液,观察产物的颜色和状态,并写出相应的反应方程式。

③向盛有 0.5 mL 0.2 mol·L^{-1} $FeSO_4$溶液的试管中加入几滴邻菲罗啉溶液,即生成桔红色的配合物。

(2) Co^{2+}鉴定反应。

①向试管中加入几滴 0.5 mol·L^{-1} $CoCl_2$溶液,并加入等体积的丙酮,混匀,然后滴加饱和 NH_4SCN 溶液,即生成蓝色的 $Co(SCN)_4^{2-}$ 配离子。若有 Fe^{3+}离子存在,蓝色会被 $Fe(SCN)^{2+}$ 的血红色掩蔽,这时可加入 NH_4F 固体,使 Fe^{3+}离子生成无色的 FeF_6^{3-} 离子,以消除 Fe^{3+}离子的干扰。

②向试管中加入 2 滴 0.5 mol·L^{-1} $CoCl_2$溶液和 1 滴 3 mol·L^{-1} NH_4Ac 溶液,再加入 1 滴亚硝基 R 盐,若溶液呈红褐色,表示有 Co^{2+}离子存在。为了与试剂本身的颜色相区别,可以用 2 滴蒸馏水代替 $CoCl_2$试液,做空白试验进行对比。

4)趣味实验

(1)彩色温度计的制作。向试管中加入半试管 95%的乙醇和少量红色氯化钴晶体($CoCl_2·6H_2O$),振荡使其溶解,加热,观察颜色变化。

(2)制作不易生锈的铁钉(带有氧化膜)。取适量稀氢氧化钠于试管中,投进铁钉,除去油

膜,洗净后将铁钉投入稀盐酸中,以除去镀锌层、氧化膜和铁锈,洗净,待用。

在烧杯中依次加入 2 g 固体氢氧化钠、0.3 g 硝酸钠和一匙亚硝酸钠,再加入 10 mL 蒸馏水溶解,把处理好的铁钉投入烧杯中,加热至表面生成亮蓝色或黑色的物质。

(3)魔壶。向 7 只试管(或高脚杯)中分别加入 5%的硫氰化钾溶液、3%的硝酸银溶液、苯酚溶液、饱和醋酸钠溶液、饱和硫化钠溶液、1 mol·L^{-1}的亚铁氰化钾溶液、40%的氢氧化钠溶液各 1 mL(看上去像是空杯)备用。依次向各杯中倒入约 60 mL 氯化铁溶液,各杯分别呈现红色、乳白色、紫色、褐色、金黄色、青蓝色、红棕色。

实验六　铬、锰及其化合物

一、实验目的

(1)了解铬和锰的各种重要价态化合物的生成和性质;

(2)了解铬和锰各种价态之间的转化;

(3)掌握铬和锰化合物的氧化还原性以及介质对氧化还原反应的影响。

二、实验原理

铬和锰分别为第四周期ⅥB 和ⅦB 族元素,其价电子构型为 $3d^54s^1$ 和 $3d^54s^2$,都有可变的氧化值。铬的常见氧化值有+3、+6,锰的常见氧化值有+2、+4、+6、+7,元素电势图如下。

铬元素电势图,酸性溶液中 $E_A^\ominus/V$

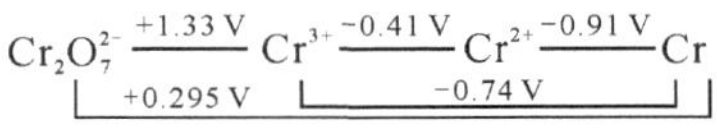

$$Cr_2O_7^{2-} \xrightarrow{+1.33\ V} Cr^{3+} \xrightarrow{-0.41\ V} Cr^{2+} \xrightarrow{-0.91\ V} Cr$$

($Cr_2O_7^{2-}$—Cr: +0.295 V;Cr^{3+}—Cr: −0.74 V)

碱性溶液中 $E_B^\ominus/V$

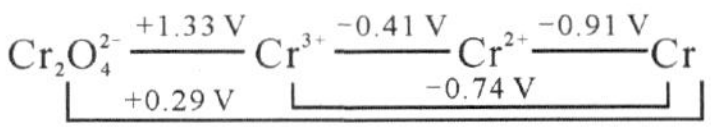

$$Cr_2O_4^{2-} \xrightarrow{+1.33\ V} Cr^{3+} \xrightarrow{-0.41\ V} Cr^{2+} \xrightarrow{-0.91\ V} Cr$$

($Cr_2O_4^{2-}$—Cr: +0.29 V;Cr^{3+}—Cr: −0.74 V)

锰元素的电势图,酸性溶液中 $E_A^\ominus/V$

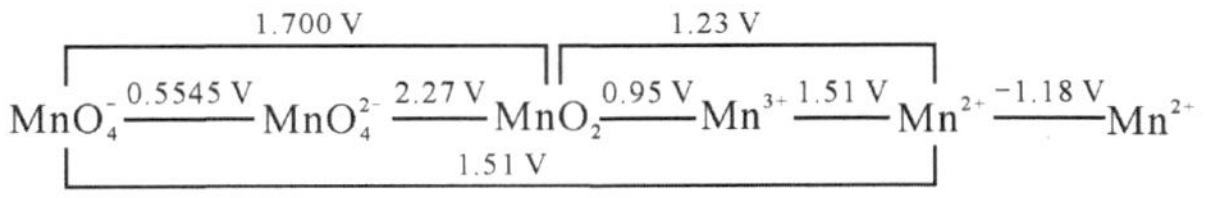

$$MnO_4^- \xrightarrow{0.5545\ V} MnO_4^{2-} \xrightarrow{2.27\ V} MnO_2 \xrightarrow{0.95\ V} Mn^{3+} \xrightarrow{1.51\ V} Mn^{2+} \xrightarrow{-1.18\ V} Mn^{2+}$$

(MnO_4^-—MnO_2: 1.700 V;MnO_2—Mn^{2+}: 1.23 V;MnO_4^-—Mn^{2+}: 1.51 V)

碱性溶液中 $E_B^\ominus/V$

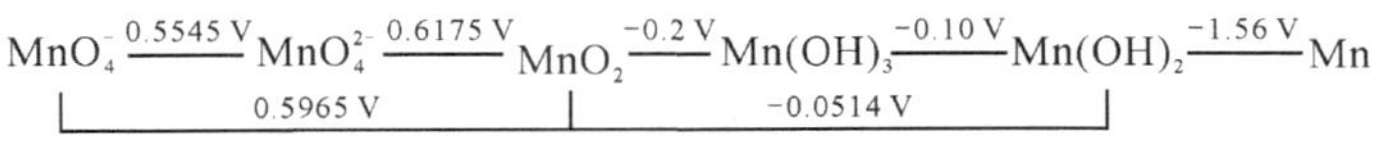

$$MnO_4^- \xrightarrow{0.5545\ V} MnO_4^{2-} \xrightarrow{0.6175\ V} MnO_2 \xrightarrow{-0.2\ V} Mn(OH)_3 \xrightarrow{-0.10\ V} Mn(OH)_2 \xrightarrow{-1.56\ V} Mn$$

(MnO_4^-—MnO_2: 0.5965 V;MnO_2—$Mn(OH)_2$: −0.0514 V)

两种元素最高氧化值的含氧酸在酸性条件下均为强氧化剂,本实验主要研究铬和锰化合物的氧化还原性、各价态物种的转化及重要价态化合物的性质。

三、实验试剂及仪器

试剂:HAc(2 mol·L^{-1},6 mol·L^{-1})、HNO_3(6 mol·L^{-1})、H_2SO_4(1 mol·L^{-1},0.1 mol·L^{-1})、HCl(2 mol·L^{-1},0.1 mol·L^{-1},6 mol·L^{-1},浓)、$CrCl_3$、$K_2Cr_2O_7$、Na_2SO_3、$Pb(Ac)_2$、$Pb(NO_3)_2$(0.1 mol·L^{-1})、NaOH(2 mol·L^{-1},0.1 mol·L^{-1},6 mol·L^{-1},40%)、$NH_3 \cdot H_2O$

(6 mol·L^{-1})、$KMnO_4$(0.01 mol·L^{-1},0.1 mol·L^{-1})、$BaCl_2$(1 mol·L^{-1})、$NaBiO_3$(s)、$MnSO_4$(0.2 mol·L^{-1},0.5 mol·L^{-1},0.002 mol·L^{-1})、pH 试纸、H_2O_2(3%)、MnO_2、铬钾矾、草酸、浓盐酸、Na_2S(0.5 mol·L^{-1})、$AgNO_3$(0.1 mol·L^{-1})、$Pb(NO_3)_2$(0.1 mol·L^{-1})。K_2CrO_4(0.1 mol·L^{-1})。

仪器:离心机、电加热器、普通试管、离心试管、烧杯。

四、实验内容及步骤

1.铬

1)Cr(Ⅲ)化合物的性质

(1)氢氧化铬的制备和性质。混合 $CrCl_3$ 和 NaOH 溶液制备氢氧化铬沉淀,观察沉淀的颜色,用实验证明氢氧化铬是否为两性化合物,并写出反应方程式。(分别向两份沉淀中加入 0.1 mol·L^{-1} NaOH 和 HCl 各 2~3 滴至沉淀溶解,观察溶液颜色)

(2)Cr(Ⅲ) 盐的水解作用。向盛有 1 mL 0.2 mol·L^{-1} 铬钾矾溶液的离心管中滴加 0.5 mol·L^{-1} Na_2S 溶液,观察反应产物的颜色和状态,试证明产物为 $Cr(OH)_3$。

(3)Cr(Ⅲ) 盐的还原性。向盛有 0.5 mL 0.2 mol·L^{-1} 铬钾矾溶液的试管中加入过量的 2 mol·L^{-1} NaOH溶液(至沉淀溶解)。往清液中逐滴加入 3%的 H_2O_2 溶液,微热,观察溶液颜色变化。将溶液用 2 mol·L^{-1} HAc 酸化至 pH 值为 6,再加入 1 滴 0.1 mol·L^{-1} $Pb(NO_3)_2$ 溶液,即有亮黄色的 $PbCrO_4$ 沉淀生成。写出反应方程式。(此反应常用作 Cr^{3+} 的鉴定)

2)Cr(Ⅵ)化合物的性质

(1)Cr(Ⅵ)的氧化性。向盛有 5 滴 0.1 mol·L^{-1} $K_2Cr_2O_7$ 溶液的试管中加入 5 滴 0.1 mol·L^{-1} H_2SO_4 酸化,再加入 15 滴 0.1 mol·L^{-1} Na_2SO_3 溶液,观察溶液颜色的变化,验证 $K_2Cr_2O_7$ 在酸性溶液中的氧化性,写出反应方程式。

(2)铬酸盐和重铬酸盐的相互转化。向盛有 2 滴 0.1 mol·L^{-1} $K_2Cr_2O_7$ 溶液的试管中加入 1 滴 2 mol·L^{-1} NaOH,观察溶液颜色变化,再滴入 5 滴 1 mol·L^{-1} H_2SO_4 酸化,观察溶液颜色变化。

(3)微溶性铬盐的生成和溶解。在三支试管中各加入 0.5 mL 0.1 mol·L^{-1} K_2CrO_4 溶液,再分别加入 0.1 mol·L^{-1} $AgNO_3$ 溶液、$BaCl_2$ 溶液和 $Pb(NO_3)_2$ 溶液,观察实验现象。试验这些铬酸盐沉淀能溶于何种酸中。

2.锰

1)Mn(Ⅱ)的性质

(1)Mn(Ⅱ)的还原性。在 1 支试管中加入 10 滴 0.2 mol·L^{-1} $MnSO_4$ 溶液,逐滴加入 2 mol·L^{-1} NaOH 溶液,观察颜色变化,把产物放置一段时间后,观察颜色变化。

在 1 支试管中加入 10 滴 0.01 mol·L^{-1} $KMnO_4$ 溶液,滴加 0.2 mol·L^{-1} $MnSO_4$ 溶液,观察颜色变化。

(2)Mn(Ⅱ)的鉴定。在 1 支试管中加入 5 滴 0.002 mol·L^{-1} $MnSO_4$ 溶液,再向其中加入 10 滴 6 mol·L^{-1} HNO_3,然后加入少量 $NaBiO_3$ 固体,振荡、微热、静置,观察颜色变化。

2)Mn(Ⅳ)的性质

向少量 MnO_2 固体中加入 2 mL 浓 HCl,观察反应产物的颜色和状态。加热此溶液,观察其颜色有何变化、检验有何种气体产生，并写出相应的反应方程式。

3) Mn(Ⅶ)的性质

设计实验，使 0.01 mol·L^{-1} $KMnO_4$ 溶液与 0.1 mol·L^{-1} Na_2SO_3 溶液分别在酸性、中性、碱性条件下发生反应，观察实验现象。

3.混合离子分离鉴定

取 Cr^{3+}、Mn^{2+}、Al^{3+} 的混合溶液 15 滴进行离子分离鉴定，画出分离鉴定过程示意图。

4.趣味实验

褪字灵的制作

取少量草酸晶体，放入烧杯或锥形瓶中，加蒸馏水使之溶解。然后将此溶液倒入一只滴瓶中，注明甲液。

取一烧瓶，向其中加入一匙 $KMnO_4$ 晶体，再向烧瓶中加入浓盐酸。将烧瓶塞和导管连接好，用酒精灯加热，并将产生的气体借导管导入装有蒸馏水的锥形瓶中，片刻后将锥形瓶中新制成的氯水装入滴瓶中，注明乙液。

去字迹时，先用甲液滴在字迹上，然后再滴加一滴乙液，字迹会立即消失。注意晾干后方可在原处写上修改后的文字。

五、思考题

(1) 总结铬的各种氧化态之间相互转化的条件。

(2) 介质酸碱性对锰各种氧化态的转化有什么影响？

实验七　常见阴离子的分离与鉴定

一、实验目的

(1) 了解阴离子分离与鉴定的一般原则；

(2) 掌握常见阴离子分离与鉴定的原理和基本操作方法。

二、实验原理

许多非金属元素可以形成简单的或复杂的阴离子，例如 S^{2-}、Cl^-、Br^-、NO_3^- 和 SO_4^{2-} 等，许多金属元素也可以以复杂阴离子的形式存在，例如 VO_3^-、CrO_4^{2-}、$Al(OH)_4^-$ 等。因此，阴离子的数量很多。常见的重要阴离子有 Cl^-、Br^-、I^-、S^{2-}、SO_3^{2-}、$S_2O_3^{2-}$、SO_4^{2-}、NO_3^-、NO_2^-、PO_4^{3-}、CO_3^{2-} 等十几种，这里主要介绍它们的分离与鉴定的一般方法。

许多阴离子只在碱性溶液中存在或共存，一旦溶液被酸化，它们就会分解或相互间发生反应。酸性条件下易分解的有 NO_2^-、SO_3^{2-}、$S_2O_3^{2-}$、S^{2-}、CO_3^{2-}。在酸性条件下，氧化性离子（如 NO_3^-、NO_2^-、SO_3^{2-}）可与还原性离子（如 I^-、SO_3^{2-}、$S_2O_3^{2-}$、S^{2-}）发生氧化还原反应。还有一些离子容易被空气氧化，例如 NO_2^-、SO_3^{2-}、S^{2-} 分别被空气氧化成 NO_3^-、SO_4^{2-} 和 S 等，分析不当很容易造成错误。

由于阴离子间的相互干扰较少，实际上许多离子共存的机会也较少，因此大多数阴离子分析一般都采用分别分析的方法，只有少数相互有干扰的离子才采用系统分析法，如 S^{2-}、SO_3^{2-}、$S_2O_3^{2-}$、Cl^-、Br^-、I^- 等。鉴定混合离子时，需利用性质相近离子的不同特性先进行分离，再利用特性进行分析。

在实验中，通常利用常见阴离子的特性来进行鉴定，具体包括：

(1)挥发：遇酸生成气体(如：$CO_3^{2-} \longrightarrow CO_2\uparrow$)；

(2)沉淀：形成难溶盐(如：$BaCO_3$、$BaSO_4$、PbS、AgCl)；

(3)氧化还原：氧化还原性(如：SO_3^{2-} 与 $KMnO_4$ 作用)；

(4)特效反应：各离子的特效反应。

混合阴离子的分析与鉴定

三、实验试剂及仪器

试剂：HCl(6 mol·L^{-1})、HNO_3(6 mol·L^{-1})、HAc(6 mol·L^{-1})、H_2SO_4(浓)、HNO_3(浓)、$BaCl_2$(1 mol·L^{-1})、H_2SO_4(3 mol·L^{-1})、$AgNO_3$(0.1 mol·L^{-1})、KI(0.1 mol·L^{-1})、$KMnO_4$(0.01 mol·L^{-1})、$(NH_4)_2MoO_4$(0.1 mol·L^{-1})、石灰水(饱和)、$FeSO_4$(s)、氨水(2 mol·L^{-1})、CCl_4、锌粉、淀粉-碘试剂、1%亚硝酰铁氰化钠、α-萘胺、对氨基苯磺酸、pH 试纸、浓度均为 0.1 mol·L^{-1} 的阴离子混合液：3～4 个离子一组的未知阴离子混合液，CO_3^{2-}、SO_4^{2-}、NO_3^-、PO_4^{3-} 混合液，Cl^-、Br^-、I^- 混合液，S^{2-}、SO_3^{2-}、$S_2O_3^{2-}$ 混合液。

仪器：试管、离心试管、点滴板、滴管、酒精灯、烧杯、离心机。

四、实验内容及步骤

1.已知阴离子混合液的分离与鉴定

按例题格式设计出合理的分离鉴定方案，分离鉴定下列三组阴离子：

(1)CO_3^{2-}、SO_4^{2-}、NO_3^-、PO_4^{3-}；

(2)Cl^-、Br^-、I^-；

(3)S^{2-}、SO_3^{2-}、$S_2O_3^{2-}$。

鉴定 CO_3^{2-}、SO_4^{2-}、NO_3^-、PO_4^{3-}

鉴定 Cl^-、Br^-、I^-

鉴定 S^{2-}、SO_3^{2-}、$S_2O_3^{2-}$

2.未知阴离子混合液的分析

某混合离子试液可能含有 CO_3^{2-}、NO_2^-、NO_3^-、PO_4^{3-}、SO_3^{2-}、$S_2O_3^{2-}$、SO_4^{2-}、S^{2-}、Cl^-、Br^-、I^-。按下列步骤进行分析，确定试液中含有哪些离子。

1)初步检验

(1)用 pH 试纸测试未知试液的酸碱性。如果溶液呈酸性，哪些离子不可能存在？如果试液呈碱性或中性，可取试液数滴，用 3 mol·L^{-1} H_2SO_4 酸化并水浴加热。若无气体产生，表示 CO_3^{2-}、NO_2^-、S^{2-}、SO_3^{2-}、$S_2O_3^{2-}$ 等离子不存在；若有气体产生，则可根据气体的颜色、气味和性质初步判断哪些阴离子可能存在。

(2)钡组阴离子的检验。在离心试管中加入几滴未知液，然后加入 1～2 滴 1 $mol \cdot L^{-1}$ $BaCl_2$溶液，观察有无沉淀产生。若有白色沉淀产生，可能有 SO_4^{2-}、SO_3^{2-}、PO_4^{3-}、CO_3^{2-}等离子($S_2O_3^{2-}$的浓度大时才会产生 BaS_2O_3沉淀)。离心分离，在沉淀中加入数滴 6 $mol \cdot L^{-1}$ HCl，根据沉淀是否溶解，进一步判断哪些离子可能存在。

(3)银盐组阴离子的检验。取几滴未知液，滴加 0.1 $mol \cdot L^{-1}$ $AgNO_3$溶液。若立即生成黑色沉淀，表示有 S^{2-}存在；若生成白色沉淀，并迅速变黄、变棕、变黑，则有 $S_2O_3^{2-}$。但 $S_2O_3^{2-}$浓度大时，也可能生成 $Ag(S_2O_3)_2^{3-}$且不析出沉淀。Cl^-、Br^-、CO_3^{2-}、PO_4^{3-}都与 Ag^+形成浅色沉淀，若有黑色沉淀，则它们有可能被掩盖。离心分离，在沉淀中加入 6 $mol \cdot L^{-1}$ HNO_3，必要时加热。若沉淀不溶或只发生部分溶解，则表示可能有 Cl^-、Br^-、I^-存在。

(4)氧化性阴离子检验：取几滴未知液，用稀 H_2SO_4酸化，加入 5～6 滴 CCl_4，再加入几滴 0.1 $mol \cdot L^{-1}$KI 溶液。振荡后，若 CCl_4层呈紫色，说明有 NO_2^-存在(此时做出判断，必须先排除 SO_3^{2-}的干扰：若溶液中有 SO_3^{2-}等离子，酸化后 NO_2^-先与它们反应而不一定氧化 I^-，此时 CCl_4层无紫色则不能说明无 NO_2^-)。

(5)还原性阴离子检验：取几滴未知液，用稀 H_2SO_4酸化，然后加入 1～2 滴 0.01 $mol \cdot L^{-1}$ $KMnO_4$溶液。若 $KMnO_4$的紫红色褪去，表示可能存在 SO_3^{2-}、$S_2O_3^{2-}$、S^{2-}、Cl^-、Br^-、I^-、NO_2^-等还原性离子。如果未知液用稀 H_2SO_4酸化后还能使淀粉-碘溶液的蓝色褪去，则说明可能存在 S^{2-}、SO_3^{2-}、$S_2O_3^{2-}$等强还原性离子。

根据上述实验结果，判断哪些离子可能存在。

2)确证性试验

根据初步试验结果，对可能存在的阴离子进行确证性试验。

3.混合阴离子分离与鉴定举例

例 1　SO_4^{2-}、NO_3^-、Cl^-、CO_3^{2-}混合液的定性分析。

分析：由于这四个离子在鉴定时互相无干扰，均可采用分别分析法。

方案：

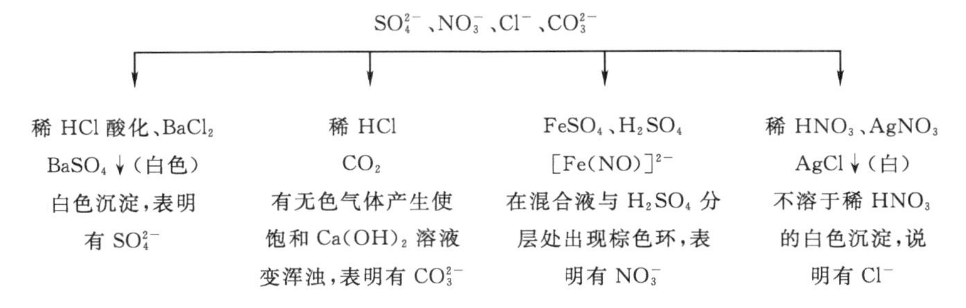

例 2　某阴离子未知溶液初步试验现象如下：

(1)用 3 $mol \cdot L^{-1}$ H_2SO_4酸化时无气体产生；

(2)酸化后加入 $BaCl_2$，无沉淀析出；

(3)加入稀 HNO_3和 $AgNO_3$溶液，有黄色沉淀析出；

(4)溶液能使酸性 $KMnO_4$溶液的紫色褪去，但与酸化的 KI 试液无反应；

(5)溶液加稀硫酸再加淀粉-碘试液也无反应。

初步检验结果见表 4－7－1，请推测哪些阴离子可能存在，并拟出进一步鉴别的步骤。

表 4-7-1　阴离子初步检验

内容	操作步骤	现象	结论
酸碱性实验	观察溶液颜色，测 pH 值		
挥发性试验	加稀 H_2SO_4	无气体产生	不存在 CO_3^{2-}、NO_2^-、S^{2-}、SO_3^{2-}、$S_2O_3^{2-}$
氧化性阴离子实验	加酸化的 KI 试液	无反应	不存在 NO_2^-
还原性阴离子实验	加酸性 $KMnO_4$	紫色褪去	可能含有 SO_3^{2-}、$S_2O_3^{2-}$、S^{2-}、Br^-、I^-、NO_2^- 等还原性离子
	用稀 H_2SO_4 酸化，再加淀粉-碘试液	无明显变化	不存在 SO_3^{2-}、$S_2O_3^{2-}$、S^{2-} 等强还原性离子
难溶盐实验	酸性溶液中加入 $BaCl_2$	无沉淀析出	不存在 SO_4^{2-}
	加入稀 HNO_3 和 $AgNO_3$ 溶液	有黄色沉淀析出	不存在 S^{2-}、$S_2O_3^{2-}$；一定存在 I^-；不一定存在 Br^-、Cl^-

由以上结果初步判断该未知液中必然含有 I^-；可能含有 Br^-、Cl^-、NO_3^-；需进一步用各阴离子相应的特征反应鉴别。

五、注意事项

（1）离心机摆放要求水平、稳固，离心前必需将放置于对称位置上的离心套筒、离心试管及离心液进行比较，以达到力矩平衡。

（2）离心试管盛液不宜过满，避免腐蚀性液体溅出从而损坏离心机，同时可能造成离心不平衡。

（3）离心完毕应关闭电源，等待转轴自停，严禁用手助停，以免伤人、损机、使沉淀泛起。

六、思考题

（1）某阴离子未知溶液经初步试验结果如下：

①酸化时无气体产生；

②加入 $BaCl_2$ 时有白色沉淀析出，再加 HCl 后又溶解；

③加入 $AgNO_3$ 有黄色沉淀析出，再加 HNO_3 后部分沉淀溶解；

④溶液能使 $KMnO_4$ 紫色褪去，但与 KI、淀粉-碘试液无反应。

试指出：哪些离子肯定不存在？哪些离子肯定存在？哪些离子可能存在？

（2）进行离心分离操作时需注意哪些问题？

七、拓展阅读

循证医学

循证医学（Evidence-Based Medicine）是一种医学的诊疗方法，其要义是通过完善的设计、有力地执行以达到诊疗最佳化的目的。相较于传统的诊疗方法，循证医学从认知论的角度将医学证据进行分类，并且将临床证据与诊断结果直接对应起来，更倾向于将诊断基于更可靠的临床证据（如统合分析、系统性评价论以及随机和对照试验等）。这一概念最初被应用于临床教学，后扩展至流行病学研究，进而渗透至临床实践的诸多领域。

在传统医学中，对医生而言，进行诊断所要求的证据往往具有一定的主观性。而循证医学则呼吁医生将诊疗基于病人检验结果所提供的确切证据，而非医生的个人经验。循证医学可以被看做是科学研究思想在医疗领域的渗透。

实验八　常见阳离子的分离与鉴定

一、实验目的

(1)了解两酸两碱系统分析方法的优缺点；

(2)掌握两酸两碱系统的分组方案；

(3)学会用两酸两碱系统进行阳离子混合液的分析。

二、实验原理

由于阳离子种类较多且缺乏可利用的特效鉴定反应，所以在分析多组分阳离子混合液时多采用系统分析法。系统分析法是指首先利用不同阳离子的某些共性，按照一定顺序加入若干种试剂(组试剂)，将离子按组分批沉淀出来并分成若干组，然后在各组内根据它们的差异性进一步分离和鉴定的方法。其具体方案已逾百种，应用广泛，其中比较成熟的是硫化氢系统分析法和两酸两碱系统分析法。本实验只讨论两酸两碱系统分析法。

两酸两碱系统是以两种酸(盐酸、硫酸)、两种碱(氨水、氢氧化钠)作为组试剂，并根据氯化物、硫酸盐、氢氧化物溶解度的不同，将阳离子分为五个组，然后利用组内差异进行分离鉴定。两酸两碱系统分析法所采用的常见试剂可以避免产生硫化氢等有毒物质。尽管如此，体系中所生成的氢氧化物沉淀具有不易分离、两性以及易配位等特点，在共沉淀等因素的干扰下，组分间的分离并不容易实现。下面简要介绍本实验中两酸两碱系统的分析方案。

本实验中，两酸两碱系统主要是以氢氧化物的沉淀与溶解性质作为分组的基础，用 HCl、H_2SO_4、$NH_3 \cdot H_2O$、$NaOH$ 等物质作组试剂，将阳离子根据其特定条件下的溶解性分成五个组，其分组依据如表 4－8－1 所示。

阳离子组的鉴定分析

表 4－8－1　阳离子的分组

组号	名称	分离特性	离子
1	盐酸组	氯化物难溶于水	Ag^{+}、Hg^{2+}、Pb^{2+}
2	硫酸组	硫酸盐难溶于水	Ba^{2+}、Sr^{2+}、Ca^{2+}
3	氨组	氢氧化物难溶于水，也难溶于过量的氨水	Al^{3+}、Cr^{3+}、Fe^{3+}、Fe^{2+}、Mn^{2+}、Bi^{3+}、Hg^{2+}、Sb^{3+}、Sn^{4+}
4	碱组	氢氧化物难溶于水，也难溶于过量的 NaOH 溶液	Cu^{2+}、Co^{2+}、Ni^{2+}、Mg^{2+}、Cd^{2+}
5	可溶组	分离 1～4 组后未被沉淀	Zn^{2+}、K^{+}、Na^{+}

三、实验试剂及仪器

试剂：HCl(3 mol·L^{-1}，1 mol·L^{-1})，浓 HCl、$NH_3 \cdot H_2O$(6 mol·L^{-1})、HNO_3(1 mol·L^{-1}，6 mol·L^{-1})、H_2SO_4(6 mol·L^{-1})、$K_4Fe(CN)_6$(0.1 mol·L^{-1})、$Na_3[Co(NO_2)_6]$(0.1 mol·L^{-1})、NH_4SCN(0.1 mol·L^{-1})、HAc(6 mol·L^{-1})、阳离子试液(Ag^+、Ba^{2+}、Fe^{3+}、Cu^{2+}、K^+)、NaOH(1 mol·L^{-1})。

仪器：离心试管、胶头滴管、试管、玻璃棒、铂丝、酒精灯、点滴板、离心机。

四、实验内容及步骤

1.阳离子混合液的分析

取 Ag^+、Ba^{2+}、Fe^{3+}、Cu^{2+}、K^+ 试液各 4 滴于离心试管中，混合均匀，按以下步骤分析。

(1)HCl 组的沉淀：向混合溶液中加入 4 滴 3 mol·L^{-1} HCl，搅拌、离心沉降。取上清液加入 1 滴 1 mol·L^{-1} HCl，判断已经充分沉淀后，吸出离心液按(3)处理，沉淀按(2)处理。

(2)Ag^+ 的鉴定：用混有 HCl 的水清洗上述沉淀一次，加 $NH_3 \cdot H_2O$ 溶解，并用 HNO_3 酸化。白色沉淀又重新生成，证明有 Ag^+ 存在。

(3)H_2SO_4 组的沉淀及 Ba^{2+} 的鉴定：向(1)的离心液中加入数滴 6 mol·L^{-1} H_2SO_4，搅拌，离心沉降。离心液按(4)处理，沉淀以水洗涤后，用铂丝蘸取，同时蘸取浓 HCl，在无色火焰上灼烧，若焰色呈黄绿色，证明有 Ba^{2+} 存在。

(4)氨组的沉淀：在(3)的离心液中加入数滴 6 mol·L^{-1} $NH_3 \cdot H_2O$，至有明显的氨臭，加热、搅拌、离心沉降。沉淀按(5)处理，离心液按(6)处理。

(5)Fe^{3+} 的鉴定：取由(4)得到的沉淀，以 3 mol·L^{-1} HCl 溶解，取 1 滴于点滴板上，加 1 滴 0.1 mol·L^{-1} NH_4SCN，溶液呈血红色，证明有 Fe^{3+} 存在。

(6)碱组的沉淀及 Cu^{2+} 的鉴定：由(4)得到的离心液若为深蓝色，则表示有 Cu^{2+} 存在。向其中加 1 mol·L^{-1} HCl 至呈弱酸性，然后加 NaOH 至沉淀完全。离心分离，离心液按(7)处理，沉淀经水洗后，加稀 HCl 溶解，取 1 滴于白色点滴板上，用 6 mol·L^{-1} HAc 酸化，加 1 滴 0.1 mol·L^{-1} $K_4Fe(CN)_6$，生成红棕色 $Cu_2[Fe(CN)_6]$沉淀，证明有 Cu^{2+} 存在。

(7)K^+ 的鉴定：在(6)的离心液中加入 6 mol·L^{-1} HAc 至呈弱酸性，取 1 滴于黑色点滴板上，加 1 滴 $Na_3[Co(NO_2)_6]$溶液，生成黄色沉淀，证明 K^+ 存在。

2.阳离子 Ag^+、Ba^{2+}、Fe^{3+}、Cu^{2+}、K^+ 混合液的分析

阳离子 Ag^+、Ba^{2+}、Fe^{3+}、Cu^{2+}、K^+ 混合液的分析过程如图 4-8-1 所示。

混合阳离子的分离与鉴定

五、注意事项

(1)碱组 NaOH 沉淀 Cu^{2+} 时，NaOH 浓度要小(1 滴 1 mol·L^{-1} NaOH 加 10 滴水)，否则将因生成$[Cu(OH)_4]^{2-}$而使氢氧化铜沉淀溶解。

(2)焰色反应前，要先处理铂丝(或镍铬丝)：取 3 滴浓 HCl 于点滴板中，用镍铬丝蘸取浓 HCl 在酒精灯氧化焰部位灼烧至无色。

(3)使用离心机时，必须保持平衡，开启时必须按序缓慢提升挡位，关闭时也应缓慢。待离心机停止转动后，再取出离心试管。

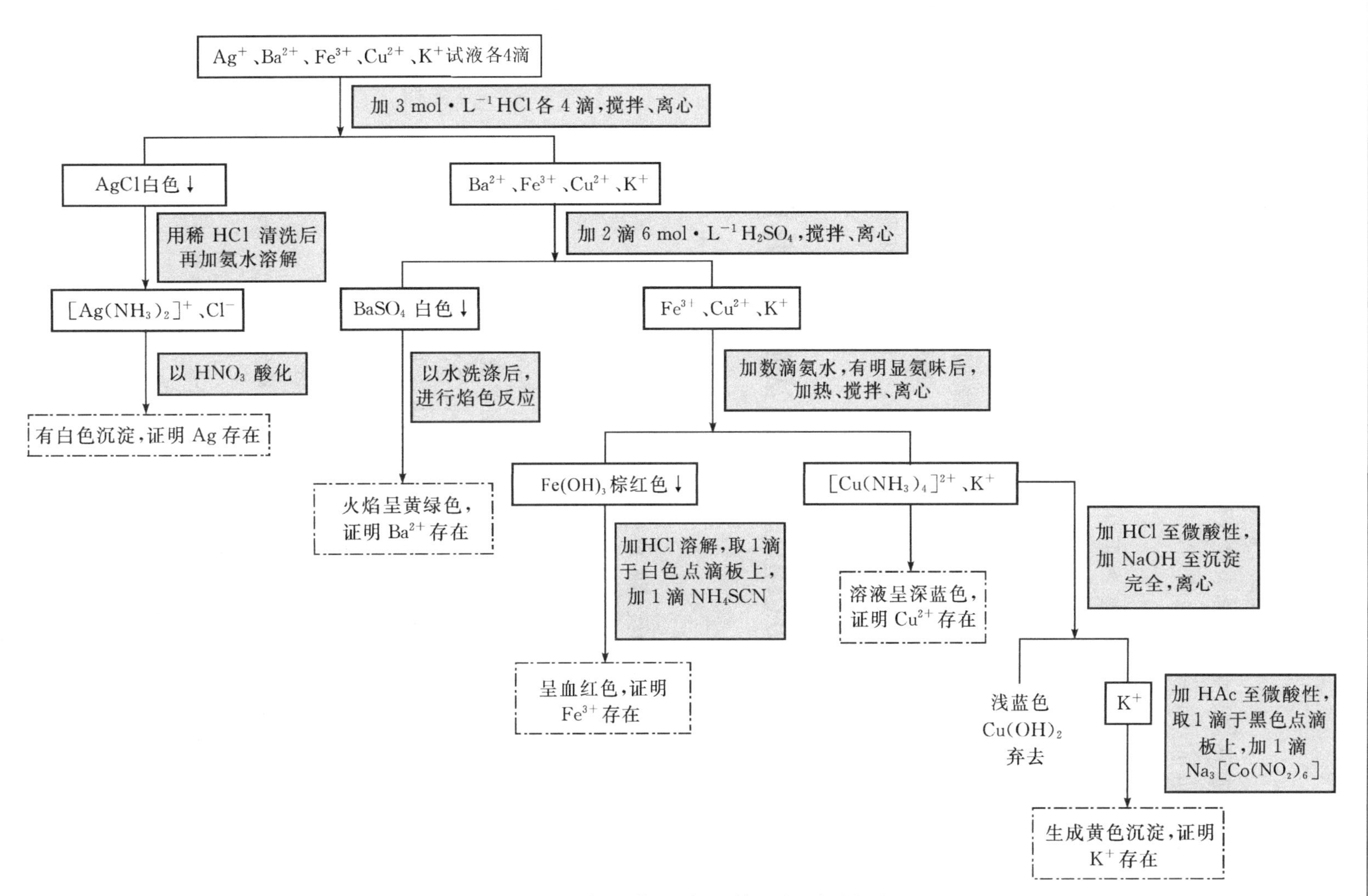

图 4-8-1　阳离子 Ag^{+}、Ba^{2+}、Fe^{3+}、Cu^{2+}、K^{+}混合液的分析

六、拓展阅读

阳离子和细胞的生物电现象

存在于细胞膜两侧的电位差称为膜电位（Membrane Potential，MP），膜电位包括静息电位（Resting Potential，RP）、动作电位（Action Potential，AP）以及局部电位（Local Potential，LP）。

静息电位为存在于细胞膜两侧、外正内负的电位差，是由 K^+ 顺浓度梯度外流产生的。当细胞膜两侧 K^+ 有浓度差且膜对 K^+ 有通透性时，K^+ 顺浓度梯度外流。与此同时，细胞膜两侧会产生一个内负外正的电位差，阻止 K^+ 持续大量外流。当 K^+ 外流的阻力与动力达到平衡时，K^+ 净移动为零。故静息电位在数值上与 K^+ 平衡电位大致相等。

动作电位是可兴奋细胞在静息电位基础上接受有效刺激后所产生的一个迅速的、可向远处传播的电位波动。动作电位包含三个阶段：去极化、复极化和超极化。其中 Na^+ 内流引发去极化，K^+ 外流引起复极化，钠钾泵主动转运，泵出 Na^+、移入 K^+，恢复膜两侧原有的 Na^+、K^+ 浓度分布，引发超极化。

实验九　动态恒电位扫描法测定极化曲线

一、实验目的与要求

（1）熟悉动态法测量极化曲线的原理和操作方法；

（2）初步掌握用极化曲线筛选缓蚀剂的方法。

二、实验原理

当铁浸入酸中，由于电极表面电性的不均，阳极区将发生如下反应：

$$Fe \longrightarrow Fe^{2+} + 2e$$

生成 Fe^{2+} 后放出的电子将在铁表面的阴极区与溶液中的 H^+ 反应，析出氢气，其反应为：

$$2H^+ + 2e \longrightarrow H_2 \uparrow$$

上述总反应为：

$$Fe + 2H^+ \longrightarrow H_2 \uparrow + Fe^{2+}$$

结果表现为铁被腐蚀。在现代工业中，金属及其结构经常会遇到这样的环境，为减缓上述反应的进行，最有效、最简便的方法就是选用缓蚀剂。

在生产实践中，常利用极化曲线来筛选缓蚀剂。首先，利用极化曲线求出金属的腐蚀速度。图 4－9－1 是铁在酸性溶液中的反应过程（i_2）和氢析出过程（i_1）的极化曲线（虚线），图中 φ_{Fe} 是只有 $Fe \longrightarrow Fe^{2+} + 2e$ 反应的平衡电极电位，φ_{H_2} 是只有 $2H^+ + 2e \longrightarrow H_2 \uparrow$ 反应的平衡电极电位，i_2 是铁阳极反应的极化曲线，i_1 是氢析出的阴极极化曲线。在电极电位离开平衡电位约 25 mV 后，这两条曲线的电极电位与电流密度的对数服从线性规律（称为 Tafel 规律），而曲线的交点为 C，在这一点，铁阳极溶解速度等于阴极氢析出的速度。因此，这点就是铁在酸中处于相对稳定状态时的电位，称稳定电位（自然腐蚀电位 φ_e）。在此稳定电位下的电流密度就是铁的腐蚀电流（i_e）。

实际上，当铁浸入酸中以后，上述反应会立即开始，电极电位很快达到相对稳定状态。因此，测定极化曲线只能从稳定电位开始，所测得的阳极极化和阴极极化的曲线如图 4－9－1 中的实线，且在 Tafel 区与 i_1 和 i_2 曲线重合。由此可见，只要将实际测得的阴、阳极极化曲线的线性区域外延相交，其交点即为 i_e，根据 i_e'就可算出腐蚀速度。

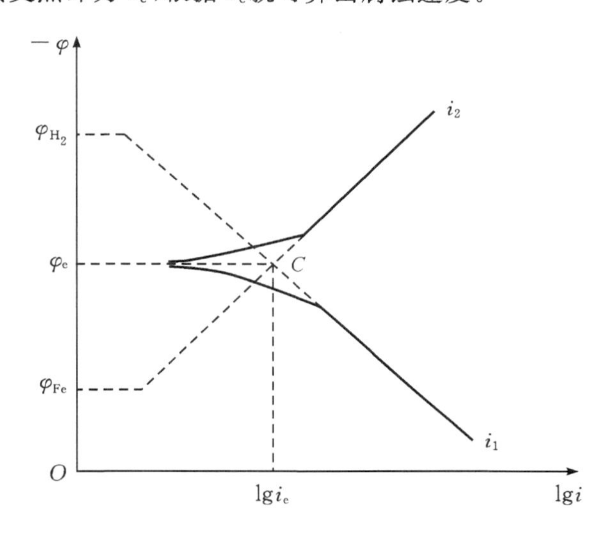

图 4－9－1　极化曲线求腐蚀速度示意图

当在酸性介质中加入缓蚀剂以后，阳极过程或者阴极过程将受到阻滞；Tafel 区斜率变大，腐蚀速度减缓；通过加入缓蚀剂前后腐蚀速度的变化，可以算出缓蚀效率，通过对比从而达到筛选缓蚀剂的目的。

缓蚀效率的计算方法为：

$$p=\frac{i_e-i_e'}{i_e}\times 100\%$$

式中：i_e为没有缓蚀剂时 Fe 在酸中的腐蚀电流；i_e'为加有缓蚀剂后的腐蚀电流。

三、实验仪器与线路

极化曲线的测量方法很多，本实验采用动态恒电位扫描法，就是在研究电极上加一个连续改变的恒电位（即扫描电位），然后用电子仪器连续地记录下电位-电流关系曲线的方法，其测量电路和设备连接如图 4－9－2 所示。

因三角波线性好、图形均匀、有利于极化曲线的测量，所以本实验采用 DHX－Ⅱ型恒电位仪自身的恒电位三角波做扫描电位。测量时，三角波信号的初始电位应和自然腐蚀电位一致（可借助控制电位旋钮调节），流经电解池的极化电流（即研究电流）经恒电位仪内部取样电阻、然后显示于 x-y 函数记录仪（或示波器）的 x 轴，研究电极极化电位（参比电位）显示于 x-y 函数记录仪（或示渡器）的 y 轴，这样函数记录仪绘出的曲线即极化曲线。图 4－9－2 中 S1 是双刀双掷开关，用以改变极化电流的记录方向，以便函数记录仪正常记录。

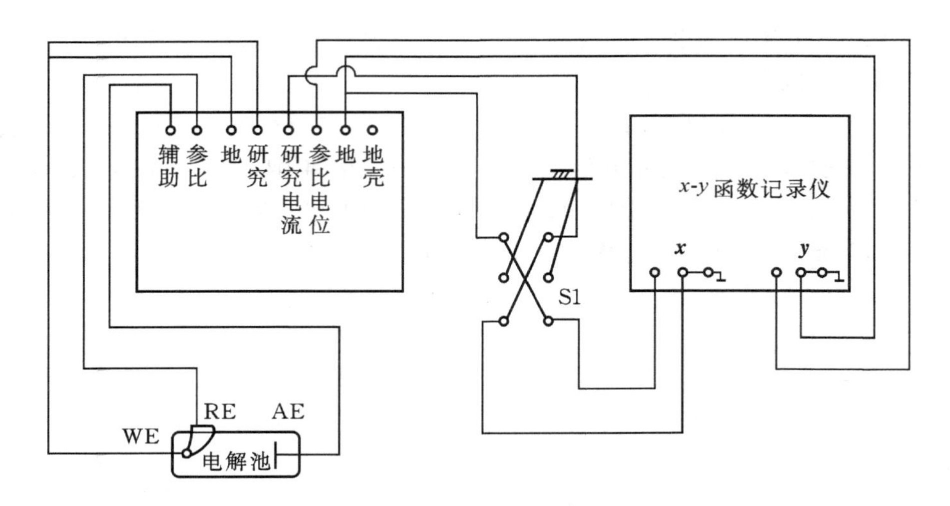

图 4-9-2　动态恒电位极化曲线测量电路与装置

四、实验步聚

(1)研究体系及实验条件如下：

①1 mol·L^{-1} H_2SO_4；②1 mol·L^{-1} H_2SO_4＋1×10^{-3} mol·L^{-1}硫脲；③1 mol·L^{-1} H_2SO_4＋1×10^{-3} mol·L^{-1}若丁(主要成份为二邻甲苯基硫脲)；④实验温度为室温；⑤研究电极为10#碳钢。

(2)洗净电解池、盐桥，在电解池中加入研究溶液，装上盐桥、参比电极(饱和氯化钾甘汞电极)和辅助电极(大面积铂电极)。

(3)按下DHX－Ⅱ型恒电位仪电源开关接通电源；调取样电阻旋钮(面板上电流量程旋钮)至电阻 R_N＝100 Ω；置信号选择开关(波形周期旋钮)于停扫位置；调 φ＝0.6 V左右；调记录仪灵敏度旋钮使 x＝50 mV/cm，y＝50 mV/cm，测量“H_2SO_4＋若丁”体系时调灵敏度旋钮 x＝10 mV/cm，y＝50 mV/cm。

(4)用1#、2#、3#金相砂纸分别打磨研究电极至镜面，并用无水酒精和丙酮分别擦洗一次，用电吹风(冷风)吹干，放入电解池中，并使电极靠近毛细管嘴尖1 mm处位置(研究电极面积为0.63 cm^2)。

(5)将恒电位仪上研究电极、参比电极和辅助电极线路分别接至电解池上相对应的电极，按下恒电位仪极化开关进行极化，同时打开记录仪电源开关，在0.6 V左右阴极活化研究电极5 min。

(6)调 $i_{外}$＝0，记录 φ_0，调 $x-y$ 函数记录仪记录笔起点并打向记录，把换向开关S1置于阴极，转动扫描旋钮至“正扫”，做阴极极化曲线，待测量完毕停扫、抬笔。

(7)调 $i_{外}$＝0，记录 φ_0，将换向开关S1置于阳极，调好记录笔起点，打向记录，转动扫描旋钮至“负扫”，做阳极极化曲线，扫描完毕停扫、抬笔。

(8)关闭记录仪电源和恒电位仪极化开关，调 φ＝0.6 V左右。

(9)取下研究电极重复(2)～(7)步骤，测量其余研究体系。

(10)测量完毕关上各仪器的电源，清洗电解池、盐桥，洗净电极、打磨表面、吹干放入干燥器内，收拾好台面卫生。

五、结果处理

（1）根据所得极化曲线，计算出不同介质中 $10^{\#}$ 碳钢的腐蚀速度和两种缓蚀剂的缓蚀效率。

（2）实验结果和计算所得数据说明了什么问题？试加以分析。

（3）将实验所得数据与用线性极化技术所得结果加以比较和讨论。

六、思考题

（1）测定极化曲线有什么意义？

（2）何谓动态恒电位扫描法？

（3）简述实验中各种仪器和装置的作用。

实验十　用线性极化技术测量金属腐蚀速度

一、实验目的与要求

（1）了解线性极化技术测量金属腐蚀速度的原理；

（2）初步掌握线性极化测量腐蚀速率仪的组装和各部分装置的正确使用方法；

（3）测量 $10^{\#}$ 碳钢在 0.5 mol·L^{-1} H_2SO_4 介质中分别加入 0.5 mmol·L^{-1} 硫脲和若丁的腐蚀速度。

二、实验原理

线性极化技术，作为一种快速测量金属在电解液中腐蚀速度的适用方法近来被特别提出，并且在电化学腐蚀研究中获得了广泛的应用，例如以下方面的快速测定：

（1）各种腐蚀因素的作用（电解质的组成、浓度、温度等）；

（2）在腐蚀介质中缓蚀剂的效率；

（3）合金及镀层的耐腐蚀性与其成分的关系；

（4）瞬时腐蚀速度随时间的变化。

线性极化法也称极化阻力法，它是根据金属腐蚀过程的电化学性质所建立起来的一种快速测量金属瞬时腐蚀速度的方法。

“线性极化”的含意是指在腐蚀电位附近，极化电流和极化电位之间存在着线性规律，此规律是 M. Stern 和 A. L. Geary 于 1957 年证实的，即对于由电化学步骤控制的腐蚀体系，在腐蚀稳定电位附近区间（$\Delta\varphi \leqslant \pm 10$ mV），$\Delta\varphi/\Delta i$ 和自然腐蚀电流 i_e 之间存在着以下关系

$$\frac{\Delta\varphi}{\Delta i}=\frac{b_a \cdot b_k}{2.3(b_a+b_k)}\cdot\frac{1}{i_e} \tag{4-10-1}$$

式中：b_a、b_k 分别表示阳极和阴极的 Tafel 常数；i_e 为自然腐蚀电流，此电流可根据法拉第定律直接换算成腐蚀速度；$\Delta\varphi/\Delta i$ 表示腐蚀电位附近极化曲线上线性区的直线斜率，故可称为极

化阻力。

对于一个给定的腐蚀体系，在一个不太长的时间间隔内可以近似认为 b_a、b_k 是一个不变的恒量。这样就可从方程式(4-10-1)看出，极化阻力和自然腐蚀电流 i_e 之间呈简单的反比例关系。

极化阻力可以采用专门的电子仪器进行测量，b_a、b_k 可以用其它的电化学方法测得。因此，通过此种方法可以快速获得金属腐蚀速度的数据。

测量极化阻力的方法一般可以分为两类，一类是基于测量腐蚀体系的极化曲线的方法，另一类是根据平衡条件下作用于腐蚀电极的交流方波脉冲实验技术的方法。前者跟测量极化曲线的方法相近，后者则要假设金属/电解质体系的阻抗在很低的频率下等价于极化电阻 R_p。

极化电阻 R_p 的定义为

$$R_p = \left(\frac{d\varphi}{di}\right)_{\varphi_e} \approx \frac{\Delta\varphi}{\Delta i} \tag{4-10-2}$$

式中：φ_e 为自然腐蚀电位。

三、实验设备与电路

实验原理如图 4-10-1 所示。

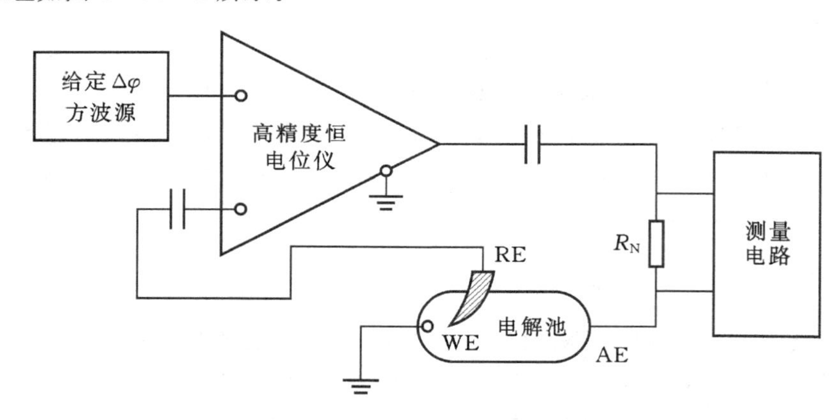

图 4-10-1 线性极化实验原理示意图

从测量极化阻力和线性极化的原理来看，极化电位应满足 $-10\ mV \leqslant \Delta\varphi \leqslant 10\ mV$。从测量的方法看，既可采用恒电流法，也可采用恒电位法，但恒电位法具有给定电位小和测量简便的优点，所以使用起来更为便利。$\Delta\varphi$ 是加在自然腐蚀电位基础上的过电位，为防止测量过程中自然腐蚀电位发生漂移给测量带来误差，最好采用交流耦合的方式，用电容将自然腐蚀电位分开，当然 $\Delta\varphi$ 也应采用幅度 $\leqslant \pm 10\ mV$ 的方波信号进行极化。

流经电解池的电流是通过标准电阻 R_N 上的电压降来测量的，测量电路原则上可用任何高阻测量电压的仪器，也可采用示波器凭借目力在示波器屏幕上读出电压降。测量出电位 φ_N，自然就可知道流过电解池的电流 Δi（$\Delta i = \varphi_N / R_N$），也就求出了 $R_p = \Delta\varphi / \Delta i$（$\Delta\varphi$ 是给定的），因恒电位仪上有电流表，所以可从恒电位仪上直接读取 Δi 值。

方波信号的频率选择应适当（这里选用 0.1～0.5 Hz），以保证金属电极与电解质溶液界面的双电层电容能够充满，不至使加在电解池研究电极上的 $\Delta\varphi$ 的波形歪曲。严格地讲，为了准

确地测量 R_p，应测量稳定期的 Δi。所以在设计仪器时，往往在 R_N 和测量电路之间增设“采样保持电容”电路，一般是由晶体管开关电路和“采样保持电容”组成，其工作原理如图 4－10－2 所示。它的作用是在暂态期使开关断开，不进行测量；在稳态期内，开关闭合很短的时间使“采样保持电容”充电。电容器两端的电压等于稳态期的 φ。经过短暂时间充电后，开关再次断开，由于电容器具有贮存电荷作用，即具有“记忆”性能，所以测量电路一直有读数。开关 K 的断开与闭合由外加微分延迟电路有规律地控制。

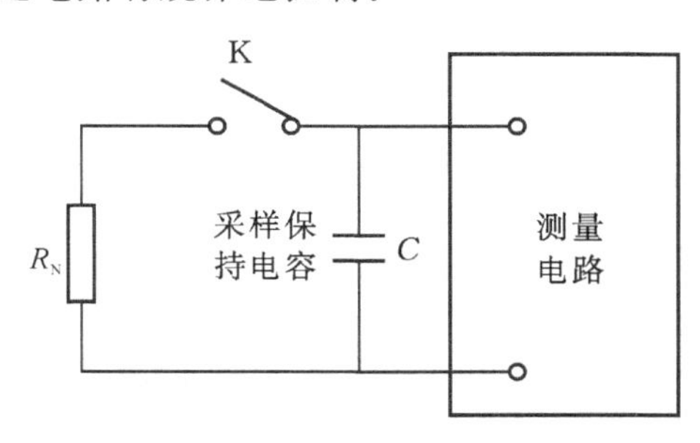

图 4－10－2　测量电路原理示意图

若不需精密测量数据，可不考虑上述结构，而直接使用 PZ8 数字电压表进行测量。利用 PZ8 数字电压表采样能自动保持“最大值”的特点进行测量。

为了监测 φ_N 部分的工作情况及测量范围是否符合要求，可采用 SBD－6 型示波器与 PZ8 数字电压表并联，直接观察测量的情况。

本实验 $\Delta\varphi$ 方波信号由 XFD－8 型超低频信号发生器提供，输出的波形和振幅用数字电压表(或示波器)观测。实验所用仪器设备和线路如图 4－10－3 所示。

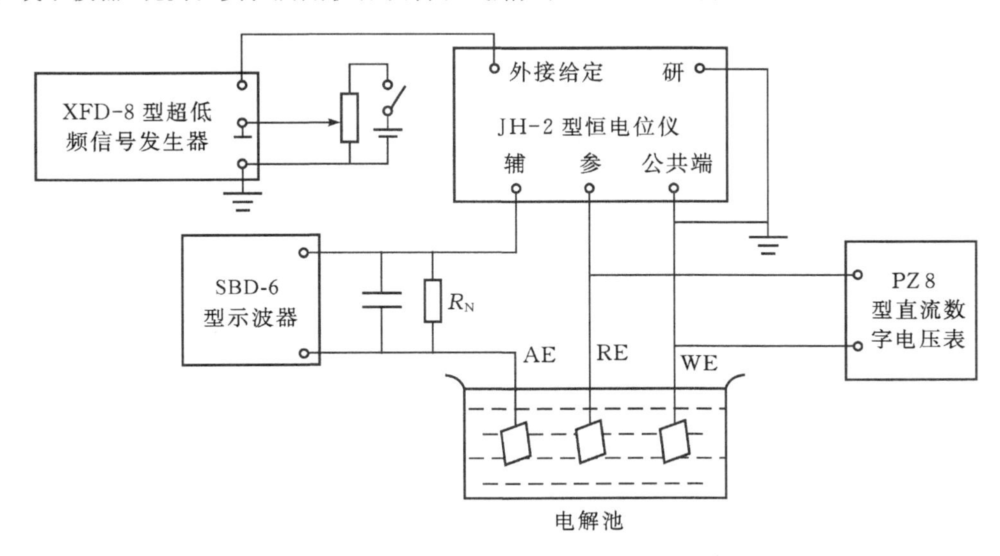

图 4－10－3　线性极化实验线路图

本实验采用交流耦合的方式，能较好地抑制自然腐蚀电位的漂移影响，这是一个较大的优点，但是采用的交流耦合方波频率不能太低，因为频率过低则要求较大的耦合电容 C，会引发严重的漏电问题。此外，采样电阻 R_N 也不可太大，否则将使电路的时间常数增大，达到稳定状态的时间就增长，这就要求外接给定 $\Delta\varphi$ 方波信号的频率更低。

本实验未考虑溶液电阻补偿部分，因而对导电性较差的电解质溶液，其溶液电阻引起的压降不可忽视，应增加补偿装置。

四、实验步骤

(1)研究体系如下：

①0.5 $mol \cdot L^{-1}$ H_2SO_4；

②0.5 $mol \cdot L^{-1}$ H_2SO_4 +1 $mmol \cdot L^{-1}$ 硫脲；

③0.5 $mol \cdot L^{-1}$ H_2SO_4 +1 $mmol \cdot L^{-1}$ 若丁(主要成分为二邻甲苯基硫脲)。

(2)实验条件和实验步骤如下。

①打开超级恒温水浴开关，调节导电水银温度计，使温度控制在(20±1)℃，将盛有三种电解液的电解池放入水浴。

②电极准备。采用同材质(10# 碳钢)的三电极体系。将三电极(每个面积为 0.65 cm^2)分别先用 1# 金相砂纸打磨，然后用 3#、5# 金相砂纸精磨，再用无水酒精和丙酮擦洗，电吹风机(冷风)吹干，放入干燥器中备用。

③按图 4-10-3 接好测量线路。

④把超低频信号发生器上的“波形选择”开关置于“方波”，“工作选择”置于“连续”，“半周期”置于“4 秒”位置。JH-2 型恒电位仪“输出电流”开关置于“关”位置，并将模拟电解池接上，打开所有仪器设备的电源开关，预热 15 min。

⑤将恒电位仪“输出电流”开关置于 mA 挡位置，调节超低频信号发生器输出电压旋钮和补偿电路电位器，使数字电压表显示 $\Delta\varphi = \pm 10$ mV，表示将有 ±10 mV 的给定电压加在研究电极上。

⑥将三电极插入盛有 0.5 $mol \cdot L^{-1}$ H_2SO_4 的电解池中，用 PZ8 数字电压表分别测量两电极间的电位差，选择其中电位差在 ±2 mV 以下的两支，分别作为体系的研究电极和参比电极，另一支作为辅助电极。

⑦取下模拟电解池，换上测量电解池，不断改变恒电位仪上“输出电流”量程，直至能准确读出电流值为止，10 min 后，读取并记录数字电压表的电位值和恒电位仪上的电流值，然后按式(4-10-2)计算 R_p 值。

⑧将恒电位仪上“输出电流”开关置于“关”的位置，各线接入模拟电解池，然后取出电极，观察其表面腐蚀情况，再用自来水冲洗干净、电吹风机吹干、金相砂纸磨光，重复上述步骤，再测一次。

⑨重复上述步骤，分别测定②、③研究体系的腐蚀速度。

⑩实验完毕，关闭各仪器的电源，取出电极，用自来水冲洗后吹干放于干燥器内。

附：给定 $\Delta\varphi$ 方波频率的选择。为了准确测量极化阻力 R_p，应该测量稳定期内的 Δi，在实验中应预先确定所用方波频率是否满足要求，方法是采用图 4-10-4 所示电路，直接观察在示波器屏幕上是否出现代表稳定期的“平台”(见图 4-10-5)。

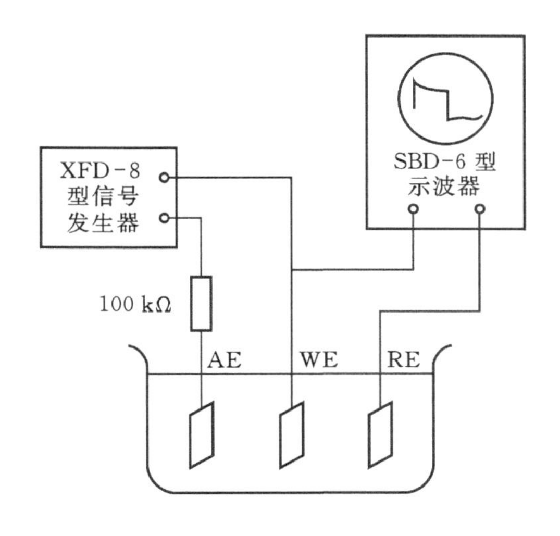

图 4-10-4　确定方波频率的电路图

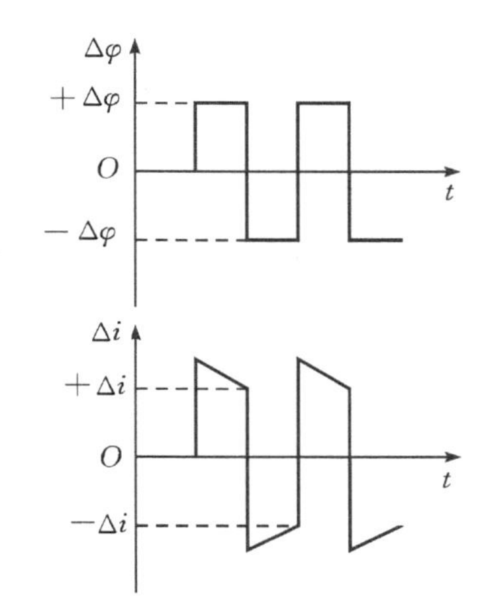

图 4-10-5　恒电位极化的电流波形

五、结果处理

(1)画表列出实验数据和计算 R_p 与腐蚀速度的结果。

20 ℃时 Tafel 常数为：

	b_a/mV	b_k/mV
① 1 $mol\cdot L^{-1}$ H_2SO_4	54.4	112.1
② ①+1 $mmol\cdot L^{-1}$硫脲	91.1	121.2
③ ①+1 $mmol\cdot L^{-1}$若丁	76.3	157.4

研究电极面积 $S=0.65\ cm^2$。

(2)讨论实验结果的含义和对这种方法的评价。

六、思考题

(1)线性极化技术测量金属腐蚀速度的原理是什么？简述它与极化曲线法的差异。

(2)自然腐蚀电位的漂移、方波频率和溶液导电性是怎样影响本实验结果的？

(3)为什么要选用同材料三电极体系？

实验十一　利用电化学循环伏安和电位阶跃技术研究金属电结晶

一、实验目的

(1)掌握铂电极的清洁处理；

(2)初步掌握电化学循环伏安技术；

(3)初步掌握用电化学阶跃技术研究金属电结晶。

二、实验原理

与一般化学氧化还原过程不同，电化学过程可以利用对研究电极施加不同的电位(大于或小于±Nernst 电位)，来控制电极表面上的氧化或还原过程。

在电化学中常用到两种技术来研究一个电极过程——电化学循环伏安(Cyclic Voltammetry，CV)技术和电化学电位阶跃(Chronoamperometry，CA)技术(也称计时电流技术)。

1.循环伏安技术

CV 是对所研究的电极相对于参比电极施加三角波电位(见图 4-11-1)，记录体系电流随电位的变化的曲线，如图 4-11-2 所示。

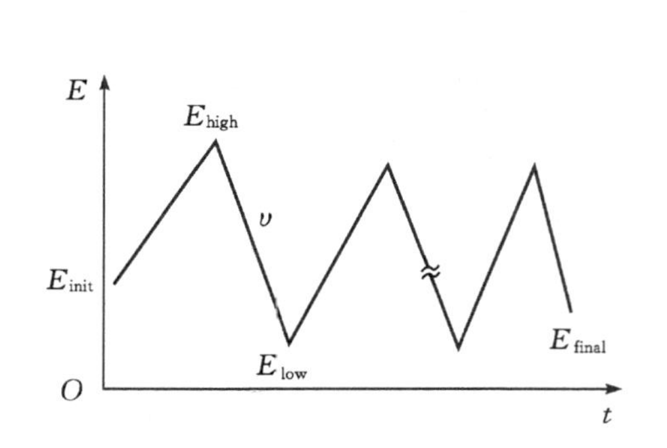

图 4-11-1　CV 中采用的电位波形

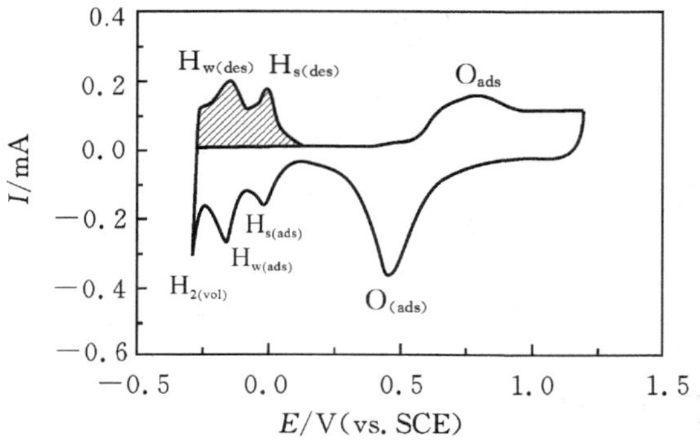

图 4-11-2　铂电极在 0.5 mol/L H_2SO_4 中的 CV 图

CV 是电化学中最基本的技术，通过对未知研究体系的 CV 研究，可以获得研究对象的反应电位和平衡电位、估算反应物质的量，以及判断反应的可逆性。

电化学反应中的电量可以依据 Faraday 定律估算

$$Q=\int_0^t i\,\mathrm{d}t=mnF$$

式中：m 为反应物摩尔数；n 为电极反应中的得失电子总数；F 为 Faraday 常数(96485C·mol^{-1})。图 4-11-2 CV 图中阴影部分对应的是铂上满单层氢脱附的电荷面密度，为 210 $\mu C/cm^2$。由于氢在铂上只能吸附一层，由实验得到的吸附电量可以推算实验中所用的电极的真实面积。

通过改变 CV 实验中的扫描速度，根据实验中得到的峰电流 I_p、氧化还原峰电势差 ΔE_p、半波电势 $E_{p/2}$、峰电势 E_p、氧化峰电流 I_p^A、还原峰电流 I_p^C 等值，可判断电极过程的可逆性。25 ℃下，根据可逆性的不同，反应将具有以下特征(以一个还原反应过程为例)。

可逆体系(CV 图如图 4-11-3 所示)：

①$\Delta E_p=E_p^A-E_p^C=59/n$ mV；

②$|E_p-E_{p/2}|=59/n$ mV；

③$I_p^A \mid I_p^C=1$；

④$I_p\infty\upsilon^{1/2}$；

⑤E_p与 υ 无关。

准可逆体系：

①$|I_p|$ 随 $\upsilon^{1/2}$ 增加，但不成正比；

②E_p大于 59/n mV，且随 υ 增加而增加；

③E_p^C 随 υ 增加负向移动。

不可逆体系：

①反向峰；

②$I_p \propto v^{1/2}$。

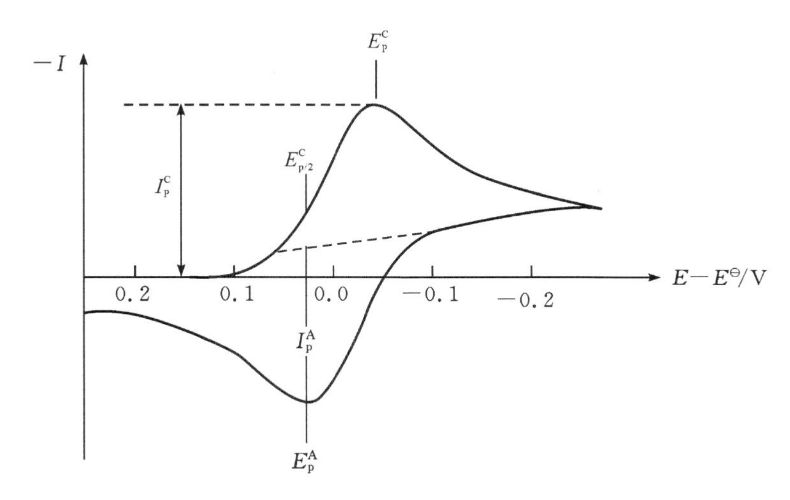

图 4-11-3　一个可逆过程的 CV 图(溶液中只存在氧化物种)

2.电位阶跃技术——计时电流法

阶跃电位(计时电流)法通常取无电化学反应发生的电极电位为初始值(E_{init}),从该初始值阶跃到某一电位(E)后保持一段时间,同时记录电流随时间变化的曲线,如图 4-11-4 所示。对于简单的电极反应,其时间-电流曲线与反应的可逆性和阶跃的电位值有关。但是在阶跃电位足够大的情况下,电极表面反应物的浓度可能达到零,时间-电流曲线就与反应的可逆性和阶跃的电位值无关,仅与反应物的扩散过程有关(Cottrell 方程):

$$i_d(d)=\frac{nFAC\times\sqrt{d}}{\sqrt{\pi t}}$$

式中:i_d 为电流,A;n 为转移电子数;F 为法拉第常数,96485 C·mol^{-1};A 为(平面)电极的面积,cm^2;C 为可还原分析物的初始浓度,mol·L^{-1};D 为扩散系数,cm^2·s^{-1};t 为时间,s。

但是在电位阶跃过程中,在电流采样初期,电流信号中包含非 Faraday 双层充电电流。为了避免其影响,在数据处理时应遵循后期取样原则。

一般难以获得光滑的时间-电流曲线,且后期电流信号的信噪比较低。采用时间-库仑曲线可以克服这些问题。将采样得到的电流信号对时间积分,可以获得时间-库仑曲线。对扩散过程,可以对 Cottrell 方程积分,获得反应物从溶液中以扩散方式补充的电量,即

$$Q_d(t)=\frac{2nFAC\times\sqrt{D}}{\sqrt{\pi}}\sqrt{t}$$

但当电极上还存在其它反应(如吸附)以及考虑双电层充电的电量贡献时,总电量为

$$Q_d(t)=Q_{dl}+nFA+\frac{2nFAC\times\sqrt{D}}{\sqrt{\pi}}\sqrt{t}$$

若以 $Q(t)$ 对 $t^{l/2}$ 作图,可以得到一条直线。如果反应物不吸附在电极表面(对应于 nFA

项),该直线几乎通过原点(因为电容电量 Q_{dl} 一般很小)。通过该直线的斜率可以估算反应过程的扩散系数。

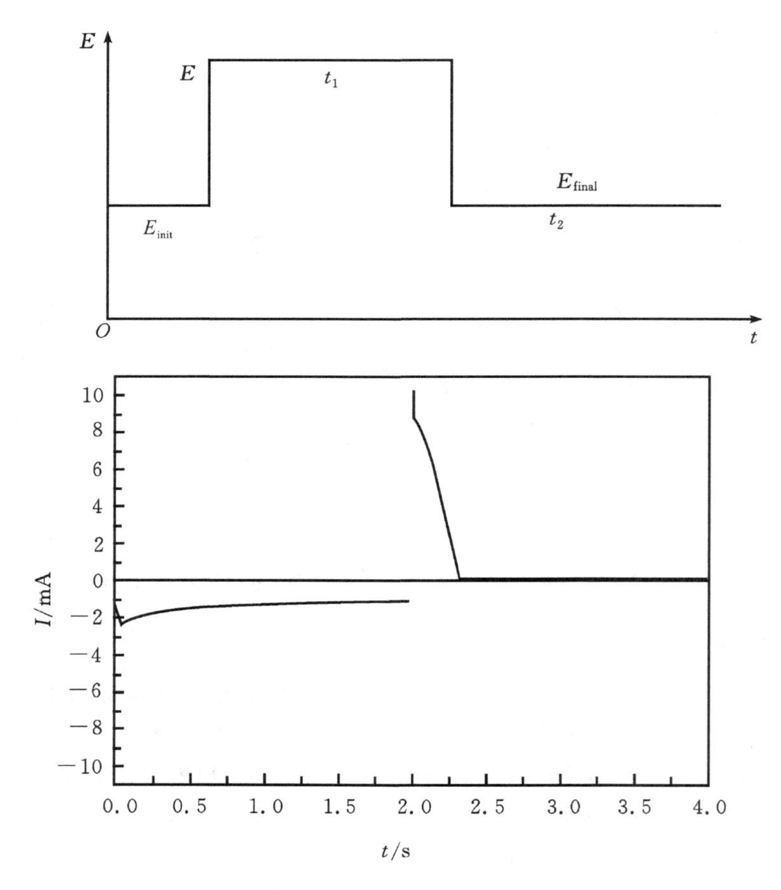

图 4-11-4 电位阶跃技术中采用的波形及电流响应信号

取在稳态条件下的电流值与阶跃的电位作图,可以获得反应的平衡电位(见图 4-11-5)。通过以 I/I_{max} 对 t/t_{max} 作图(I_{max} 为电流最大值,t_{max} 为电流达到最大时的时间),可以初步判断反应机理(对于沉积过程为瞬时成核或连续成核机理)。本实验不进行机理研究。

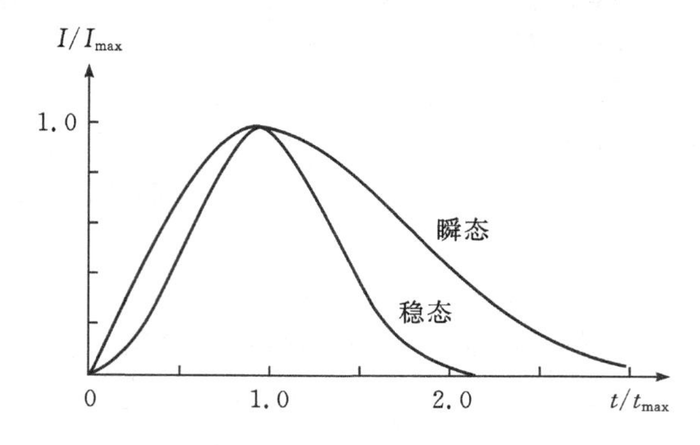

图 4-11-5 I/I_{max} 对 t/t_{max} 作图(判断成核机理)

三、仪器原理

恒电位仪的工作电极一般接地，所控制的电极电位通过一个电位跟随器施加在参比电极上，而反应的电流将通过辅助电极（或称对电极 AE）形成回路而被检测，如图 4－11－6 所示。通过向 E 端输入三角波或方波，可以开展电化学循环伏安或阶跃电位研究。为了保证仪器的正常工作，RE 和 AE 两电极皆不能断开，否则将产生电子线路的开环增益，使仪器超载，甚至破坏工作电极。

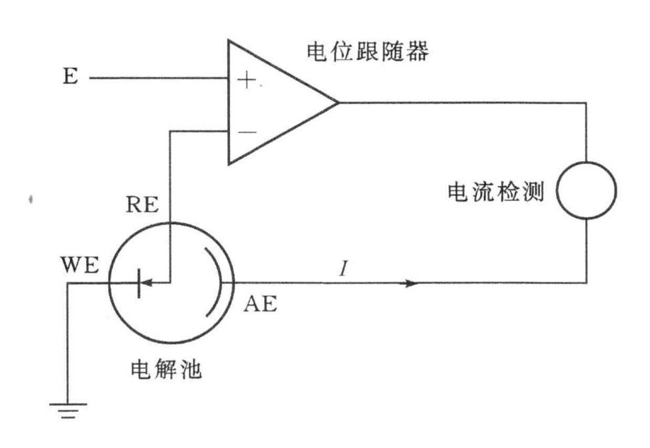

图 4－11－6　恒电位仪的原理图

本实验中将用到 CHI660B 电化学工作站，波形的输出和实验信号的记录全部由仪器所配的 CHI660B 软件控制，所有与仪器相关的实验条件都记录在数据文件中。

实验中还将用到 PINE 恒电位仪，该仪器可以进行循环伏安实验，所有实验条件都通过仪器面板上的旋钮设定。所有实验条件必须手动记录，计算机仅用于记录数据，不能保存任何实验条件。

四、电极、电解池与试剂

铂片工作电极、饱和甘汞电极、铂黑对电极、两室电解池。

试剂：0.5 mol·L^{-1} H_2SO_4、0.01 mol·L^{-1} $AgNO_3$＋0.1 mol·L^{-1} KNO_3、王水。

五、注意事项

（1）注意在使用恒电位仪时应先接参比电极和对电极。先进行一次 CV 曲线扫描保证仪器正常后再连接工作电极。

（2）PINE 恒电位仪在工作状态时不能直接将电极断开，必须先将仪器置于 Dummy Cell 状态方可断开工作电极，最后断开参比电极和对电极。同样，当 CHI 仪器在程序运行中时也不要断开任何电极。实验过程中注意不能过载（对 PINE 恒电位仪，表现为 Overload 红灯亮）。

（3）所有实验中必须注意量程挡和扫描范围的正确选择。

（4）参与电化学反应的是电极表面的一层原子，所以电极表面的清洁程度将直接影响实验结果。实验中取放电极时应时刻注意避免任何污染。

（5）在电脑目录中建立自己名字命名的子目录，实验中所有的数据都保存在该目录中。

六、实验内容

1.循环伏安实验

(1)Pt 电极在王水中浸泡 40 s 左右,然后用蒸馏水淋洗。

(2)在 0.5 mol·L^{-1} H_2SO_4溶液中于−0.28～1.40 V(vs.SCE)循环伏安扫描,扫描速度为 500 mV/s。扫描至 CV 曲线完全重合位置约需 10～20 min。

(3)相同溶液,选取 500、400、300、200、100、50、20 mV/s 扫描速度,起始电位为 0.2 V,在−0.25～1.25 V 之间循环伏安扫描。

(4)同样体系在 CHI660B 上进行一次完整的 CV 扫描,利用该软件的积分功能,得到氢吸脱附区的电量,并估算 Pt 电极的真实面积。

2.电位阶跃的暂态实验(CH1631B)

(1)测试新打磨 Pt 电极在 0.01 mol·L^{-1} $AgNO_3$+0.1 mol·L^{-1} KNO_3溶液中的 CV 图。电位范围 0.8～0.0 V(设置参数为 Init E 0.8 V,High E 0.8 V,Low E 0.0 V,扫描速度为 100 mV/s,Sensitivity:2e^{-3},扫描两个循环(4 个 Segments),注意两次循环中银沉积的初始电位的差异。读取银阳极溶出峰的电量,估算银的沉积的层数。最后再以 5 mV/s 速度扫描 2 个 Segments(Sensitivity 可以选择 1e^{-3})。

(2)用计时电流技术做暂态实验。起始电位为 0.8 V,电位按顺序阶跃至 0.45、0.425、0.40、0.38、0.36、C.34、0.32、0.30、0.25、0.20、0.15、0.10 V 等 12 个电位,然后再跃回 0.8 V 阳极溶出,共 12 次实验。读取每个电位下的 4 s 时的电流值。实验参数设置为 Init E 0.8 V,High E 0.8 V,Low E 取以上 12 个数值。Number of Steps,2,Pulse width,5 s,Sample interval 0.0001 s,Quiet time 30 s,Sensitivity 5e^{-3}。

(3)实验结束,将 Pt 电极置于王水中浸泡 40 s。

七、数据处理

(1)利用 Pt 电极在硫酸中的 CV 实验所得的电量估算 Pt 电极的真实面积。

(2)读取氢脱附峰的电流值,实验 1 -(3)以 I 对扫描速度作图,判断反应的可逆性。

(3)利用实验 1 -(1)的结果估算银的沉积层数。

(4)实验 2 -(2),以读取的 I 的数值对 E 作图。读取平衡电位。

(5)取实验 2 -(2)中 0.20 V 时的 $I-t$ 曲线,作 $I_d-t^{1/2}$图,积分得到电量,作 $Q-t^{1/2}$图,通过斜率估算 D 值。

八、思考题

(1)实验 2 中,如何计算扫描过程所需要的时间?

(2)实验 2 -(1)中,为何两次循环的起始沉积电位不同?

(3)实验 2 -(2)中,为何在双电层充电结束后电流-时间曲线上出现一个尖峰?该尖峰对应的是一个怎样的过程?

(4)实验 2 -(2)中为何在每次实验前要在 0.8 V 先保持 30 s?

第5章　综合实验

实验十二　铝合金图形氧化及阳极氧化

一、实验目的

(1)掌握铝的两性特征;

(2)了解铝合金表面图纹化的基本原理和方法;

(3)了解铝阳极氧化的基本原理。

二、实验原理

铝及铝合金是一类非常重要的有色金属,在工业和日常生活中有着非常广泛的应用。铝合金具有较高的力学强度、硬度、耐磨性、耐蚀性以及易于加工等优良性质,可作为航空航天、汽车船舶的重要结构材料,亦是家居装修装潢不可或缺的建筑材料。

铝及铝合金的图纹装饰是通过对其进行部分刻蚀,获得一定深度的图形或文字,然后在其上着色,从而达到具有立体感的彩色装饰效果。生活中的广告牌制作、仪器设备表面图纹刻印、薄片零件复杂的线路刻印都属于此类工艺。铝及铝合金的图纹主要通过化学刻蚀或电解刻蚀得到。化学刻蚀采用有机保护胶局部保护不需刻蚀的部位,用合适浓度的酸或碱溶解铝及铝合金。该方法具有工艺简单、刻蚀速度快、经济且效果好等优点。

化学刻蚀图纹化基本工艺流程如下:碱性化学除油→水洗→干燥→上胶→烘干→刻蚀(化学或电化学刻蚀)→水洗→除膜→水洗→(着色)→干燥。

铝阳极氧化处理是指利用电解作用,使铝或铝合金表面人为形成一层较厚的氧化铝薄膜的过程。一般采用不锈钢板或石墨电极为阴极、铝或铝合金为阳极构成电解池。阳极氧化过程中,作为阳极的铝在电解液(如硫酸溶液)中阳极氧化,金属铝的氧化膜形成过程和氧化膜溶解过程是相互对立而又密切联系的,铝阳极同时发生形成氧化铝膜和氧化铝膜溶解两个反应过程:

成膜过程

$$Al - 3e^- \longrightarrow Al^{3+} \qquad (5-12-1)$$

$$4Al^{3+} + 3O_2 \longrightarrow 2Al_2O_3 \qquad (5-12-2)$$

膜溶解过程

$$Al_2O_3 + 6H^+ \longrightarrow 2Al^{3+} + 3H_2O \qquad (5-12-33)$$

阴极上氢离子得电子析出氢气

$$2H^+ + 2e^- \longrightarrow H_2 \qquad (5-12-4)$$

氧化膜的生长过程就是氧化膜不断生成和不断溶解的过程。第一阶段，无孔层形成：通电刚开始的几秒到几十秒时间内，铝表面立即生成一层致密的、具有高绝缘性能的氧化膜，厚度为 0.01～0.1 μm，是一层连续的、无孔的薄膜层，称为无孔层或阻挡层，此膜的出现阻碍了电流的通过和膜层的继续增厚。无孔层的厚度与形成电压成正比，与氧化膜在电解液中的溶解速度成反比。第二阶段，多孔层形成：随着氧化膜的生成，电解液对膜的溶解作用也就开始了。由于生成的氧化膜并不均匀，在膜最薄的地方将首先被溶解出空穴来。电解液就可以通过这些空穴到达铝的新鲜表面，电化学反应得以继续进行，电阻减小，电压随之下降，膜上出现多孔层。第三阶段，多孔层增厚：阳极氧化约 20 s 后，电压进入比较平稳而缓慢的上升阶段。表明无孔层在不断地被溶解形成多孔层的同时，新的无孔层又在生长，当氧化膜中无孔层的生成速度与溶解速度基本上达到平衡时，无孔层的厚度不再增加，电压变化也很小。但是，此时在孔的底部氧化膜的生成与溶解并没有停止，结果使孔的底部逐渐向金属基体内部移动。随着氧化时间的延续，孔穴加深形成孔隙，具有孔隙的膜层逐渐加厚。当膜生成速度和溶解速度达到动态平衡时，即使再延长氧化时间，氧化膜的厚度也不会再增加，此时应停止阳极氧化过程。

这个反应的最终结果与诸多因素有关，如电解质的特性、最终反应产物的性质、工艺操作条件（例如电流、电压、槽液温度和处理时间）等。

铝合金的图纹化

三、实验仪器及试剂

试剂：铝合金片、紫外感光干膜、透明胶带、氢氧化钠、显影剂、刻蚀剂、脱模剂。

仪器：大烧杯、紫外曝光机、稳定直流电源、磁力加热搅拌器、烘箱、腐蚀槽、竹镊等。

四、实验内容及步骤

1.配方

（1）除油。氢氧化钠：5 g/100 mL（建议配 100 mL 即可，两小组合用）。

（2）抛光（选做）。氢氧化钠：10 g/100 mL。

（3）刻蚀。刻蚀剂：20 g/100 mL。

磁力搅拌；铝刻蚀

注意：会产生腐蚀烟雾，建议在通风橱中操作。废液倒入废液缸！不要浪费！

2.化学刻蚀步骤

（1）除油。将铝合金放入配制好的碱洗液中，在 30～40 ℃的碱液中反应 2～3 min，用去离子水清洗干净，干燥备用。

（2）抛光。将除完油的铝合金片放入配制好的碱性抛光液中，控制温度在 60～70 ℃，反应时间 30～60 s（要严格控制时间），用去离子水清洗干净，干燥备用。

注意：不要烘干，用纸巾粘干铝片表面水分。烘干会使表面重新生成氧化铝膜，不利于后期操作。

（3）贴膜。在除油或抛光后的铝合金片上贴紫外感光干膜，注意压紧，使膜与铝合金片结合牢固。

（4）紫外曝光。选择自己喜欢的图案或文字，用胶片打印好，置于紫外曝光机玻璃平板上，注意文字背面向上，紫外曝光 40～60 s，铝合金片上即印上所需图案。

(5)显影。将曝光后的铝合金片浸入显影液(1 g/100 mL)中,使图案显影。

(6)刻蚀。室温下将铝合金片放入刻蚀液中刻蚀,会有红色浮渣析出。根据喜好刻蚀不同的时间,达到预期效果后取出,用去离子水冲洗表面。

(7)除膜。室温下用脱膜液(1 g/70 mL)浸泡,至其它部位的干膜碎裂,从铝合金表面脱除。

(8)沸水生成保护膜。将刻蚀好的铝合金片放在沸水中煮 1～2 min,表面会生成一层 Al_2O_3 保护膜,以便保存。

3.电化学刻蚀

(1)按上述方法进行铝合金表面的碱洗、抛光和显影。

(2)将正极鳄鱼夹夹在金属片除图纹外的其它部分,开启电源,电压控制在 5 V 左右。负极用棉签或包裹小块毛毡的电极头蘸取少量 NaCl 溶液,轻轻涂抹需要腐蚀的区域,保持 20～30 s。

(3)检查腐蚀情况,达到满意的图案效果后关闭电源,按上述除膜步骤除膜。

4.铝合金电化学着色

请同学们自行在网上查找铝合金着色的溶液配方和实验条件,进行实验设计。

五、注意事项

(1)若抛光的温度过高,反应剧烈,会放出大量的热,导致抛光液沸腾,要防止抛光液溢出!严格地控制反应时间。

(2)碱洗和抛光反应尽量在通风橱中进行!

(3)实验中要使用强碱,须注意安全!

(4)保证干膜与铝合金片的结合力是蚀刻成功的关键。

(5)选择图形文字的线条不能过细,一般需大于 1 mm。

六、思考题

(1)查阅相关资料,推测显影剂、刻蚀剂、脱模剂的主要成分。

(2)电化学刻蚀时只用了 NaCl 溶液,为什么能在铝合金上刻出图案?

七、拓展阅读

造影剂

造影剂(Contrastagent)是医学成像中所使用的一类可以增强局部结构对比度的物质。通常根据实际需要,将造影剂应用于电子计算机断层扫描(Computed Tomography,CT)、核磁共振成像(Magnetic Resonance Imaging,MRI)以及超声检查(Ultrasound Imaging)等成像模式中,可增强血管或胃肠道的成像效果。对不同的成像模式而言,造影剂的选用以及作用机制一般不同。基于碘、钡的造影剂,因其衰减 X 射线的特性常被用于放射线片、CT 等 X 射线相关的成像模式;基于钆的造影剂因通常可以缩短其周围水分子的弛豫时间而被应用于 MRI 检查中;而超声检查中所应用的造影剂是一种含有微气泡(Microbubbles)的液体,静脉注射后可达到增强血流多普勒信号的效果。

实验十三　明矾大晶体的制备、组成测定

一、实验目的

(1)了解大晶体生长特点及培养方法；

(2)掌握无机盐制备鉴定方法并掌握返滴定法测 Al^{3+}；

(3)了解明矾净水原理。

明矾净水

二、实验原理

1.明矾的制备

明矾的制备、定性检测及净水作用

市售易拉罐的主要化学成分为铝合金，其内层涂有有机层，以防止人体摄入过多金属铝。铝是一种较为活泼的金属，但其单质可与空气中的氧气发生反应，在表面生成一层致密的氧化膜，因此可以在空气中稳定存在。铝作为两性物质可与酸或碱作用，其与稀酸反应很慢，其氧化膜可溶解于碱性溶液，并进一步与铝反应形成 $Al(OH)_4^-$：

$$2Al(s)+2KOH(aq)+6H_2O(l) \longrightarrow 2K^+(aq)+2Al(OH)_4^-(aq)+3H_2(g)$$

在上述生成物溶液中加入酸时，首先产生白色絮状 $Al(OH)_3$沉淀：

$$Al(OH)_4^-(aq)+H^+(aq) \longrightarrow Al(OH)_3(s)+H_2O(l)$$

继续加酸，则 $Al(OH)_3$变成 Al^{3+}溶解于酸中：

$$Al(OH)_3(s)+3H^+(aq) \longrightarrow Al^{3+}(aq)+3H_2O(l)$$

加热浓缩含 SO_4^{2-}、K^+和 Al^{3+}的溶液，$KAl(SO_4)_2 \cdot 12H_2O$ 即可从过饱和溶液中结晶出来，并在适当条件下长成更大的晶体。不同温度下明矾、硫酸铝、硫酸钾的溶解度如表 5－13－1 所示。

表 5－13－1　不同温度下明矾、硫酸铝、硫酸钾的溶解度($g/100\ g\ H_2O$)

温度 T/K	273	283	293	303	313	333	353	363
$KAl(SO_4)_2 \cdot 12H_2O$	3.00	3.99	5.90	8.39	11.7	24.8	71.0	109
$Al_2(SO_4)_3$	31.2	33.5	36.4	40.4	45.8	59.2	73.0	80.8
K_2SO_4	7.4	9.3	11.1	13.0	14.8	18.2	21.4	22.9

2.明矾单晶的培养

$KAl(SO_4)_2 \cdot 12H_2O$ 晶体为正八面体晶形，籽晶(晶种)在溶液中的浓度位于适当过饱和的准稳定区域时会生长并形成大的单晶。晶体的生长规律可由盐溶解度曲线所显示。

图 5－13－1 中，AA'为溶解度曲线，其下方为不饱和区域；BB'表示过饱和的界限，此曲线称为过溶解度曲线，其上方为过饱和区域；BB'和 AA'之间的区域为准稳定区域。若要使处于不饱和区域 C 点的溶液析出晶体，一种方法是沿着 CB，即保持浓度一定、降低温度的冷却法；另一种是沿着 CB'，即保持温度一定、增加浓度的蒸发法。本实验在室温下将饱和溶液静置，靠溶剂的自然挥发来创造溶液的准稳定状态，进而人工投放晶种让之逐渐长成单晶。

在合成晶体时，要注意以下条件：

(1)溶液一定要饱和。若是不饱和溶液，尽管温度较低，结晶速度仍然很慢。

(2)溶剂应用蒸馏水。因为自来水里含有其它金属离子等杂质，会影响晶体的生长速度和形状。

(3)冷却热饱和溶液时，应该自然冷却。快速冷却时虽然能够得到晶体，但得不到大晶体，并且温度下降得越快，晶体越小。

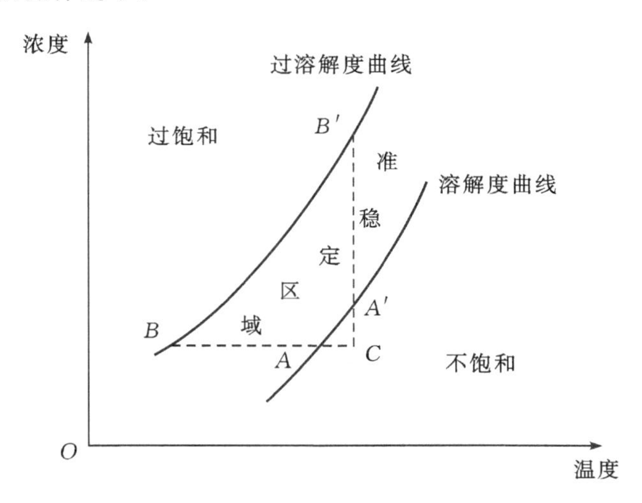

图5-13-1 盐的溶解度曲线

3.明矾中Al含量的测定

明矾中Al的含量可采用多种方法测定，本实验采用配位返滴定法。EDTA(乙二胺四乙酸)是配位滴定中最常用的配位剂。由于Al^{3+}在水溶液中易形成一系列多核羟基络合物，导致与EDTA络合缓慢，且Al^{3+}对二甲酚橙指示剂有封闭作用，因此采用返滴定法测定铝。

返滴定法又称回滴法或剩余滴定法。在反应速度较慢，或无合适的指试剂等情况下，可采用返滴定法，滴定方法为：在待测物质中，加入一定量且过量的滴定剂，待反应完全后，用另一种标准溶液滴定剩余的滴定剂，其原理如图5-13-2所示。

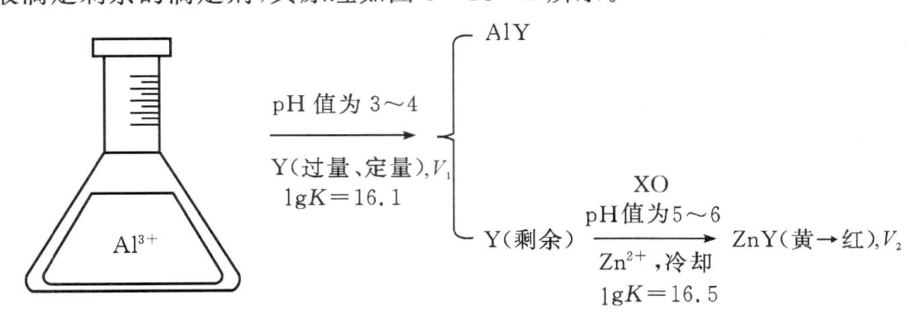

$$n_{Al}=n_{EDTA}-n_{Zn}=c_Y\cdot V_1-c_{Zn}\cdot V_2$$

图5-13-2 Al^{3+}配位返滴定法的原理

在本实验中，首先配置一定量、已知浓度的明矾溶液，然后向其中加入过量、已知量且已知浓度的 EDTA(用 Y 表示)溶液，进而在缓冲溶液中用 Zn 标准溶液返滴定，最后经过计算得知明矾中铝的含量。

三、实验试剂及仪器

试剂：铝片、H_2SO_4(3 mol·L^{-1})、50%乙醇溶液、HAc(6 mol·L^{-1})溶液、$Na_3[Co(NO_2)_6]$、明矾、凡士林、铝试剂、氨水(6 mol·L^{-1})、$BaCl_2$(1 mol·L^{-1})、乙二胺四乙酸二钠盐($Na_2H_2Y·2H_2O$)、基准锌粉(99.9%)、盐酸溶液(1∶1)、二甲酚橙指示剂(2 g·L^{-1})、pH 值为 3.5 的缓冲溶液、六亚甲基四胺缓冲液(pH 值为 5～6)。

仪器：砂纸、剪刀、烧杯、量筒、恒温水浴锅、布氏漏斗、滤纸、抽滤瓶、胶头滴管、蒸发皿、电子秤、酒精灯、玻璃棒、涤纶线、试管、塑料试剂瓶、酸式滴定管、玻璃漏斗、漏斗架、磁力搅拌器、移液管、容量瓶、药匙、称量瓶、电炉、pH 试纸、锥形瓶。

四、实验内容及步骤

1.$KAl(SO_4)_2·12H_2O$ 的制备

铝片清洗干净后用砂纸将其内外表面磨光并剪成小片。注意裁剪铝片应小心，避免割伤。称取约 1 g 铝片并置于烧杯中，加入 30 mL 的 2 mol·L^{-1}氢氧化钾。在通风橱中水浴加热，铝片完全溶解后，趁热减压过滤。将抽滤瓶中的澄清滤液倒入烧杯中，边加热边慢慢滴加 3 mol·L^{-1}硫酸溶液至沉淀全部溶解。将澄清溶液移入蒸发皿中，水浴加热，蒸发溶液浓缩至体积约为 40 mL，自然冷却至室温，观察到有晶体析出。减压过滤收集明矾结晶，加入 10 mL 50%酒精洗涤晶体两次，抽干，取出样品，称重，计算产率。

明矾的制备

2.$KAl(SO_4)_2·12H_2O$ 大晶体培养(可课下完成)

称取 10 g 明矾，加入适量的水，微热至固体全部溶解，然后自然冷却至室温。烧杯口上架一玻璃棒，在烧杯口上盖一块滤纸。放置 1 天后，从中挑选出晶形完整的籽晶待用，同时过滤溶液，留待后用。用涂有凡士林的涤纶线把籽晶系好，剪去余头，缠在玻璃棒上悬吊在已过滤的饱和溶液中，观察晶体的缓慢生长。数天后，可得到棱角完整齐全、晶莹透明的大块晶体。

籽晶一定要悬挂在溶液的中心位置，若离烧杯底部太近，由于有沉底晶体生成，会与晶体长在一起。同样，若离溶液表面太近，或靠近烧杯壁，都会产生同样的结果，使得晶体形状不规则。在晶体生长过程中，应经常观察，若发现籽晶上又长出小晶体，应及时去掉。若杯底有晶体析出也应及时滤去，以免影响晶体生长。此外，进行单晶培养时，应将烧杯放置在平稳处，避免烧杯震动。

明矾大晶体培养

3.明矾产品的定性分析

取少量明矾产品溶于水，加入 6 mol·L^{-1}醋酸溶液，分成三份并分别盛装于三个试管中。取其中一个试管，加入少许 $Na_3[Co(NO_2)_6]$溶液，振荡摇匀，有黄色沉淀产生，表示有 K^+ 存在；另取一试管，加入少许铝试剂，摇荡后放置片刻，再加 6 mol·L^{-1}氨水碱化，微热，产生红色沉淀，表示有 Al^{3+} 存在；再取一试管，加入少许 $BaCl_2$溶液与 6 mol·L^{-1}HCl，振荡摇匀，有白色沉淀生成，表示有 SO_4^{2-} 存在。

明矾的分析检测

4.明矾中铝的定量分析

(1)0.02 mol·L^{-1}EDTA的配制。用电子秤称取约3.72 g固体乙二胺四乙酸二钠盐于500 mL烧杯中,加入蒸馏水并加热使其完全溶解,然后加水稀释至500 mL。冷却后转入塑料试剂瓶中,盖紧瓶塞,摇匀备用。

(2)0.02 mol·L^{-1} Zn^{2+}标准溶液的配制。将用分析天平准确称取的0.37 g基准锌粉移入小烧杯中,盖上表面皿,沿烧杯嘴滴加约10 mL HCl溶液,加热煮沸至完全溶解。

用少量水淋洗表面皿及烧杯内壁,然后将溶液定量转移至250 mL容量瓶中,稀释至刻度,摇匀备用。

根据数据计算Zn^{2+}标准溶液的准确浓度。

(3)EDTA标准溶液的标定。用移液管平行移取三份25.00 mL Zn^{2+}标准溶液分别置于250 mL锥形瓶中。

取出其中一个锥形瓶,滴加少许二甲酚橙指示剂,加入10 mL 20%的六亚甲基四胺溶液,用EDTA溶液缓慢滴定(注意:滴定过程中需一边滴加一边振荡锥形瓶),直至锥形瓶中溶液颜色由紫红色转变为亮黄色,并持续30 s不褪色即为终点。

记录所用EDTA溶液的体积,并计算EDTA溶液的浓度和相对平均偏差(≤0.2%)。

(4)明矾试样中Al含量的测定。用分析天平准确秤取明矾试样($KAl(SO_4)_2·12H_2O$,相对分子质量为474.4)0.98 g移入小烧杯中,加热使其完全溶解,待冷却至室温后,将溶液转移至100 mL容量瓶中,用蒸馏水稀释至刻度,摇匀备用。

用移液管移取25.00 mL明矾试样标准溶液置于250 mL的锥形瓶中,用滴定管准确加入EDTA溶液50.00 mL,然后加入10 mL pH值为3.5的缓冲溶液,在电炉上加热煮沸近10 min,放置冷却至室温。

在锥形瓶中加入10 mL六亚甲基四胺、几滴二甲酚橙指示剂,用Zn^{2+}标准溶液返滴定至溶液由黄色变为橙色,并持续30 s不褪色即为终点。平行测定三份,根据所消耗的Zn^{2+}标准溶液的体积,计算所测明矾中铝的含量和相对平均偏差(≤0.2%)。

五、数据记录

实验数据记录在表5-13-2和表5-13-3中。

表5-13-2 EDTA标准溶液的标定

Zn^{2+}标准溶液	1号	2号	3号
Zn^{2+}标准溶液的体积/mL			
EDTA溶液的物质的量浓度/mol·L^{-1}			
相对平均偏差			

表5-13-3 明矾试样中Al含量的测定

样品溶液	1号	2号	3号
EDTA溶液的体积/mL			
所测明矾样品中铝的质量分数/%			
相对平均偏差			

六、拓展阅读

铝对人体的危害

铝是地壳中储量最多的金属元素，被广泛用于食品添加剂、净水剂以及各种炊具材料的制备或合成。人体日常摄取铝的途径包括饮水、炊具、食品这几个方面。但是，自 20 世纪 70 年代起，对铝在生物学领域的研究使人们逐渐认识到其对人体的危害性。

人体对铝的吸收量较小[1]，其主要排出途径为肾脏。尽管如此，研究显示铝在脑组织中的聚集可引发神经元退行性病变，阿尔茨海默(Alzheimer)病人脑组织中的铝含量是正常人的 1.5～30 倍[2]。铝在脑组织中的蓄积因此被认为是引发阿尔茨海默病的几种假说之一[3]。铝的具体神经毒性机理并未被阐明，但已有研究显示，铝可以干扰和抑制轴突运输[4]以及降低脑组织中胆碱乙酰化酶的活性[5]。

自 1981 年至 1997 年，相继有科学研究指出，铝在人体内的蓄积与骨骼软化有直接关系。学界提出两种可能的致病机制，其一为降低骨细胞数量，其二为直接抑制人体正常的矿化作用。

此外，铝对人体的毒性还涉及到血液、内分泌等方面。因而，在日常生活中避免摄入过量金属铝有着重要的意义。

七、参考文献

[1]LIONE A.Aluminum toxicology and the aluminum-containing medications.[J].pharmacology & therapeutics,1985,29(2):255－285.

[2]CRAPPER D R, KRISHNAN S S, DALTON A J.Brain Aluminum Distribution in Alzheimer's Disease and Experimental Neurofibrillary Degeneration[J].Science,1973,180(4085):511.

[3]DE BONI U, MCLACHLAN D R C.Senile dementia and Alzheimer's disease:A current view[J].Life Sciences,1980, 27(1):1－14.

[4]BOEGMAN R J, BATES L A.Neurotoxicity of aluminum[J].Canadian Journal of Physiology and Pharmacology,1984, 62(8):1010－1014.

[5]COURNOT-WITMER G, ZINGRAFF J, PLACHOT J J, et al.Aluminum localization in bone from hemodialyzed patients:Relationship to matrix mineralization[J].Kidney International,1981,20(3):375－385.

实验十四　钴配合物的制备及配体光谱化学序测定

一、实验目的

(1)掌握三氯化六氨合钴、二氯化一氯五氨合钴(Ⅲ)、二氯化一硝基五氨合钴(Ⅲ)和二氯化亚硝酸根五氨合钴(Ⅲ)的合成方法；

(2)了解不同配体对配合物中心离子 d 轨道能级分裂的影响，测定钴配合物中某些配体的光谱化学序。

二、实验原理

1.氯化钴(Ⅲ)的氨合物的制备

在一般情况下，二价钴较三价钴更为稳定，但是在配合物中则往往表现为三价较二价更为稳定。实验室中通常利用二价钴配合物的氧化来制备三价钴配合物。

三氯化六氨合钴是一种橙黄色粉末，在一些配合物中，由于配体的效应，电势常常会发生一些较大的变动：

$$[Co(H_2O)_6]^{3+} + e^- \longrightarrow [Co(H_2O)_6]^{2+};\quad \Phi^{\ominus} = 1.84\ V$$

三价钴离子是一个相当强的氧化剂，但与氨配合使电势发生很大变化：

$$[Co(NH_3)_6]^{3+} + e^- \longrightarrow [Co(NH_3)_6]^{2+};\quad \Phi^{\ominus} = 0.1\ V$$

这一变动使得空气中的氧都能氧化六氨合钴(Ⅱ)离子至三价，为合成三价钴配合物提供了方便。

在本实验中，以活性炭为催化剂，在含有氯化亚钴、氨、氯化铵的溶液中通入空气或加入过氧化氢，可以从溶液中结晶出橙黄色的三氯化六氨合钴晶体：

$$[Co(H_2O)_6]^{2+} + O_2 + NH_3 + NH_4^+ \longrightarrow [Co(NH_3)_6]^{3+} + H_2O$$

$$[Co(NH_3)_6]^{2+} + NH_3 + NH_4^+ + H_2O_2 \longrightarrow [Co(NH_3)_6]^{3+} + H_2O$$

2.二氯化一氯五氨合钴的合成

二氯化一氯五氨合钴的合成方法与三氯化六氨合钴类似，其区别在于，前者的合成过程不用加入活性炭。在与硝酸银反应的过程中，仅有外界氯离子被沉淀出来：

$$[Co(NH_3)_5Cl]Cl_2 + 2AgNO_3 = 2AgCl\downarrow + [Co(NH_3)_5Cl](NO_3)_2$$

合成的总方程式如下：

$$2\,[Co(NH_3)_6]^{2+} + H_2O_2 + 2Cl^- + 2H^+ \longrightarrow 2\,[Co(NH_3)_5Cl]^{2+} + 2H_2O$$

3.二氯化一硝基五氨合钴与二氯化亚硝酸五氨合钴的合成

Jorgensen 用图 5－14－1 所示方法制得了这两种化合物。

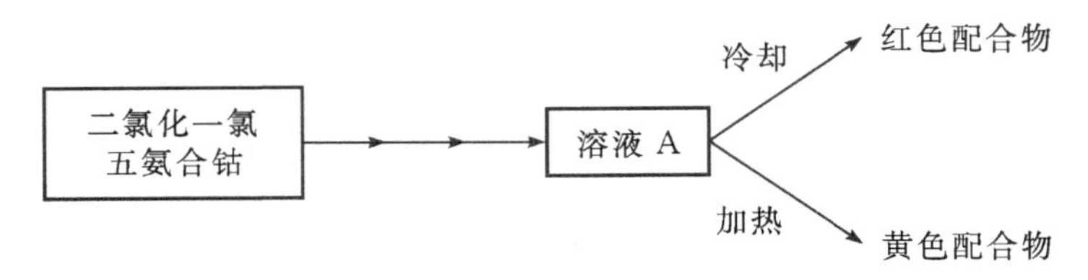

图 5－14－1　二氯化氯五氨合钴制得的两种化合物

氧配位者为红色，氮配位者为黄色。实验发现，在温度高于 60 ℃时，固体由红色变为黄色。在低温下，氧配位占优势；而在高温下，氮配位占优势。因此，在本实验中一定要注意对温度的控制。

4.光谱化学序列的测定

分裂后的 d 轨道之间的能量差称为分裂能，用 Δ 表示。对于相同的中心离子，Δ 值随配体的不同而不同，其大小顺序为：

$$\Delta_{I^-} < \Delta_{Br^-} < \Delta_{Cl^-}、\Delta_{CNS^-} < \Delta_{F^-} < \Delta_{C_2O_4^{2-}} < \Delta_{H_2O} < \Delta_{SCN^-} < \Delta_{EDTA} < \Delta_{NH_3} < \Delta_{en} < \Delta_{SO_3^{2-}} < \Delta_{NO_2^-} < \Delta_{CN^-}$$

Δ 值计算方法如下

$$\Delta=\frac{1}{\lambda}\times10^{7}(cm^{-1}) \qquad (5-14-1)$$

钴配合物

式中：λ 为配合物吸收光谱的波长，nm。Δ 值的次序称为光谱化学序列。当配合物中的配体被序列右边的配体所取代，则吸收峰朝短波方向移动。

三、实验试剂及仪器

试剂：NH_4Cl、$CoCl_2\cdot6H_2O$、活性炭、浓氨水、H_2O_2溶液(5%)、浓盐酸、盐酸(2 mol·L^{-1}、4 mol·L^{-1}、8 mol·L^{-1})、乙醇、H_2O_2(30%)、$NaNO_2$、冰块。

仪器：锥形瓶、酒精灯、药匙、量筒、移液管、胶头滴管、恒温水浴锅、布氏漏斗、滤纸、抽滤瓶、表面皿、台秤、抽滤机、100 mL 容量瓶、温度计、真空干燥箱、分光光度计、分析天平。

四、实验内容及步骤

1.三氯化六氨合钴的制备

向锥形瓶中加入 4.0 g NH_4Cl，并加入 8.4 mL 去离子水，加热至沸。加入 6.0 g $CoCl_2\cdot6H_2O$ 晶体。待溶解后，加入 0.4 g 研细的活性炭，摇动锥形瓶使其混合均匀。用流水冷却，然后加入 13.5 mL 浓氨水，再冷却至 283 K 以下。

用滴管逐渐加入 25 mL 5% H_2O_2 溶液，水浴加热至 323～333 K，保持 20 min，并不断旋摇锥形瓶。用水浴冷却至 273 K 左右，抽滤，不必洗涤沉淀，直接把沉淀溶于50 mL沸水中(水中含 1.7 mL 浓盐酸)。趁热吸滤，慢慢加入 6.7 mL 浓盐酸于滤液中，即有大量橘黄色晶体析出。用冰浴冷却后过滤。晶体用 2 mL 冷的2 mol·L^{-1}的盐酸洗涤，再用少许乙醇洗涤，吸干。晶体在水浴上干燥、称量、计算产率。

三氯化六氨合钴的制备

2.二氯化一氯五氨合钴(Ⅲ)的制备

在锥形瓶中将 3 g 的 NH_4Cl 溶于 12 mL 浓氨水中，并将锥形瓶置于加热搅拌装置上，开启搅拌开关。分数次加入 6.0 g 的氯化钴粉末，再向其中滴加 5 mL 30%的 H_2O_2。当固体完全溶解，待溶液中停止起泡时，慢慢加入 6 mL 8 mol·L^{-1}盐酸，水浴加热，温度不超过 85 ℃。加热 10～15 min，然后在室温下冷却混合物。待完全冷却后抽滤。

二氯化一氯五氨合钴的制备

抽滤的具体操作步骤如下：将滤纸润湿置于布氏漏斗中，以玻璃棒轻压至密合；将布氏漏斗置于抽滤瓶上，中间垫一垫圈。将抽滤机橡胶管与抽滤瓶相连。开启片刻后，将溶液以玻璃棒引流转移至漏斗内，残余固体以水冲洗，再引流至布氏漏斗内。关闭抽滤机，加入洗涤液将滤饼上固体冲散，打开开关，拔掉橡胶管，关闭开关。

二氯化一硝基五氨合钴与二氯化亚硝酸五氨合钴的制备

3.二氯化一硝基五氨合钴与二氯化亚硝酸五氨合钴的制备

将 1 g 二氯化一氯五氨合钴溶解于 20 mL 水与浓氨水的混合液中，水浴加热。待溶解后，加入 4 mol·L^{-1}盐酸，酸化至 pH 值为 3～4。再加入 1 g 亚硝酸钠，搅拌并使其溶解。接下来，若进行常温旋摇 5 min，继而进行冰水浴处理，然后抽滤，并用冷水、

4 mol·L^{-1}盐酸洗涤，常温干燥，则得到的是氧配位化合物；若在75 ℃水浴加热旋摇 5 min，再进行后续处理，则得到的是氮配位化合物。

4.光谱化学序列的测定

称约 0.1 g 的$[Co(NH_3)_6]Cl_3$、$[Co(NH_3)_5Cl]Cl_2$、$[Co(NH_3)_5NO_2]Cl_2$和$[Co(NH_3)_5ONO]Cl_2$，分别溶于少量蒸馏水然后转移到 50 mL 容量瓶中，稀释至刻度。在波长 360～700 nm 之间，分别测定以上各配合物消光值，每间隔 10 nm 测定一点。导出配合物的电子光谱。确定配合物最大波长的吸收峰位置，并按式(5－14－1)计算不同配体的分裂能 Δ。由 Δ 值的大小，排列出配体的光谱化学序列。

五、拓展阅读

钴与维生素 B_{12}

维生素 B_{12}含有金属元素钴，又名钴胺素。维生素 B_{12}是唯一含有金属元素的维生素，仅由微生物合成，在酵母和动物肝组织中含量丰富，且不存在于植物体中。食物中的维生素 B_{12}常与蛋白质结合，而在胃酸和胃蛋白酶的作用下，可与亲钴蛋白(来自于唾液)结合，直至十二指肠内方可在胰蛋白酶的作用下重新释放出游离维生素 B_{12}。在此处，维生素 B_{12}结合内因子(IF，一种由胃黏膜细胞分泌的物质)，形成 IF－B_{12}复合物进而被回肠吸收。

维生素 B_{12}是体内同型半胱氨酸甲基化生成甲硫氨酸这一反应的辅酶，而 5’-脱氧腺苷钴胺素是琥珀酰辅酶 A 生成反应的辅酶。因此，缺乏维生素 B_{12}会影响相关的生物代谢过程，如一碳单位的代谢、甲硫氨酸的合成、四氢叶酸的再生以及脂肪酸的合成。甲硫氨酸难以合成，会导致高同型半胱氨酸血症，增加一系列血管疾病的风险；四氢叶酸再生障碍会引发核苷酸的合成障碍，严重时可导致巨幼红细胞性贫血；脂肪酸合成异常会影响髓鞘质的转换，引发慢性进行性脱髓鞘脑病，导致神经疾患。

实验十五　草酸合铁酸钾的制备、表征及光敏特性的研究

一、实验目的

(1)了解三草酸合铁(Ⅲ)酸钾的合成方法；

(2)掌握确定化合物化学式的基本原理和方法；

(3)巩固无机合成、滴定分析和重量分析的基本操作。

三草酸合铁酸钾

二、实验原理

三草酸合铁(Ⅲ)酸钾 $K_3[Fe(C_2O_4)_3]\cdot 3H_2O$ 为亮绿色单斜晶体，易溶于水而难溶于乙醇、丙酮等有机溶剂。受热时，在 110 ℃下可失去结晶水，到 230 ℃即分解。该配合物为光敏物质，光照下易分解，变为黄色，因此常用来作为化学光量计。

1.$K_3[Fe(C_2O_4)_3]\cdot 3H_2O$ 的制备原理

目前，合成三草酸合铁(Ⅲ)酸钾的工艺路线有多种。例如，可以铁为原料制得硫酸亚铁胺，加草酸钾制得草酸亚铁后经过氧化氢(H_2O_2)氧化制得三草酸合铁(Ⅲ)酸钾(方法一)；或以硫酸铁与草酸钾为原料直接合成三草酸合铁(Ⅲ)酸钾(方法二)。

方法一

利用$(NH_4)_2Fe(SO_4)_2$与$H_2C_2O_4$反应制取FeC_2O_4：

$$(NH_4)_2Fe(SO_4)_2+H_2C_2O_4 = FeC_2O_4(s)+(NH_4)_2SO_4+H_2SO_4$$

在过量$K_2C_2O_4$存在下，用H_2O_2氧化FeC_2O_4即可制得产物：

$$6FeC_2O_4+3H_2O_2+6K_2C_2O_4 = 4K_3[Fe(C_2O_4)_3]+2Fe(OH)_3(s)$$

可在反应中同时产生的$Fe(OH)_3$中加入适量的$H_2C_2O_4$，也将其转化为产物：

$$2Fe(OH)_3+3H_2C_2O_4+3K_2C_2O_4 = 2K_3[Fe(C_2O_4)_3]+6H_2O$$

方法二

以三氯化铁与草酸钾为原料，可直接合成三草酸合铁(Ⅲ)酸钾。其合成过程简单、易操作，产品经过重结晶后纯度高，对后续结构组成的准确测定有利。其主要反应为：

$$FeCl_3+3K_2C_2O_4 \longrightarrow K_3[Fe(C_2O_4)_3]+3KCl$$

2.$K_3[Fe(C_2O_4)_3]\cdot 3H_2O$的组成测定原理

合成得到的配合物首先通过定性分析确定所含组分，然后通过化学分析确定配离子的组成比。

根据配合物中铁、草酸根的含量便可计算出钾的含量，进而得到三草酸合铁(Ⅲ)酸钾的化学式：

$$m_{K^+} : m_{C_2O_4^{2-}} : m_{Fe^{3+}} : m_{H_2O} = n_{K^+} : n_{C_2O_4^{2-}} : n_{Fe^{3+}} : n_{H_2O}$$

(1)用重量分析法测定结晶水含量。

将一定量产物在110 ℃下干燥，根据质量减少的情况即可计算出结晶水的含量。

(2)用高锰酸钾法测定草酸根如铁的含量。

$C_2O_4^{2-}$在酸性介质中可被MnO_4^{2-}定量氧化：

$$5C_2O_4^{2-}+2MnO_4^-+16H^+ = 2Mn^{2+}+10CO_2+8H_2O$$

先用Zn粉将Fe^{3+}还原为Fe^{2+}，然后用$KMnO_4$标准溶液滴定Fe^{2+}：

$$5Fe^{2+}+MnO_4^-+8H^+ = 5Fe^{3+}+Mn^{2+}+4H_2O$$

(3)确定钾含量。

由测得H_2O、$C_2O_4^{2-}$、Fe^{3+}的含量可计算出K^+的含量，并由此确定配合物的化学式。

3.$K_3[Fe(C_2O_4)_3]\cdot 3H_2O$的光敏原理

配合物$K_3[Fe(C_2O_4)_3]\cdot 3H_2O$极易感光，室温日光照射下或强光下分解生成草酸亚铁，变为黄色，进而在遇铁氰化钾后生成滕氏蓝($Fe_3[Fe(CN)_6]_2$)，相关反应为：

$$2[Fe(C_2O_4)_3]^{3-} \xrightarrow{h\nu} 2FeC_2O_4+3C_2O_4^{2-}+2CO_2$$

$$3FeC_2O_4+K_3[Fe(CN)_6] \longrightarrow Fe_3[Fe(CN)_6]_2+3K_2C_2O_4$$

三草酸合铁(Ⅲ)酸钾的光学性质

三、实验试剂及仪器

试剂：$(NH_4)_2Fe(SO_4)_2\cdot 6H_2O(s)$、$H_2SO_4$($2\ mol\cdot L^{-1}$、$6\ mol\cdot L^{-1}$)、$H_2C_2O_4$(饱和)、$K_2C_2O_4$(饱和)、$H_2O_2$(质量分数30%)、乙醇、丙酮、$KMnO_4$($0.02\ mol\cdot L^{-1}$)、Zn粉。

仪器：量筒(25 mL)、滴管、烧杯、水浴锅、油泵、抽滤瓶、布氏漏斗、滤纸、烘箱、酸式滴定管。

四、实验内容及步骤

1.三草酸合铁(Ⅲ)酸钾的合成

方法一

(1)制取$FeC_2O_4 \cdot 2H_2O$。称取6.0 g $(NH_4)_2Fe(SO_4)_2 \cdot 6H_2O$放入250 mL烧杯中,加入1.5 mL 2 $mol \cdot L^{-1}$ H_2SO_4和20 mL去离子水,加热使其溶解。另称取3.0 g $H_2C_2O_4 \cdot 2H_2O$放至100 mL烧杯中,加30 mL去离子水微热,溶解后取出22 mL倒入上述250 mL烧杯中,加热搅拌至沸,并维持微沸5 min。静置,得到黄色$FeC_2O_4 \cdot 2H_2O$沉淀。用倾斜法倒出清液,用热去离子水洗涤沉淀3次,以除去可溶性杂质。

三草酸合铁(Ⅲ)酸钾的制备

(2)制备$K_3[Fe(C_2O_4)_3] \cdot 3H_2O$。在上述洗涤过的沉淀中加入15 mL饱和$K_2C_2O_4$溶液,水浴加热至40 ℃,滴加25 mL 3%的$H_2O_2$溶液,不断搅拌溶液并维持温度在40 ℃左右。滴加完后,加热溶液至沸以除去过量的H_2O_2。取适量上述(1)中配制的$H_2C_2O_4$溶液趁热加入使沉淀溶解至呈现翠绿色为止。冷却后,加入15 mL 95%的乙醇水溶液,在暗处放置,结晶。减压过滤,抽干后用少量乙醇洗涤产品,继续抽干,称量,计算产率,并将晶体放在干燥器内避光保存。

水浴加热器的简介和使用

方法二

称取10.7 g $FeCl_3 \cdot 6H_2O$放入100 mL烧杯中,用16 mL蒸馏水溶解配制成溶液,加入数滴稀盐酸调节溶液的pH值为1～2;再称取21.8 g草酸钾放入另一250 mL烧杯中,加入60 mL去离子水并加热至85～95 ℃,向此溶液中逐滴加入刚配好的$FeCl_3$溶液并不断搅拌,至溶液变成澄清翠绿色,测定此时溶液pH值为4。将此溶液放到冰箱中冷却直到结晶完全。倾出母液,将晶体溶于60 mL热水中再冷却到0 ℃重结晶,然后吸滤,用0.1 $mol \cdot L^{-1}$醋酸溶液洗涤晶体一次,再用丙酮洗涤两次,50 ℃左右干燥晶体(无水乙醇洗涤多次),即得翠绿色$K_3Fe(C_2O_4)_3 \cdot 3H_2O$晶体。称其质量(8.47 g),计算产率。

2.产物的定性分析

(1)自行拟定实验方案对K^+、Fe^{3+}和$C_2O_4^{2-}$进行鉴定。

(2)红外谱图表征。取一定量产品与KBr以1∶100混合,压片后放入固体样品池进行红外光谱测试。

3.产物组成的定量分析

(1)草酸根含量的测定。自行设计分析方案测定产物中$C_2O_4^{2-}$含量。

(2)铁含量的测定。自行设计分析方案测定保留液中的铁含量。

(3)结晶水质量分数的测定。自行设计分析方案测定产物中结晶水含量。

草酸根含量的测定

铁含量的测定

结晶水的测定

(4)钾含量确定。由测得的 H_2O、$C_2O_4^{2-}$、Fe^{3+} 含量可计算出 K^+ 的含量，并由此确定配合物的化学式。

参考实验方案如下。

(1)结晶水的测定。准确称取 0.5～0.6 g 产物，放入已恒重的称量瓶中，置于烘箱中，在 110 ℃下烘干 1～1.5 h，在干燥器中冷至室温，称重。重复干燥、冷却、称重的操作，直到恒重。根据称量结果，计算 1 mol 产物中所含结晶水的物质的量。

$$n_{H_2O}=437\Delta m/18m \quad (5-15-1)$$

其中，m 为失水后的样品质量。将所得产物用研钵研成粉末，用黑布包裹，置于干燥器内避光保存。

(2)$C_2O_4^{2-}$ 含量的测定。精确称取 0.10～0.12 g 干燥晶体两份，分别放入两个 250 mL 锥形瓶中，加入 50 mL 水溶解，再加 3 mol·L^{-1} H_2SO_4 溶液 10 mL，加热至 70～80 ℃左右(不要高于 85 ℃)，用 $KMnO_4$ 标准溶液滴定至浅红色。开始时反应很慢，故第一滴滴入后，待红色褪去后，再滴入第二滴，溶液红色消退后，由于二价锰的催化作用反应速度加快，但滴定仍需逐滴加入，直至溶液 30 s 不褪色为止，记下读数，计算结果。平行滴定两次。滴定完的溶液保留待用。

$$n_{C_2O_4^{2-}}=2.5VC;\omega_1\%=n_{C_2O_4^{2-}}\times 88/m \quad (5-15-2)$$

(3)铁的含量测定。向第三步滴定完草酸根离子的保留溶液中加入过量的还原剂锌粉，加热溶液近沸，使 Fe^{3+} 还原为 Fe^{2+}，趁热过滤除去多余的锌粉。滤液用另一干净的锥形瓶盛放，洗涤锌粉，使洗涤液定量转移到滤液中，再用高锰酸钾标准溶液滴至粉红色且 30 s 内不变，记录消耗的高锰酸钾标准溶液的体积，平行滴定两次，计算出铁的质量分数。

$$n_{Fe^{3+}}=5VC;\omega_2\%=n_{Fe^{3+}}\times 56/m \quad (5-15-3)$$

(4)由测得的 $C_2O_4^{2-}$、Fe^{3+} 的质量分数可计算出 K^+ 的质量分数，从而确定配合物的组成及化学式。

4.$K_3[Fe(C_2O_4)_3]$的光敏研究

请自行拟定 $K_3[Fe(C_2O_4)_3]$的光敏研究的方法。

参考实验方案如下。

(1)将少量产品放在表面皿上，在强烈日光或红外灯下照射一段时间，观察晶体颜色变化，并与放在暗处的晶体比较。

(2)制感光纸。按 $K_3[Fe(C_2O_4)_3]$ 0.3 g、$K_3[Fe(CN)_6]$ 0.4 g、H_2O 8 mL 的比例配制溶液，浸渍滤纸制成感光纸。用黑纸剪成图案附在感光纸上，在强烈日光或红外灯下照射数分钟，曝光部分即呈蓝色，显现出图案来。

五、数据记录

1.$K_3[Fe(C_2O_4)_3]\cdot 3H_2O$ 产率计算

计算 $K_3[Fe(C_2O_4)_3]\cdot 3H_2O$ 的产率。

2.产物定性分析

请将定性分析现象记录于表 5-15-1 中。

表 5-15-1　定性分析现象记录

项目	试剂		
	$Na_3[Co(NO_2)_6]$	0.1 mol·L^{-1} KSCN	0.5 mol·L^{-1} $CaCl_2$
K^+的鉴定			
Fe^{3+}的鉴定			
$C_2O_4^{2-}$的鉴定			

3.产物定量分析

请将定量分析结果记录于表 5-12-2 中。

表 5-15-2　定量分析结果记录

项目	产物的质量	$KMnO_4$标准溶液消耗的体积	配合物的化学式
结晶水质量分数			
草酸根质量分数			
铁质量分数			

4.光敏测试

按要求进行光敏测试。

六、注意事项

所合成的钾盐是一种亮绿色晶体，易溶于水难溶于丙酮等有机溶剂，它是光敏物质，见光分解。

七、思考题

(1)确定配合物中的草酸根含量还可以采取什么方法？如何实现？

(2)如何提高产率？能否用蒸干溶液的办法来提高产率？

(3)用乙醇洗涤的作用是什么？

(4)氧化 $FeC_2O_4·2H_2O$ 时，氧化温度控制在 40 ℃，不能太高，为什么？

八、拓展阅读

人体内铁的代谢

铁是体内含量最多的一种微量元素，其主要吸收部位在十二指肠及空肠上段。只有 Fe^{2+} 可以通过小肠黏膜细胞，酸性、维生素 C 和谷胱甘肽等物质可将 Fe^{3+} 还原为 Fe^{2+}，因而能增强铁的吸收。同时，人体对氨基酸、柠檬酸、苹果酸等物质与铁离子形成的络合物中铁离子的吸收率大于无机铁，因而这些物质亦可增强铁的吸收。鞣酸、草酸、植酸、无机磷酸、含磷酸的抗酸药等物质可与铁形成不易吸收的铁复合物，因而会减少铁的吸收。

经小肠黏膜上皮细胞进入血流的 Fe^{2+} 大部分被氧化为 Fe^{3+}，Fe^{3+} 进而与运铁蛋白相结合而被运送到全身各组织中，多余的铁则通过结合铁蛋白储存，主要储存部位是是肝、脾、骨髓、小肠黏膜、胰等。

正常人每天排泄铁量极微，主要途径是小肠粘膜上皮细胞脱落导致其中铁排泄于肠腔，最后经由粪便排出。皮肤、汗液、尿液也能排出少量铁。育龄妇女主要通过月经、妊娠、哺乳等途径流失铁。

实验十六　纳米 TiO_2的制备、晶相表征及光催化活性测试

一、实验目的

(1)了解制备纳米材料的常用方法，测定晶体结构的方法；

(2)了解 X 射线衍射仪和高温电炉的使用；

(3)了解光催化剂的一种评价方法。

二、实验原理

1.纳米 TiO_2粉的制备

纳米材料是指组成相或晶粒在任一维上尺寸均小于 100 nm 的材料。研究发现，由于其粒子尺寸小、有效表面积大而呈现出特殊效应，如小尺寸效应、表面与界面效应等。

纳米粒子的制备方法有很多种，其中金属醇盐水解法较常见，其基本原理为：利用金属有机醇盐能溶于有机溶剂并可能水解生成氢氧化物或氧化物沉淀的性质，来制备细粉料。此方法有以下特点：

纳米 TiO_2 的制备及光降解性能测试

(1)粉体纯度高；

(2)可制备化学计量的复合金属氧化物粉末。

本实验采用金属醇盐水解法制备纳米 TiO_2粉。首先，钛酸四丁酯发生水解，形成无定形 TiO_2粉，反应式如下：

$$Ti(O—C_4H_9)_4 + 4H_2O \longrightarrow Ti(OH)_4 + 4C_4H_9OH$$

$$Ti(OH)_4 + Ti(O—C_4H_9)_4 \longrightarrow 2TiO_2 + 4C_4H_9OH$$

$$Ti(OH)_4 + Ti(OH)_4 \longrightarrow 2TiO_2 + 4H_2O$$

然后，TiO_2粉经过一定温度热处理向锐钛矿结构转变，再升高温度可转变为金红石结构。

TiO_2的晶体结构可通过 X 射线衍射实验确定。TiO_2的颗粒形貌和颗粒大小可通过透射电镜(TEM)观察。

2.纳米 TiO_2晶体结构表征

纳米 TiO_2的晶型对催化活性影响较大。常见的 TiO_2晶型有三种：锐态矿(Anatase)、金红石(Rutile)和板钛矿(Brookite)如图 5－16－1 所示。由于锐钛矿型 TiO_2晶格中含有较多的缺陷和缺位，能产生较多的氧空位来捕获电子，所以具有较高的活性；而具有最稳定的晶型结构形式的金红石 TiO_2，晶化态较好，且几乎没有光催化活性。纳米材料的晶型可用 X 射线衍射仪进行表征。

X 射线衍射仪

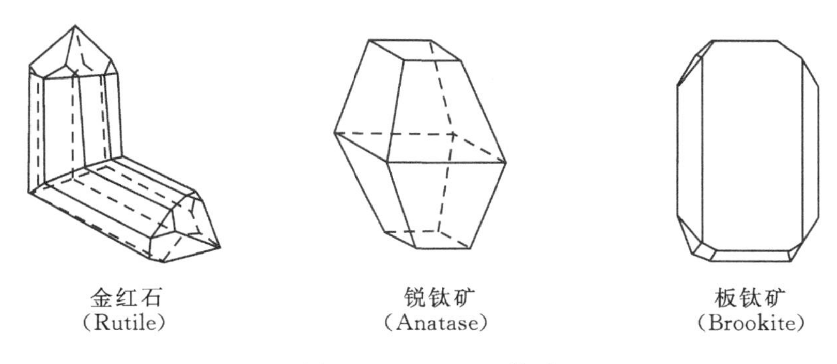

图 5-16-1 TiO_2晶型

多晶相样品可由 XRD 测试获得 XRD 图谱。根据 XRD 图谱中衍射角度 2θ 峰,可获得材料晶相信息。图 5-16-2 为 TiO_2的 X 射线衍射图谱,$2\theta=25°$为红金石的特征衍射峰,$2\theta=27°$为锐钛矿特征衍射峰。还可进行物相分析,获得晶相含量的百分比,如样品 TiO_2中含有两种晶相,则晶相含量的百分比公式为:

$$C_A=\frac{A_A}{A_A+A_R}\times 100\%$$

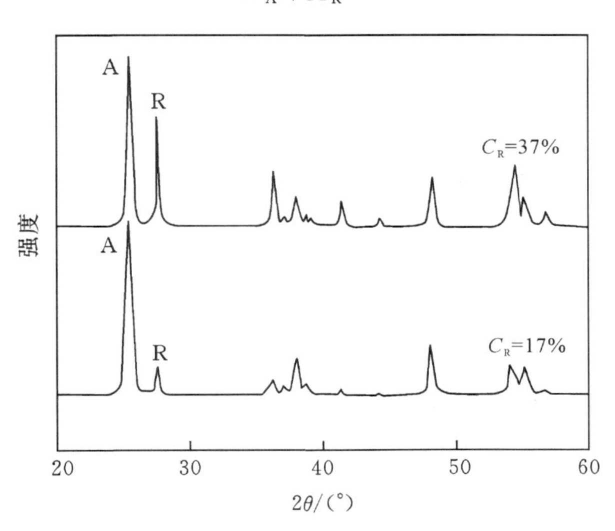

图 5-16-2 TiO_2的 X 射线衍射图谱(R 为金红石,A 为锐钛矿,R 为 R 所占比例)

图 5-16-2 中金红石、锐钛矿特征峰强度不同,根据晶相含量的百分比公式可计算晶相含量。同样根据 XRD 图谱,通过谢乐公式可估算样品粒径。谢乐公式如下

$$D_{hkl}=\frac{0.89\lambda}{\beta_{hkl}\cdot\cos\theta}$$

式中:D_{hkl}表示晶粒粒度,nm;λ 表示 X 射线的波长,一般采用 1.5406 nm;β_{hkl}为晶相主峰的半高宽;θ 为衍射角(注意:X 射线谱图上的角度是 2θ)。

3.光降解率计算

TiO_2在紫外光下可有效催化降解有机污染物。本实验考察 TiO_2对甲基橙的光催化降

解。其光降解率 X 可用下式计算：

$$X=\frac{A_0-A_t}{A_0}\times 100\%$$

式中：A_0 为未降解时的吸光度；A_t 为 t 时刻的吸光度。

三、实验试剂及仪器

试剂：钛酸四丁酯、无水乙醇、去离子水、冰块、甲基橙。

仪器：马弗炉、红外烤箱、分光光度计、离心机、紫外灯、减压过滤装置、电子天平、坩埚、烧杯、容量瓶、样品瓶、磨口瓶、玻璃棒、超声波清洗机。

四、实验内容及步骤

1.纳米 TiO_2的制备

在一个 500 mL 烧杯中加入 100 mL 去离子水，另取一个 500 mL 烧杯加入 200 mL 无水乙醇、10 mL 钛酸四丁酯。将两个烧杯中的溶液混合，观察钛酸四丁酯水解（形成白色 TiO_2 悬浮液）。离心分离，将 TiO_2粉放入红外烤箱干燥 1 h。取出，分成三份，一份在 550 ℃下热处理 1 h，一份在 750 ℃下热处理1 h，一份保留。

纳米 TiO_2 的制备；红外烤箱的使用；坩埚的使用

2.纳米 TiO_2的晶型表征

对不同温度煅烧后所得粉体进行 X 射线衍射（XRD）测试，CuKα1 辐射，$\lambda=0.15405$ nm，X 射线管电压为 40 kV、管电流为 20 mA，扫描速率为 40°/min，扫描范围（2θ）10°～80°。

（1）配制甲基橙溶液。称取一定量甲基橙，加水溶解，移入 250 mL 容量瓶，稀释定容，最终浓度为 0.02 $g\cdot L^{-1}$，并避光保存。

（2）光催化活性测试。将甲基橙溶液分为 4 份，分别加入 0.05 g 不同温度煅烧的纳米 TiO_2粉体，超声波分散 15 min，将悬浊液放在紫外光下照射，每隔 10 min 取一次样。把取出的悬浊液在离心机中分离，用 UV260 型紫外-可见分光光度计测其在 468 nm 处的吸光度，绘制 $A-t$ 曲线，计算光降解率，比较三种样品的光催化降解效果。

纳米 TiO_2 的光催化性能测试；紫外灯的使用

五、思考题

（1）量取钛酸四丁酯的量筒应有什么要求？

（2）锐钛矿结构的 TiO_2粉与金红石结构的 TiO_2粉 X 射线衍射图有何不同？

六、拓展阅读

钛及钛合金材料在生物医学方面的应用

钛及钛合金因具有稳定性、生物相容性、记忆性、易加工性等特点，成为公认的良好的生物医学材料。钛及钛合金材料主要用于制造外科植入物和矫形器械等产品，其在临床治疗中的应用主要包括以下四个方面。

(1)骨与关节替代物。钛及钛合金密度较小,弹性模量低,可以作为骨、关节的替换材料,例如:人工股骨头、人工髋关节等。因骨替换材料替换位置不同,其对植入物强度、韧性要求不同。在人体受力小的部位,可使用纯钛进行替换,而对受力大的部位,可使用 TC4 钛合金替换。

(2)牙科植入物。钛及钛合金被广泛应用作牙齿修复材料,可被应用于牙床、牙冠、假牙等置换。其中主要应用材料为纯钛和 TC4 钛合金。其优点有:稳定,不易被腐蚀,不易变色,对人体安全,与自然牙齿密度相似,对牙龈无刺激性以及对食物味道无改变。

(3)颅骨修复植入物。开颅手术会造成颅骨缺损,目前临床上使用钛网进行修复。将钛网与缺损部位反复比较,直到符合要求。如今,CT 三维重建系统的应用更是大大提高了手术精确度,缩短了手术时间,降低了手术复杂度,减少了术后并发症。

(4)心血管修复材料。钛及钛合金还可用于生产心脏瓣膜、血液过滤器、心脏起搏器、人工心脏泵等。其主要优点有:生物相容性优良,无磁性,在磁共振图谱中少假象,具有一定的记忆性。

第 6 章　创新实验

实验十七　纳米银的制备、形貌表征及其吸收光谱特性

一、实验目的

(1)了解还原法制备银纳米粒子的原理及方法；

(2)掌握低浓度溶液的配制方法——逐步稀释法；

(3)熟练掌握使用紫外分光光度计测量吸收光谱的方法；

(4)理解纳米尺寸效应与纳米材料特性之间的关系。

纳米银

二、实验原理

1.还原法制备纳米银颗粒

纳米银材料作为金属纳米材料的一种，具有金属纳米材料的所有特性，即小尺寸效应、表面效应、量子尺寸效应及宏观量子隧道效应，这些效应使得银纳米材料具有不同于其它常规材料的物理化学性质，并且进一步衍生出特殊的功能和用途，如制备具有抗氧化性、催化性、低生物毒性、高表面活性、良好的传热导电性等特点的材料。纳米银材料已被广泛应用于化学催化、传感器研制、能源、印刷、电子和生物技术等诸多领域。目前制备纳米银的方法有光化学还原法、化学还原法、模板法等。采用不同制备方法和制备条件可合成不同尺寸、形貌和性能的纳米银材料。

本实验采用还原法制备纳米银。在柠檬酸钠、过氧化氢以及溴化钾的存在下，硝酸银溶液和还原剂硼氢化钠发生以下反应：

$$NaBH_4 + AgNO_3 + H_2O \longrightarrow Ag\downarrow + NaNO_3 + H_3BO_3 + H_2\uparrow$$

随着银离子的减少，金属银开始聚集，进而形成纳米粒子。体系中柠檬酸钠可以起到稳定纳米粒子表面电荷的作用。柠檬酸根首先与银离子形成络合物，然后与纳米粒子表面上的 Ag^+ 缔合，使得粒子表面产生负电层，从而避免其聚集。若体系中没有稳定剂，阴离子会被还原得到块状金属或严重聚集的黑色沉淀。过氧化氢通过氧化 Ag 单质使得体系中 Ag^+ 的还原和 Ag 的氧化达到平衡，进而促进具有合适粒径的纳米粒子形成。体系中溴化钾的存在，实现了对颗粒生长大小的控制：在较高浓度下，溴化钾会更大程度地限制纳米粒子的生长，进而导致小尺寸纳米银颗粒的产生。Br^- 与银表面强结合，抑制金属银表面的生长。Br^- 的这种强结合特性，是因为粒子表面存在 Ag^+。本实验所使用试剂的体积和浓度经过调节、试验，可制得纳米银三角。其它形状的银纳米粒子，如立方体、八面体等，可以在不同的实验条件下形成[1]。

柠檬酸钠的分子结构如下：

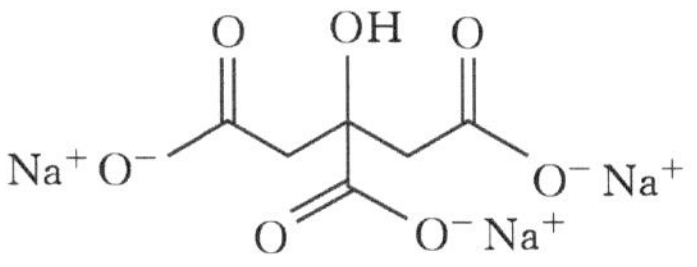

柠檬酸钠

2.吸收光谱与摩尔吸光系数

根据纳米材料的尺寸效应，纳米银的自由电子可以在特定能量下振荡并吸收电磁辐射，从而在其表面产生质子共振。不同粒径和形状的纳米银颗粒，其表面质子共振所吸收光的波长也不同，因此银纳米粒子在溶液中呈现不同的颜色，这一特点通常可用吸收光谱进行检测。同时，利用纳米银溶液的吸收特性，也可以对纳米粒子的大小进行初步判断。

物质对光的吸收通常用吸收光谱(图 6－17－1)描述。吸收光谱是描述吸光度随波长(或波数、频率)变化的曲线。

图 6－17－1　吸收光谱

溶液对光的吸收定律(又称 Lambert-Beer 定律)定量地描述了光通过物质溶液时被吸收的程度与吸光分子浓度以及吸收光程之间的关系。当光通过含有吸光分子的介质时，随着吸光分子被激发，光强也会发生相应的衰减，这就是物质对光的吸收作用。发生吸收的光程越长，或媒介中吸光分子的浓度越高，这种吸收作用就会越强。如图 6－17－2，当单色光穿过厚度为 b、浓度为 c 的溶液时，光的发光强度由 I_0变为 I。定义透射比 T 为

$$T=I/I_0$$

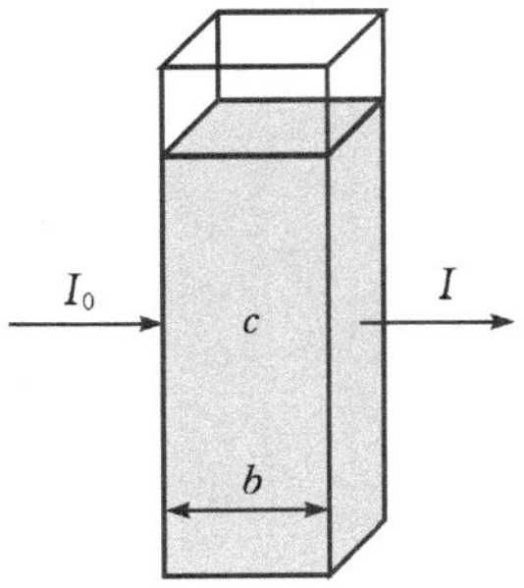

图 6－17－2　溶液对光的吸收

定义吸光度 A 为

$$A=-\lg T=-\lg\frac{I}{I_0}=\lg\frac{I_0}{I}$$

注意：吸光度 A 是一个无量纲的物理量。根据 Lambert-Beer 定律，吸光度与吸光物质浓度 c、吸收光程 b 成正比，即

$$A=\lg(\frac{I_0}{I})=abc$$

式中：比例系数 a 称为吸光系数。当式中 c 的单位为 $mol\cdot L^{-1}$，b 的单位为 cm 时，比例系数

写作 ε，称为摩尔吸光系数，有：

$$A=\varepsilon bc$$

式中：ε 的单位为 $L \cdot mol^{-1} \cdot cm^{-1}$。

吸光物质均具有吸收光谱以及最大吸收波长。通常在最大吸收波长下测量、分析，可以得到更高的灵敏度。在本实验中，首先通过测量 350～850 nm 波长范围内的吸收曲线，绘制出纳米银溶液的吸收光谱；然后在最大波长下，进一步根据 Lambert-Beer 定律进行线性拟合。

3.透射电镜及纳米材料形貌表征

透射电子显微镜(Transmission Electron Microscope，TEM)可通过高能电子束穿透试样发生散射、吸收、干涉和衍射，在相平面形成衬度，显示出明暗不同的影像。透射电子显微镜可以用于观察样品的精细结构，可提供晶体形貌、分子量分布、微孔尺寸分布、多相结构和晶格与缺陷等信息。TEM 在材料学、物理学和生物学相关的许多科学领域都是重要的分析方法。本实验采用 TEM 来考察纳米银的粒径和形貌。

扫描透射电镜(Scanning Transmission Electron Microscopy，STEM)是在扫描电镜上配置透射附件，应用透射模式得到物质的内部结构信息，使其既有扫描电镜的功能，又具备透射电镜的功能。与透射电镜相比，由于 STEM 加速电压低，特别适合于有机高分子、生物等软材料样品的透射分析。在 STEM 模式下，采用能谱附件，可获取纳米材料元素分布信息。本实验采用 STEM 考察元素分布。

TEM

TEM 仪器外观及纳米银三角 TEM 图如图 6－17－3 所示。

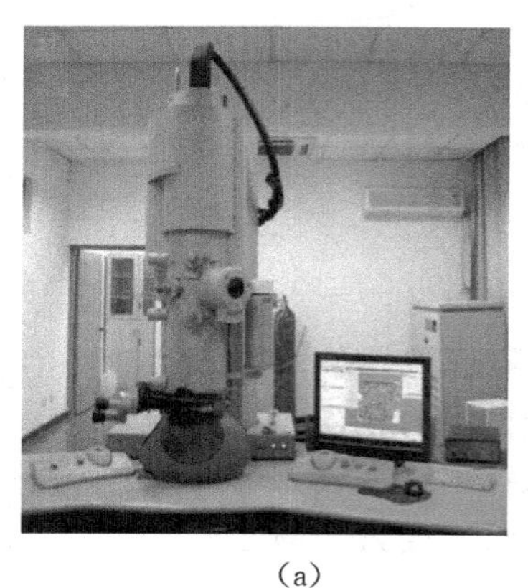

(a)

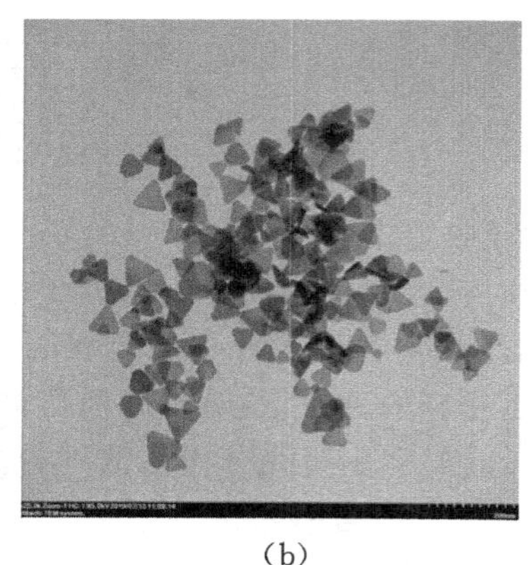

(b)

图 6－17－3　TEM 仪器及纳米银三角 TEM 图

三、实验试剂及仪器

试剂：$NaBH_4$、$Na_3C_6H_5O_7 \cdot H_2O$(9×10^{-4} $mol \cdot L^{-1}$)、$AgNO_3$(1.0×10^{-3} $mol \cdot L^{-1}$)、$AgNO_3$(3.75×10^{-4} $mol \cdot L^{-1}$)、H_2O_2(5.0×10^{-2} $mol \cdot L^{-1}$)、KBr(1.0×10^{-3} $mol \cdot L^{-1}$)、$NaBH_4$(5.0×10^{-3} $mol \cdot L^{-1}$，现配，注意配制过程需在冰浴中进行)。

注：以上所有溶液用超纯水(电阻率≥18.2 MΩ·cm)配制。

仪器：小烧杯、50 mL 容量瓶、玻璃棒、量筒、比色管、分光光度计、磁力搅拌器、搅拌子、50 mL

锥形瓶、2 mL 移液管、5 mL 移液管、微量移液器(移液枪，20～50 μL、200 μL)、20 mL 玻璃试剂瓶。

四、实验内容及步骤

1.逐步稀释法配制 5.0×10^{-3} mol·L^{-1} $NaBH_4$溶液

准确称取 0.04 g $NaBH_4$固体于小烧杯中，用少量蒸馏水溶解，转移至 50 mL 容量瓶中，用蒸馏水洗涤并将洗液转移至容量瓶中(重复 3 次)，用蒸馏水定容至刻度线，摇匀，得 5.0×10^{-2} mol·L^{-1} $NaBH_4$溶液。用移液管移取上述溶液 5 mL 至 50 mL 容量瓶，用蒸馏水定容至刻度线，摇匀，得 5.0×10^{-3} mol·L^{-1} $NaBH_4$溶液。

2.纳米银三角的制备

取 4 个 20 mL 玻璃试剂瓶，标号 1～4。按照表 6－17－1，向 4 个试剂瓶中分别按序加入 2.0 mL 的 9.0×10^{-3} mol·L^{-1}柠檬酸钠溶液、5.0 mL 的 3.75×10^{-4} mol·L^{-1}硝酸银溶液和 5.0 mL 的 5.0×10^{-2} mol·L^{-1}过氧化氢溶液；然后向每个试剂瓶中加入不同体积(0 μL，20 μL，25 μL，40 μL)的 1.0×10^{-3} mol·L^{-1}溴化钾溶液；最后分别加入 2.5 mL 新制的 5.0×10^{-3} mol·L^{-1}硼氢化钠溶液。盖上试剂瓶盖，迅速混合，搅拌均匀。观察并记录颜色变化。

纳米银的制备

表 6－17－1　纳米银三角的制备

试剂	1 号	2 号	3 号	4 号
9.0×10^{-3} mol·L^{-1}柠檬酸钠溶液	2.0 mL	2.0 mL	2.0 mL	2.0 mL
3.75×10^{-4} mol·L^{-1} $AgNO_3$溶液	5.0 mL	5.0 mL	5.0 mL	5.0 mL
5.0×10^{-2} mol·L^{-1} H_2O_2溶液	5.0 mL	5.0 mL	5.0 mL	5.0 mL
1.0×10^{-3} mol·L^{-1} KBr 溶液	0 μL	20 μL	25 μL	40 μL
5.0×10^{-3} mol·L^{-1} $NaBH_4$溶液	2.5 mL	2.5 mL	2.5 mL	2.5 mL

3.吸收光谱测量及摩尔吸光系数测定

预热分光光度计 10 min 后，用去离子水做参比调零。在干净的比色皿中加入 1 号纳米银溶液，在 400～800 nm(间隔 10 nm)波长下，测量此试液吸光度。注意每个波长下光度计均须调零，且每次调零须用同一比色皿。对 2～4 号纳米银溶液重复此操作。

根据实验结果，确定 4 号纳米银溶液的最大吸收波长 λ_{max}，并在 λ_{max}下调零。用移液管量取 10 mL 4 号溶液至另一玻璃瓶中，再用另一干净移液管移入 10 mL 去离子水，并用玻璃棒搅拌。重复以上步骤，进一步完成 1∶2、1∶3 以及 1∶4 的稀释。对五种浓度的溶液，在最大吸收波长下分别测量其吸光度，记录数据。

4.纳米银形貌的测量

离心浓缩样品，在干净滤纸上放置铜网后用 200 μL 移液枪移取 50 μL 纳米银样品溶液，滴加在铜网上，晾干并编号。将样品送至测试中心透射电子显微镜室进行检测。获得 TEM 图后，分析数据并绘制样品粒径分布图。

移液枪的使用

五、数据记录

1.样品颜色及吸收光谱

将实验数据记录于表 6－17－2 至表 6－17－4 中。

表 6－17－2　溶液颜色变化记录

序号	1 号	2 号	3 号	4 号
颜色变化				

表 6－17－3　纳米银溶液吸收光谱

波长/nm	吸光度				波长/nm	吸光度			
	溶液 1	溶液 2	溶液 3	溶液 4		溶液 1	溶液 2	溶液 3	溶液 4
350					610				
360					620				
370					630				
380					640				
390					650				
400					660				
410					670				
420					680				
430					690				
440					700				
450					710				
460					720				
470					730				
480					740				
490					750				
500					760				
510					770				
520					780				
530					790				
540					800				
550					810				
560					820				
570					830				
580					840				
590					850				
600									

表 6-17-4　各浓度纳米银溶液吸光度

λ_{max} =　　　　nm

纳米银三角溶液浓度/($\times 10^{-6}$ mol/L)	129	64.7	32.3	16.2	8.08
最大波长下的吸光度					

2.纳米银的粒径分布图的绘制

绘制纳米银粒径分布图。

六、思考题

(1)为什么加入不同量 KBr,纳米银溶液呈现不同颜色?

(2)体系中,柠檬酸钠、$NaBH_4$起什么作用?

(3)查阅文献,了解银纳米粒子粒径与银溶液吸收光谱的关系。

七、拓展阅读

银离子的抑菌作用

银离子具有抑菌作用,会对微生物的生命活力产生不良影响,具体表现为影响微生物的生长、繁殖甚至导致微生物死亡[1]。银离子的抑菌作用可以从以下两个方面进行解释。

首先,银离子可以干扰微生物的正常繁殖[2]。银离子作为阳离子可被吸附进入细菌的细胞膜内,引起蛋白质代谢失调,进而导致细菌的繁殖机能停止。此外,由于细菌细胞壁的主要成分是肽聚糖,银离子亦可干扰细胞壁中多糖链与四肽的交联,从而破坏细菌细胞的完整性,引起渗透压调节机制失活,进而导致细胞死亡。

其次,银离子较为活泼,在光和水分存在时,会激活并产生活性氧(ROS)[3]。活性氧拥有数倍于紫外线和臭氧的氧化分解能力,对细菌和病毒具有杀灭分解效果。

人类很早就开始使用银器,并发现在银制食器中的食品不易变质,银制耳环不会使皮肤感染。这是因为,金属银的表面会因水分附着而释放少量银离子,从而产生杀菌、消毒的作用。如今,纳米银已经被广泛应用于纺织、净水工业,市售可见含有纳米银的内衣、袜子以及空气净化装置等新型科技产品。

八、参考文献

[1]FRANK A J CATHCART N, MALY K, et al.Synthesis of Silver Nanoprisms with Variable Size and Investigation of Their Optical Properties:A First-Year Undergraduate Experiment Exploring Plasmonic Nanoparticles[J].Journal of Chemical Education,2010,87(10):1098-1101.

[2]RAI M K, DESHMUKH S D, INGLE A P, et al. Silver nanoparticles: the powerful nanoweapon against multidrug-resistant bacteria[J]. Journal of Applied Microbiology, 2012,112(5):841-852.

[3]CHAIRUANGKITTI P, LAWANPRASERT S T, ROYTRAKUL S, et al.Silver nanoparticles induce toxicity in A549 cells via ROS-dependent and ROS-independent pathways[J].Toxicology in Vitro,2013,27(1):330-338.

实验十八　多色荧光碳点材料的制备及荧光光谱特性

一、实验目的

(1)了解碳纳米材料的结构组成和发光原理;

(2)了解荧光碳点材料的聚合-碳化制备方法;

(3)掌握荧光纳米材料的表征分析方法。

二、实验原理

1.荧光碳点材料

包括石墨烯(二维纳米材料)、碳纳米管(一维纳米材料)以及富勒烯(零维纳米材料)在内的多种碳纳米材料因其独特、卓越的理化性质,被广泛应用于材料科学、化学以及生物医学等领域。2004 年,在利用凝胶电泳技术分离纳米碳管时,科学家首次发现了荧光碳点,由于其独特的发光特性,碳点的研究在近年来获得了多领域研究者的广泛关注。

碳点是一类球型或近似球型、尺寸小于 10 nm 的零维碳纳米材料,通常由 sp^2 杂化的碳结构核心和丰富的表面基团构成。碳点的几何尺寸、元素掺杂和表面状态共同决定了其发光特性。通过对碳点尺寸、掺杂和表面基团的调控,可制备获得具有不同激发特性和发光色彩的系列荧光纳米材料,可用于发光材料、荧光探针、光催化材料的构建。荧光碳点的发光原理如图 6-18-1 所示。

多色荧光碳点的制备与表征

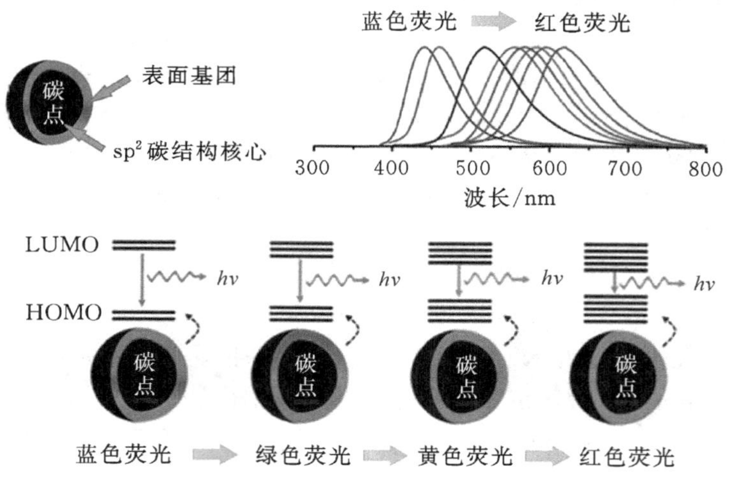

图 6-18-1　荧光碳点的发光原理

2.荧光碳点的制备方法

荧光碳点的制备方法可以分为“自上而下”(top-down)法和“自下而上”(bottom-up)法两大类。自上而下法以块状石墨为原料,通过激光刻蚀、电解、酸剥离等方法,将块状石墨材料粉碎,解离成纳米尺寸的碳点;自下而上法则是利用柠檬酸、乙二胺、尿素等有机小分子为前驱体，使用微波加热、溶剂热等方法，通过小分子的聚合-碳化过程制备纳米尺寸的碳点。通过选择合适的有机前驱体分子和适当的反应温度、反应时间，采用自下而上法可较方便地制备具有不同几何尺寸和发光特性的荧光碳点。通过在碳点材料内掺入氮、硫、磷等元素，或使用小分子/聚合物修饰碳点的表面，还可实现碳点发光特性的进一步调控。

本实验选择柠檬酸铵和尿素为小分子前驱体，通过柠檬酸铵和尿素的固相加热反应制备氮元素掺杂的绿色荧光碳点，如图6-18-2所示；使用柠檬酸为小分子前驱体，制备蓝色荧光碳点。这一固相制备方法具有简便、快捷、产率高的优势，反应过程不使用有机溶剂或重金属元素，加热时间短，能耗较低，绿色环保。

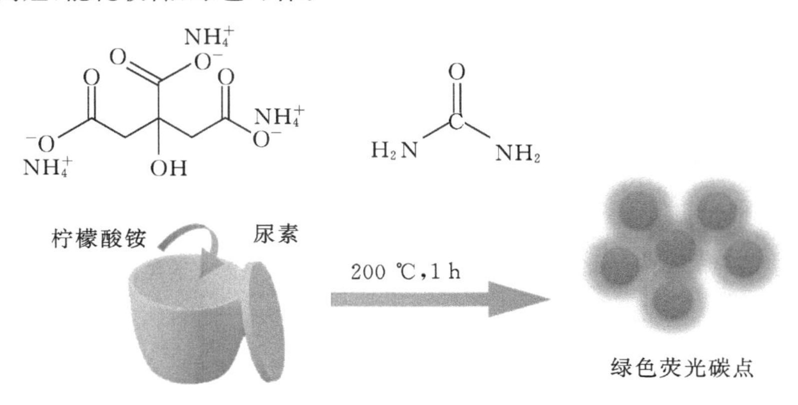

图6-18-2　荧光碳点的固相合成

3.荧光碳点的荧光光谱特性

使用透射电子显微镜、原子力显微镜等显微成像技术，可实现荧光碳点材料几何尺寸和形貌结构的表征；X射线衍射分析和拉曼光谱分析可用于荧光碳点碳结构核心的石墨化程度表征；X射线光电子能谱分析可确定荧光碳点的元素组成和掺杂情况。荧光碳点材料的发光特性分析，包括对材料的荧光激发光谱、荧光发射光谱、荧光量子产率以及荧光寿命等光谱特性的测量。

荧光发射光谱和量子产率决定了荧光碳点作为发光材料的主要性能。荧光碳点的荧光发射光谱的形状和峰值决定了其发光的颜色，而量子产率决定了荧光碳点的发光效率。一般而言，发光峰值位于400～500 nm的荧光碳点发蓝光；发光峰值位于500～540 nm的荧光碳点发绿光；发光峰值位于540～570 nm的荧光碳点发黄光；发光峰值位于570～650 nm的荧光碳点发红光，如图6-18-3所示。荧光量子产率(Quantum Yield，一般用ϕ表示)为荧光材料吸光后所发射的荧光的光子数与所吸收的激发光的光子数之比值

$$\phi=\frac{发射荧光光子数}{吸收激发光光子数}$$

量子产率为一个小于1的无量纲数，量子产率越接近1，材料的发光效率也越高。量子产率的常用测定方法可分为绝对法和相对法两类。量子产率的绝对法测定是将待测样品与一个不损失激发光的反射标准品做比较，由于样品的荧光发射覆盖了各个方向，因此绝对法量子产率准确测定需要使用积分球等专用设备，方法繁琐，容易引入误差。量子产率的相对法测定，是用已知量子产率的物质样品作为标准，通过测量、比较标准品与待测样品对同一波长的光吸

收相近(吸收光子数相同,即吸光度相同)的情况下的荧光发射面积(强度),计算待测样品的量子产率

荧光碳点数据处理

$$\phi_{待测}=\frac{n_{待}^2}{n_{标}^2}\times\frac{标准品吸光值\ A_{标}}{待测样品吸光值\ A_{待}}\times\frac{待测样品荧光光谱面积\ D_{待}}{标准品荧光光谱面积\ D_{标}}\times\phi_{标准}$$

其中:n 表示折光率。罗丹明 6G 的乙醇溶液具有 0.95 的量子产率,可以作为标准品用于荧光量子产率的测定。

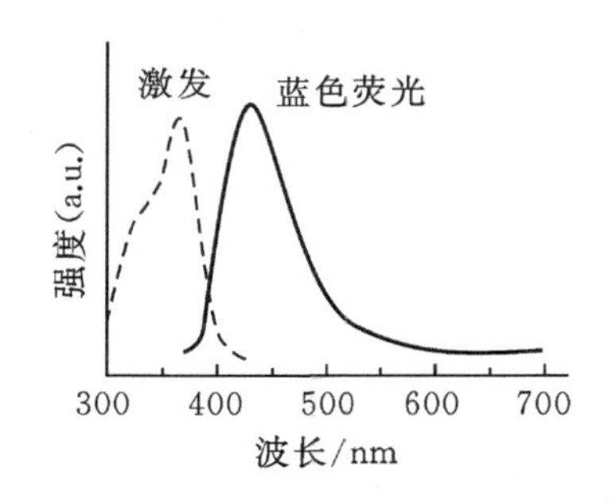

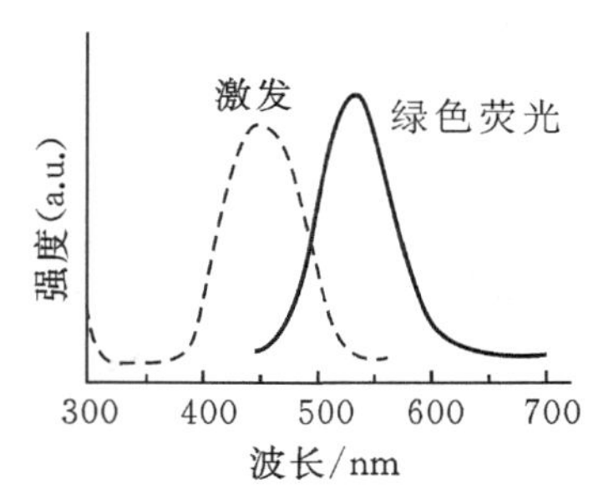

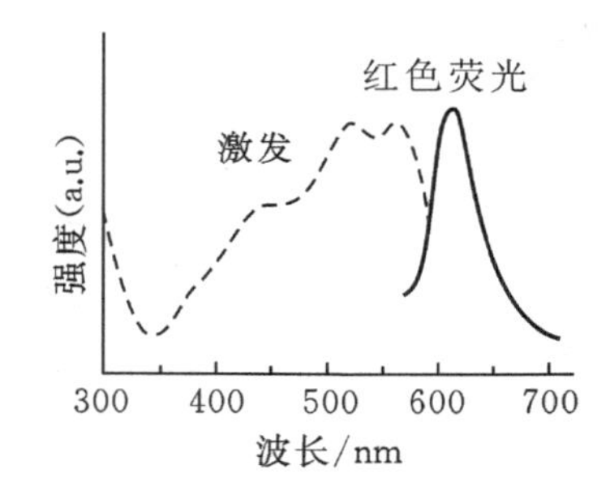

图 6-18-3　荧光碳点的发光光谱与发光颜色的关系

三、实验试剂及仪器

试剂:柠檬酸铵、尿素、柠檬酸、无水乙醇、罗丹明 6G、聚乙烯醇 203。

仪器:电热恒温干燥箱、研钵、坩埚、烧杯、离心机、紫外灯、紫外-可见分光光度计、荧光光谱仪、普通漏斗(小)。

四、实验内容及步骤

1.多色荧光碳点的制备

多色荧光碳点

绿色荧光碳点的制备:向研钵中加入 0.2 g 柠檬酸铵和 0.2 g 尿素粉末,充分研磨,使两种前驱体粉末混合均匀,再将混合后的粉末转移至坩埚中,于 200 ℃下加热 1 h 后,将所得产物转移溶解至 200 mL 去离子水中,用慢速滤纸过滤,得绿色荧光碳点水溶液。

蓝色荧光碳点的制备:取 0.2 g 柠檬酸置于坩埚内,于 200 ℃下加热 1 h,将所得产物转移并溶解至 200 mL 去离子水中,用慢速滤纸过滤,得蓝色荧光碳点水溶液。

2.荧光碳点荧光光谱与量子产率的测定

取制备所得荧光碳点溶液,用去离子水稀释,得到浅黄色澄清溶液,将溶液置于紫外灯下,观察溶液的荧光颜色。取制备所得荧光碳点溶液,用去离子水定量稀释,测定其紫外-可见吸收光谱;用荧光分光光度计测量荧光激发与发射光谱。

配制 5×10^{-6} mol·L^{-1}罗丹明 6G 乙醇溶液,测定其于 405 nm 波长处的吸光度,使用去离子水稀释荧光碳点溶液,使其在 405 nm 处具有与罗丹明 6G 乙醇溶液相近的吸光度。以 405 nm 为激发波长,以同样的条件分别测量荧光碳点溶液与罗丹明 6G 乙醇溶液的荧光发射光谱,使用相对法计算制备所得碳点

分光荧光光度计

溶液的量子产率。

3.多色荧光薄膜的制备

取制备所得蓝色和绿色荧光碳点溶液，分别按照 1∶100、2∶100 以及 4∶100 的体积比与 10%(质量分数)的聚乙烯醇 203 溶液混合，搅拌均匀后，将掺有荧光碳点的聚乙烯醇 203 溶液倾倒于玻璃板上，于 60 ℃烘箱内烘干，得到具有不同荧光亮度的荧光薄膜。取制备所得荧光碳点溶液，按照"蓝色荧光碳点∶绿色荧光碳点∶聚乙烯醇溶液"体积比 2∶2∶100、1∶3∶100 和 3∶1∶100 的比例混合三种溶液，搅拌均匀后，将掺有荧光碳点的聚乙烯醇 203 溶液倾倒于玻璃板上，于 60 ℃烘箱内烘干，得到具有不同荧光颜色的荧光薄膜。

五、思考题

(1)氮元素是怎样掺入制备所得的荧光碳点材料内的?

(2)荧光碳点的发光颜色与其荧光光谱峰值有何关系?

(3)若使用无水乙醇溶解荧光碳点，测量所得荧光发射光谱和量子产率是否会发生改变?

六、拓展阅读

荧光和磷光

荧光(Fluorescence)和磷光(Phosphorescence)是两种不同的发光形式。荧光是指物质吸收一定波长的电磁辐射后，立即以发光的形式释放出能量的过程。对荧光而言，入射波的波长一般短于发射波波长，其入射与发射的时间间隔也很短，通常难以察觉。在一些犯罪现场，利用紫外光照射从而显现血迹，就是对荧光的利用。但在日常生活中，人们通常把较为弱的光都称为荧光，这和其科学定义是不相符合的。磷光是与荧光不同的发光现象，差异主要表现为发光物质吸收入射光和释放出射光的时间间隔更长。也就是说，磷光是指发光物质吸收激发光源后，缓慢地释放出射光的发光现象。因而生活中常见的"暗处发光"的物质，通常都是磷光材料。

七、参考文献

[1]DING H, YU S B, WEI J S, et al.Full-Color Light-Emitting Carbon Dots with a Surface-State-Controlled Luminescence Mechanism[J].ACS Nano,2016,10:484－491.

[2]MIAO X, QU D, YANG D X, et al.Synthesis of Carbon Dots with Multiple Color Emission by Controlled Graphitization and Surface Functionalization[J].Advanced Materials, 2017,30(1).

[3]KHAN W U, WANG D, WANG Y H. Highly Green Emissive Nitrogen-Doped Carbon Dots with Excellent Thermal Stability for Bioimaging and Solid-State LED[J].Inorganic Chemistry,2018,57(24):15229－15239.

实验十九　磁流体的制备及其磁性能的表征

一、实验目的

(1)掌握共沉淀法制备纳米磁性 Fe_3O_4 粒子的原理；

(2)了解磁性材料磁性能的表征方法；

(3)理解不同磁性材料磁化曲线的基本特点。

共沉淀法 Fe_3O_4 磁流体的制备及磁性能表征

二、实验原理

1.磁流体

磁流体是在磁场存在时发生极化现象的液体，主要由纳米磁性粒子、载流体(有机溶液或水)以及表面活性剂组成。磁流体中的磁性颗粒通常是纳米磁性 Fe_3O_4 粒子，其合成有两个关键步骤：第一步是制备稳定的纳米磁性粒子(直径约 100 Å①)，第二步是利用表面活性剂将这些磁性颗粒分散到其载液中，以制得胶体悬浮液。表面活性剂是磁性颗粒在液体环境中的分散剂，能粘附在颗粒上并在它们之间形成净排斥，从而增加颗粒聚集所需的能量。

铁流体最初于 20 世纪 60 年代制得，曾被 NASA 用于在太空中控制液体燃料移动。在其原始制备方法中，需首先将细碎的磁铁矿在球磨机中研磨数周，以获得具有合适尺寸的颗粒。在研磨的过程中，亦需加入载体液体、表面活性剂和分散剂，以防止纳米颗粒聚集，过程较为复杂。本实验采用共沉淀法制备纳米磁性 Fe_3O_4 粒子。

共沉淀法是通过在室温或高温下向 Fe^{2+}/Fe^{3+} 盐溶液中加入碱来合成纳米磁性 Fe_3O_4 粒子的方法。在共沉淀过程中，将前体物质的离子积控制在溶度积以下，或使其处于过饱和亚稳定的可溶状态，此时溶液主体发生的沉淀即会引发前体物一并沉淀。在本实验中，将沉淀剂 $NH_3\cdot H_2O$ 滴加至前体溶液中，即可引发水解与共沉淀。通过共沉淀方法所合成的纳米磁性 Fe_3O_4 粒子，其性质很大程度上取决于所用盐的类型、Fe^{2+}/Fe^{3+} 比、反应温度、pH 值以及介质的离子强度。对这种合成方法而言，一旦合成条件固定，纳米磁性 Fe_3O_4 粒子的特征完全可再现[1]。

$$Fe^{2+} + Fe^{3+} + OH^- \longrightarrow Fe(OH)_2/Fe(OH)_3 \text{(形成共沉淀)}$$

$$Fe(OH)_2 + Fe(OH)_3 \longrightarrow FeOOH + Fe_3O_4 \text{(pH 值小于 7.5)}$$

$$FeOOH + Fe^{2+} \longrightarrow Fe_3O_4 + H^+ \text{(pH 值大于 9.2)}$$

纳米磁性 Fe_3O_4 粒子在一般条件下稳定性较差，易被氧化为 Fe_2O_3，或直接与酸性介质反应。考虑到 Fe_2O_3 同样具有磁性且不易被氧化，在制备过程中可先将 Fe^{2+} 溶于酸性介质中以获得稳定的 Fe^{3+} 溶液。此外，由于粒径不均一的颗粒具有不理想的磁特性，另一个需要考虑的问题是如何制得单分散的纳米磁性 Fe_3O_4 粒子。为解决此问题，通过共沉淀法合成纳米时，亦可选择合适的表面活性物质(如离子型表面活性剂)作为稳定剂，以提高产物的质量。

离子型表面活性剂的存在对金属氧化物或羟基氧化物生成的作用可以通过两种竞争机制来解释。一方面，由于成核数量较少，并且系统被颗粒生长程度所限，金属离子的螯合作用可以防止成核并促进更大尺寸的可溶粒子形成。另一方面，核上吸附额外的粒子，也会抑制其进一步聚集、沉淀。为了使纳米磁性 Fe_3O_4 粒子保持悬浮状态，其粒径需要接近 10 nm。在室温下，这些胶体颗粒的热能与重力场和磁场中的能量具有相同的数量级，约为 4×10^{-21} J，故颗粒可以保持悬浮状态。因此，在磁性材料制备和应用中常常加入表面活性剂以改变磁性材料

① 1 Å $=0.1$ nm $=10^{-10}$ m。

的粒径大小和稳定性。

2.磁性材料表征手段——磁化曲线

磁性材料通常可分为抗磁质、顺磁质以及铁磁质。磁化曲线是描述物质内部磁场强度随磁感应强度或磁化强度变化的曲线,如图 6－19－1 所示。

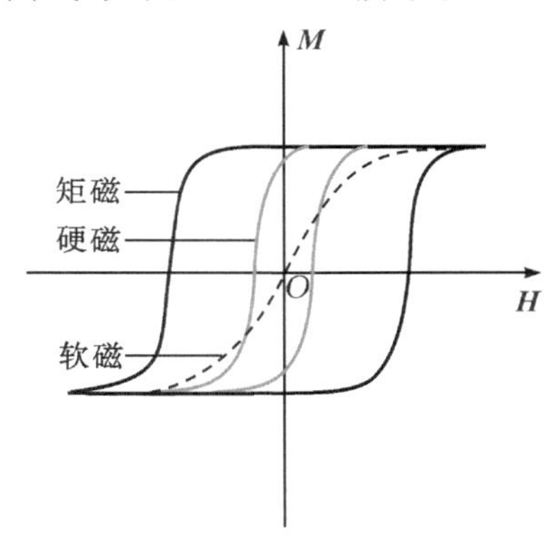

图 6－19－1　软磁、硬磁和矩磁材料的磁滞回线

铁磁质的磁化曲线较为特殊,又被称为磁滞回线。根据铁磁质磁滞回线(见图 6－19－1)的特点,可以将其分为软磁、硬磁和矩磁三种。其中软磁材料易磁化、易退磁,硬磁材料适于制造永磁体,矩磁材料适合用于计算机记忆元件的制造。磁滞现象是指铁磁质在磁化、去磁化过程中的磁化强度依赖于外磁场强度以及原先磁化强度的现象,在磁滞回线中具体表现为磁化强度($\boldsymbol{M}$)的变化滞后于磁场强度($\boldsymbol{H}$)的变化(见图 6－19－2)。设置铁磁质样品所处的起始磁场强度($\boldsymbol{H}$)为 0,逐渐增大磁化场的磁场强度,磁化强度 $\boldsymbol{M}$ 将随之沿图 6－19－2 中曲线 OAB 增加,直至到达饱和值($\boldsymbol{M}_s$)。此时若减小 $\boldsymbol{H}$,磁化曲线不会沿着起始磁化曲线返回,而是从 B 点开始沿 BD 方向变化。当 $\boldsymbol{H}=0$ 时 $\boldsymbol{M}\neq 0$,这种现象可理解为 $\boldsymbol{M}$ 的变化滞后于 $\boldsymbol{H}$ 的变化,称为磁滞。要使 $\boldsymbol{M}$ 减至零,必须反向加强磁场强度,直至 $-\boldsymbol{H}_{cm}$ 时 $\boldsymbol{M}$ 才为零,称此时的 $\boldsymbol{H}$ 为矫顽力($\boldsymbol{H}_{cm}$)。闭合曲线 $BNDEFGB$ 称为磁滞回线(Hysteresis Loop),不同的铁磁质具有不同形状的磁滞回线。磁滞回线可以反映铁磁质的磁化性能,在生产实践中具有重要指导意义。根据磁滞回线特征及其所显示的矫顽力($\boldsymbol{H}_{cm}$)大小,铁磁材料可被分为软磁材料、硬磁材料和矩磁材料等。

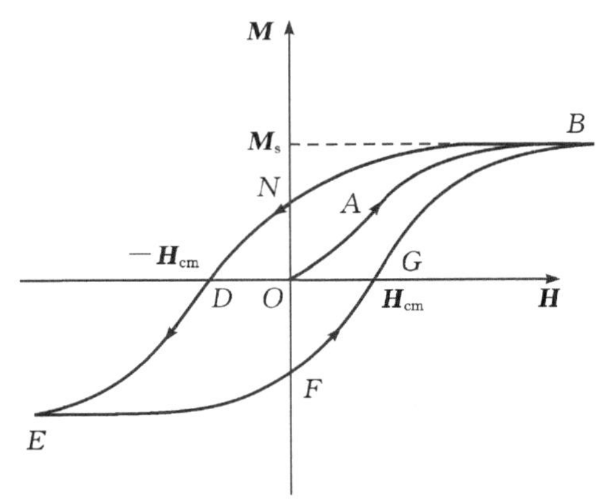

图 6－19－2　铁磁性物质的磁滞回线

磁性材料的磁性能测试常采用磁学测量系统。其中磁学测量系统（Magnetic Property Measurement System，MPMS3）又被称为超导量子干涉仪（Superconducting Quantum Interference Device，SQUID）。该仪器主要用于测量样品的磁性能以及磁光、磁电性能，其中磁性能可得样品的磁滞回线等。在测量磁滞回线时，样品的磁矩在超导探测线圈内产生感生电流，而感生电流与探测线圈里的磁通成正比，因而样品在探测线圈里的移动即可引起感生电流的变化，探测线圈的电流与 SQUID 感应耦合，SQUID 即可输出相应的电变化。SQUID 电子探测系统可以保证输出电压正比于输入电流，从而 SQUID 的输出电压即正比于样品的磁矩。

三、实验试剂及仪器

试剂：$FeCl_3$、$(NH_4)_2Fe(SO_4)_2$、氨水（1 mol·L^{-1}）、HCl（2 mol·L^{-1}）、油酸钠、乙醇、PVA。

仪器：烧杯（50 ℃，500 mL）、量筒、电子天平、强磁铁、机械搅拌器（具加热功能）、滴液漏斗、三口烧瓶、pH 试纸、玻璃棒。

滴液漏斗的使用

四、实验内容及步骤

1.纳米磁性 Fe_3O_4 粒子的制备

在通风橱中，称取 4.73 g $FeCl_3$，并加入至装有 22.9 mL 2 mol·L^{-1} HCl 的 500 mL 三口烧瓶中，机械搅拌溶解。然后向其中加入 3.92 g $(NH_4)_2Fe(SO_4)_2$，待完全溶解后，在快速机械搅拌下用分液漏斗滴加 230 mL 1 mol·L^{-1} $NH_3·H_2O$ 溶液，继续搅拌 20 min，其间反应液的颜色发生棕黄→红褐→黑的变化。待反应完成后，用强磁铁进行磁分离并弃去清液，用去离子水反复洗涤至 pH 值为 7。所得黑色固体产物即为纳米磁性 Fe_3O_4 粒子。

共沉淀法制备纳米 Fe_3O_4 粒子；机械搅拌器的使用

2.磁滞回线测定

测试所用 SQUID 系统可以对块体、薄膜、粉末样品进行测试，并设计了专门针对粉末、薄膜、块体等不同形式样品的专用样品固定板。本实验中粉末状待测样品需事先用胶囊封装，再使用铜管、生胶带固定。

在测定环节，首先设定好测试程序，包括测试温度、测试磁场、扫描速度、升降温速度、采点间隔等，点击“run”即可进行测定。测定结束后，数据保存为 dat 格式，可用 Excel 和 Origin 软件打开，进行分析和作图。

数据分析；磁学测量系统；磁滞回线数据分析

3.铁磁流体的制备

（1）制备油酸钠溶液：取 3 g 油酸钠固体于 50 mL 烧杯中，加入 20 mL 水，加热搅拌至固体完全溶解，即制得淡黄色透明的油酸钠溶液。

（2）在常温下加入步骤 1 所制备的纳米磁性 Fe_3O_4 粒子，剧烈搅拌至均匀，用强磁铁吸引最终产物，采用倾析法弃去上层液体（其中的颗粒因磁性不足而流走），所得黑色流体即为铁磁流体。

铁磁流体的制备

五、思考题

(1)在制备纳米磁性 Fe_3O_4 粒子时,加入氨水的目的是什么？有文献在此步骤中还加入了柠檬酸三钠等物质,其作用又是什么？

(2)从磁滞回线图中可以得到材料的哪些特性？

(3)制备铁磁流体时,混入油酸钠溶液的目的是什么？

六、拓展阅读

磁外科学

磁外科(Magnetic Surgery,MS)是利用特殊设计的磁性医疗器械或设备,将磁性物质间"非接触性"磁场力转化为临床诊疗中能够发挥特定功能的力,从而完成组织压榨、器官锚定、管腔导航、间隙扩张、可控示踪等功能的新兴综合性技术学科[1]。

1978 年,大洞庆郎等人首次报道了利用磁压榨技术,借助针环结构的钐钴磁体成功实现了大鼠和犬的血管吻合[2]。此后,科学家们相继利用磁压榨技术,完成了直肠吻合[3]、肠瘘儿童旁路吻合[4]等治疗。我国工程院院士候选人、西安交通大学第一附属医院肝胆外科主任吕毅教授对我国磁外科的发展做出了重大贡献。吕毅研究团队于 2012 年完成国内首例狭窄胆道磁压榨疏通术,并在 2014 年进行了世界首例磁压榨直肠阴道瘘修补术。

2018 年,第一届国际磁外科大会在西安召开。此次大会由西安交大医学部主办、西安交大一附院承办,主题为"多能的磁铁 & 智慧的手术,磁性材料在外科手术中的应用"。吕毅教授表示,近年来随着理工科的快速发展,以磁压榨吻合技术为代表的磁外科已经取得了若干重大创新和突破。

七、参考文献

[1]DALVERNY, A L, LEYRAL G, ROUESSAC F, et al.Synthesizing and Playing with Magnetic Nanoparticles:A Comprehensive Approach to Amazing Magnetic Materials[J]. Journal of Chemical Education,2017,95(1):121－125.

[2]大洞庆郎,玉木纪彦,松本悟.Magnet ringを用いた无缝合微小血管吻合法について[J]. Neurologia medico-chirurgica,1980,20(5):497－505.

[3]JANSEN A, BRUMMELKAMP W H, DAVIES G A, et al.Clinical applications of magnetic rings in colorectal anastomosis[J].Surgery, gynecology & obstetrics,1981,153(4):537－545.

[4]STEPANOV E A, VASILEV G S, NIKOLAEV V V. The treatment of intestinal fistulae in children by applying a by-pass anastomosis using magnetic devices[J].Khirurgiia,1992,(11－12):93－95.

实验二十　C@Fe_3O_4的制备及其在污水处理中的应用

一、实验目的

(1)了解水热法制备 C@Fe_3O_4的基本原理;

(2)掌握磁回收材料的性能表征方法；

(3)理解 Langmuir 等温式的原理及其拟合方法。

水热法制备 $C@Fe_3O_4$ 及磁分离在污水处理中的应用

二、实验原理

1.水热法制备 $C@Fe_3O_4$ 的原理

纳米 Fe_3O_4 的液相制备方法主要有：共沉淀法、滴定法、水解法、超声波法、水热法、空气氧化法、微乳液法等。其中共沉淀法、空气氧化法工艺简单具有工业化前景，但产物不均匀，分散性不佳；而水热法、微乳液法、滴定法以及用有机铁为原料或将无机铁盐置于有机溶剂中进行高温分解或液相反应等可制备分散性好的超顺磁性纳米 Fe_3O_4，故本实验选用水热法制备磁性材料[1]。

水热反应的原理如下：在特制的密闭反应容器(水热釜)中，以水溶液为反应介质，通过对反应容器加热，从而在反应容器内部创造一个高温、高压的反应环境，使得在常规条件下难溶或不溶于水的物质溶解、反应并重结晶，从而得到理想的产物[2]。

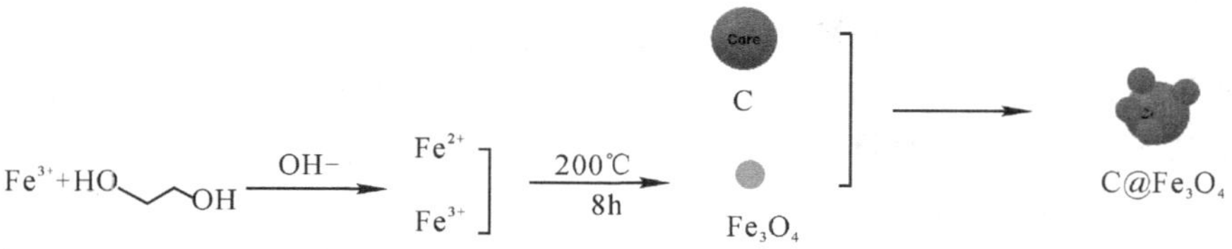

$$Fe^{3+} + HO\diagup\diagdown OH \xrightarrow{OH^-} \left.\begin{matrix} Fe^{2+} \\ Fe^{3+} \end{matrix}\right] \xrightarrow[8h]{200℃} \left.\begin{matrix} C \\ Fe_3O_4 \end{matrix}\right] \longrightarrow C@Fe_3O_4$$

图 6-20-1　$C@Fe_3O_4$ 复合材料制备流程示意图

$$2Fe^{3+} + OHCH_2CH_2OH + 2OH^- \longrightarrow 2Fe^{2+} + CH_3CHO + 2H_2O$$

$$2Fe^{3+} + Fe^{2+} + 8OH^- = Fe_3O_4 + 4H_2O$$

本实验中三氯化铁提供铁源，NaAc 水解形成氢氧根离子，氢氧根与铁配位产生铁的沉淀，而后配体分解，同时 NaAc 提供静电稳定作用，以达到防止颗粒聚集的目的，并且有助于乙二醇介导的氯化铁还原为四氧化三铁，进行形貌控制[3]。

2.磁性复合材料的吸附性能表征

磁性复合材料磁吸附率和重复性分别指磁性纳米材料吸附和再生、可重复利用的性能。在通常情况下，将使用后的吸附剂用乙醇处理，即可实现其回收利用。本实验中，通过测量“污水”样品吸光度的变化，反映吸附颗粒对染料的吸收情况。首先用分光光度计在最大吸收波长(660 nm)下测定亚甲基蓝水标准溶液的吸光度，则根据朗伯-比尔定律，吸附率 D 的公式为：

$$D = 1 - A/A_0 = 1 - C/C_0 \qquad (6-20-1)$$

其中：C_0 为初始亚甲基蓝浓度；C 为吸附后溶液中亚甲基蓝的浓度；A_0 为初始溶液的吸光度；A 为吸附后上清液的吸光度。根据该公式可根据测溶液吸附前后的吸光度得到亚甲基蓝溶液的吸附率。本实验中，应进行五次吸附、回收，并统计每次的吸附率。通过绘制吸附率-循环次数柱形图，可直观得到所制备吸附材料的回收性能。

3.活性炭吸附原理及 Langmuir 等温式

(1)活性炭吸附原理及吸附性能测试方法。本磁性复合材料对污染水的处理主要由活性炭吸附有机污染物实现。活性炭的吸附包括物理吸附和化学反应。其物理吸附是由于活性炭的多孔结构提供了大量的表面积，孔壁上的大量的分子可以产生强大的引力，从而将介质中的杂质吸引到孔径中。除了物理吸附之外，化学反应通常发生在活性炭的表面，其表面含有少量的化学结合、功能团形式的氧和氢，例如羧基、羟基、酚类、内脂类、醌类、醚类等，可以与被吸附的物质发生化学反应，从而与被吸附物质结合聚集到活性炭的表面。当活性炭在溶液中的吸附速度和解吸速度相等时，即单位时间内活性炭吸附的数量等于解吸的数量时，被吸附物质在溶液中的浓度和在活性炭表面的浓度均不再变化，从而达到了平衡[6]。

(2)Langmuir 等温式。等温吸附曲线是用来描述吸附过程的重要理论工具。在本实验中，$C@Fe_3O_4$对污水中染料的吸附特征可用 Langmuir 等温式进行拟合。在研究固体颗粒对染料分子的吸附(Adsorption)过程中，假设吸附过程是一个基元反应，即吸附速率 r_{ads}正比于污水中染料分子的浓度 $c(\mathrm{mg\cdot L^{-1}})$。此外，定义固体吸附物质的表面覆盖率为 Γ/Γ_m，其中 Γ 表示吸附的表面积，Γ_m 表示该材料的总表面积，吸附速率还正比于吸附剂固体表面的未覆盖率$(1-\Gamma/\Gamma_m)$。因此吸附速率 r_{ads}可以表示为

$$r_{ads}=k_{ads}\cdot c\cdot(1-\Gamma/\Gamma_m)$$

吸附在固体表面上的分子亦会经历脱附(Desorption)过程。脱附过程通常被认为是零级反应，因而脱附速率 r_{des}可以表示为

$$r_{des}=k_{des}\cdot\Gamma/\Gamma_m$$

在吸附达到平衡时，有

$$r_{ads}=r_{des}$$

即

$$k_{ads}\cdot c\cdot(1-\Gamma/\Gamma_m)=k_{des}\cdot\Gamma/\Gamma_m$$

整理得

$$\frac{\Gamma}{\Gamma_m}=\frac{k_{ads}\cdot c}{k_{ads}\cdot c+k_{des}}$$

令

$$K=\frac{k_{ads}}{k_{des}}$$

则固体吸附剂表面的覆盖率 Γ/Γ_m 可以表示为

$$\frac{\Gamma}{\Gamma_m}=\frac{K\cdot c}{K\cdot c+1} \tag{6-20-2}$$

此式即为 Langmuir 吸附等温式，式中 K 称作 Langmuir 常数，在一定条件下为定值。此式变形得

$$\frac{1}{\Gamma/\Gamma_m}=1+\frac{1}{K\cdot c} \tag{6-20-3}$$

由于 Γ/Γ_m 难以直接测得，因此可以用与其成正比的物理量来代替，例如吸附前后单位面积的质量变化 Δm、吸附前后被吸附物质的浓度变化 Δc、吸附前后溶液吸光度的变化 ΔA 等。本实验利用溶液吸光度的变化来反映吸附情况。由于

$$\Delta A\propto\Gamma/\Gamma_m$$

令比例常数 κ 满足 $\Delta A=\kappa\cdot\Gamma/\Gamma_m$，带入式(6-20-3)可得

$$\frac{1}{\Delta A}=\frac{1}{\kappa}+\frac{1}{\kappa Kc}$$

在本实验中，通过测定不同已知浓度污水样品吸附前后的吸光度，即可拟合相应的 Langmuir 等温吸附曲线，并获得该条件下的 Langmuir 常数。

三、试剂或材料

乙二醇(分析纯)、六水合三氯化铁(分析纯)、无水乙酸钠(分析纯)、活性炭粉(分析纯)、亚甲基蓝溶液($10\ mg \cdot L^{-1}$)。

四、仪器和表征方法

50 mL 水热釜、量筒、100 mL 烧杯、胶头滴管、电子天平、强磁铁、马弗炉、烘箱、振荡器、722 型分光光度计、磁力搅拌器、X 射线衍射仪、磁学测量系统。

五、实验方法及步骤

1.制备 C@Fe_3O_4

在 100 mL 烧杯中加入 20 mL 乙二醇,再加入 0.9 g 氯化铁搅拌至完全溶解后加入 0.5 g 碳粉搅拌,再加入 1.8 g 醋酸钠,搅拌 0.5 h,溶液呈黏稠状,转入 50 mL 水热釜内胆,密封,200 ℃下反应 8 h。待溶液冷却至室温后,加入适量去离子水和乙醇反复洗涤后,使用强磁铁吸引,倾倒上层液体,重复此操作,最后将所得样品分散于适量无水乙醇中,干燥备用。

水热法制备 C@Fe_3O_4 及在污水处理中的应用;水热釜

注意:水热斧放凉后再取出,以免烫伤。需采用磁分离进行后处理,去除没有复合的碳材料。

2.XRD 表征及数据处理

用 X 射线衍射仪测量 C@Fe_3O_4 与活性炭的 XRD 图谱,样品应为粉末状并进行压片处理,在衍射角度范围为 10～90°内扫描,可获得一系列数据。

获取数据后,采用 Jade 软件对数据进行处理并寻找对应的标准卡片,最后将处理后的数据导入 Origin 软件中绘制 XRD 图谱并分析。

注意:制样时样品应研磨均匀,不能结块,否者测试误差较大。

3.磁性能测试

将粉末状 C@Fe_3O_4 与 Fe_3O_4 样品称重(约 5 mg)并记录数据,放入磁性能测试仪器中,室温条件下测试磁滞回线。

注意:样品需彻底干燥,否者测试误差较大。

4.吸附性能测试

(1)等温吸附曲线的绘制。分别将 10 mg、20 mg、40 mg、60 mg、80 mg、100 mg(选做一个或者多个)的上述磁性材料加入到 10 mL 质量浓度为 $10\ mg \cdot L^{-1}$ 的亚甲基蓝溶液中,振荡 1 h后,使用磁铁进行磁分离,取上清液测其吸光度,而后采用公式(6－20－1)处理数据,可得等温吸附曲线。

注意:分光光度计使用前需要预热、调零。

(2)时间-吸附率曲线的绘制。将 60 mg 磁性材料加入到 10 mL 质量浓度为 $10\ mg \cdot L^{-1}$ 的亚甲基蓝溶液中振荡,之后每 5 min 进行一次磁分离取上清液测其吸光度并记录,至 1 h 结束,通过数据处理、绘图,可得其时间-吸附率曲线。

(3)重复性测试。将绘制时间-吸附率曲线时所用磁性材料通过外加磁场进行分离,而后分散于 30 mL 乙醇中振荡 10 min,进行洗脱并重复两次,而后加入 10 mL 浓度为 10 mg·L^{-1} 的亚甲基蓝溶液中,进行 30 min 吸附,取上清液测其吸光度,重复进行 5 次,并作图。(选做)

5.Langmuir 等温吸附曲线的绘制

取 3 等份上述制得的 C@Fe_3O_4 固体物质分别置于 3 个50 mL烧杯中,分别向其中加入 10 mL 污水样品 1、2、3,剧烈振荡 10 min。将烧杯置于磁铁上,静置 5～10 min,取上层清液,分别测量其吸光度。记录吸光度变化,以 $\frac{1}{\Delta A}$ 为纵轴、$\frac{1}{c}$ 为横轴,绘制曲线。利用工具拟合,可计算出 Langmuir 常数。

六、数据记录

实验数记录于表 6－20－1 至表 6－20－3 中。

表 6－20－1　样品吸光度测定

样品	吸光度(t=0)	吸光度(t=10 min)	去除率
1			
2			
3			

表 6－20－2　净化后样品吸光度

净化次数	吸光度(t=0)	吸光度(t=10 min)	去除率
1			
2			
3			
4			
5			

表 6－20－3　Langmuir 等温吸附曲线的绘制

样品	浓度 c	$\frac{1}{c}$	ΔA	$\frac{1}{\Delta A}$
1				
2				
3				

七、拓展阅读

纳米粒子的常见制备方法

沉淀法(Precipitation Method):沉淀法是制备纳米材料最传统的方法之一。沉淀法通过在含有阳离子的溶液中加入沉淀剂使其发生水解,进而使其完全沉淀,然后经过滤、洗涤、热处理等步骤获得纳米材料[1]。此方法制备出的纳米粒子尺寸小、分布均匀、纯度高,同时此方法成本较低并且反应条件温和。但由于此方法需经过后期的热处理方可得到较高质量的结晶,因而其能耗较高。

溶胶-凝胶法(Sol-gel Method):此方法以金属盐作为原料,通过有机物或无机物在溶液中形成透明、均一的溶胶体系,经过水解与缩合凝胶化,再经干燥以及烧结等过程制备纳米粒子[2]。此方法在低温条件下操作,所制备的纳米粒子粒径分布均匀、晶粒可控且纯度高。但此方法所要求的烧结处理容易使纳米颗粒发生板结,分散性较差。

水热法(Hydrothermal Method):水热法以水溶液作为反应体系,在高压反应釜中加热反应体系以制备纳米粒子[3]。此方法具有反应温度低、条件温和以及体系稳定等优点。但此方法需要在高压、密闭的反应釜中进行,无法实时观测反应进程。

溶剂热法(Sclvothermal Method):在通过溶剂热法合成纳米粒子时,首先需将前躯体溶液注入高沸的有机溶剂中,待前体物质在高温下迅速成核、生长为纳米粒子。高温条件制备的纳米粒子粒径均匀、粒径可控性高、结晶程度高且分散性好。此外,由于该方法可用于制备核壳结构,故得到广泛应用[4]。但是此方法在有机溶剂中进行,油酸作为表面配体会附着于纳米粒子表面,得到的纳米粒子均分散在有机溶剂中。

八、参考文献

[1] MADRAKIAN T, AFKHAMI A, MAHMOOD-KASHANI H, et al. Adsorption of some cationic and anionic dyes on magnetite nanoparticles-modified activated carbon from aqueous solutions: equilibrium and kinetics study [J]. Journal of the Iranian Chemical Society, 2013, 10(3): 481 - 489.

[2] ZHAO H, ZANG L X, ZHAO H, et al. Mechanism of Gadolinium Doping Induced Room-Temperature Phosphorescence from Porphyrin[J]. The Journal of Physical Chemistry C, 2015, 119(19): 10558 - 10563.

[3] JETHI L, KRAUSE M M, KAMBHAMPATI P. Toward Ratiometric Nanothermometry via Intrinsic Dual Emission from Semiconductor Nanocrystals[J]. The Journal of Physical Chemistry Letters, 2015, 6(4): 718 - 721.

[4] CHEN C, KANG N, XU T, et al. Core-shell hybrid upconversion nanoparticles carrying stable nitroxide radicals as potential multifunctional nanoprobes for upconversion luminescence and magnetic resonance dual-modality imaging [J]. Nanoscale, 2015. 7 (12): 5249 - 5261.

实验二十一 微米级 Cu_2O 的制备与表征

一、实验目的

(1)了解半导体材料与尺寸相关的光学特性;

(2)理解试剂浓度和其它参数对颗粒尺寸和光学性质的影响;

(3)掌握调控纳米颗粒尺寸的一般方法。

Cu_2O 微晶的制备

二、实验原理

1.Cu_2O 颗粒的合成

本实验通过还原糖和 Benedict 试剂之间的氧化还原反应合成 Cu_2O 颗粒。Benedict 试剂曾被用于检测尿糖,如今被广泛用于比色检测或还原糖的分析。这一反应吸热,因此在碱性介质中将这些糖类与 Benedict 试剂混合加热会使其被氧化成相应的羧酸盐或二酮,同时蓝色的二价铜离子转化为具有不同颜色的 Cu_2O,反应方程式如下

$$R_1CH(OH)COR_2+2OH^- =\!=\!= R_1COCOR_2+2H_2O+2e^-$$

$$2Cu^{2+}+2OH^-+2e^- =\!=\!= Cu_2O+H_2O$$

$$R_1CH(OH)COR_2+2Cu^{2+}+4OH^- =\!=\!= R_1COCOR_2+Cu_2O+3H_2O$$

上述反应表明,反应介质的 pH 值对反应速率起重要作用。此外,碱性介质会激活糖向烯二醇的转化,因此也加速了反应进程:

$$R_1-\underset{OH}{\overset{H}{C}}-C(=O)-R_2 \xrightleftharpoons{OH^-} (R_1)(HO)C=C(OH)(R_2)$$

2.Cu_2O 的半导体特性和光学特性

Cu_2O 曾是半导体物理学史上被研究最多的材料之一,但目前已被硅、锗、砷化镓等更高效的材料所取代。Cu_2O 作为半导体材料,具有便于合成、宜于分析等特点。

半导体是介于导体与绝缘体之间的一大类物质。其结构与绝缘体能带结构类似,但满带与激发能带之间的禁带宽度较小。此外,在较低能量的激发下,半导体材料便可使其顶部部分电子跃迁到空带,使得原满带产生空穴,因而具有导电性。

半导体反射、吸收、透射或发射的光的颜色直接取决于带隙。带隙取决于物体的化学组成、结构、尺寸和形状。通常,Cu_2O 吸收的光集中在 UV 到橙光区,其中以红色光最为显著。但是,由于 Cu_2O 是半导体,其带宽取决于样品的尺寸、形状以及晶体结构,因此在带宽小于几微米时,其数值改变也会引起 Cu_2O 颜色的变化。

三、实验试剂及仪器

试剂:$CuSO_4\cdot5H_2O$、Na_2CO_3、Na_3Cit、$NaOH(1\ mol\cdot L^{-1})$、葡萄糖溶液。

仪器:烧杯、量筒、胶头滴管、载玻片、光学显微镜、盖玻片。

四、实验内容及步骤

1.班氏(Benedict)试剂的制备

将 3.00 g $CuSO_4\cdot 5H_2O$ 溶于 6 mL 热水中，再将其缓慢加入含有 2.00 g Na_2CO_3 和 3.46 g Na_3Cit 的 12 mL 热溶液中。随后，将混合物用 20 mL 水稀释。

2.Cu_2O 的合成

量取 2 mL 1 $mol\cdot L^{-1}$ 氢氧化钠溶液于小烧杯中，加水稀释至 20 mL，搅拌均匀。取 10 mL 该溶液于烧杯中，滴加 5 滴 Benedict 试剂、2 滴葡萄糖溶液，振荡。水浴加热 5 min。表 6－21－1 中其余浓度 NaOH 溶液按此流程依次反应，可观察到溶液由淡蓝色变为红色、黄色等颜色。

制备 Cu_2O 微晶

表 6－21－1　Cu_2O 的合成试剂用量

样品编号	1	2	3	4	5	6
班氏试剂用量/滴	5	5	5	5	5	5
葡萄糖溶液用量/滴	2	2	2	2	2	2
NaOH 溶液浓度/($mol\cdot L^{-1}$)	0	10^{-4}	10^{-3}	10^{-2}	0.1	1

3.Cu_2O 的形貌观察

所合成的 Cu_2O 颗粒除颜色不同外，尺寸也不同。Cu_2O 颗粒的大小(流体动力学直径)会根据 NaOH 含量的变化而发生变化，这可以通过不同 pH 值下还原糖的不同反应活性来解释：在较高 pH 值下，反应活性的增加将导致更大的 Cu_2O 颗粒形成。新制得的样品可进行拍照记录，并通过光学显微镜来测量其尺寸。

振荡试管，取 1 滴溶液滴加在载玻片上。盖上盖玻片，用吸水纸吸取边缘的水分。将载玻片置于载物台上，调节显微镜至清晰可见，可观察到 Cu_2O 颗粒。

五、注意事项

所有用于 Cu_2O 合成的玻璃器皿必须用刷子和洗涤剂彻底清洗，再用水冲洗至少 3 次。

六、拓展阅读

上转换与下转换

根据激发光能与发射光能的差异，发光材料的发光形式可以分为上转换发光与下转换发光。下转换发光，又称 Stokes 发光，是自然界中较为常见的发光形式。例如，处于基态的物质受到紫外光照射激发后，电子跃迁至激发态，随即能量直接以可见光的形式被释放，并且发射光的能量低于激发光，是一种典型的下转换发光。上转换发光是指发射光的能量高于激发光能量的发光现象。典型的上转换发光材料有稀土纳米材料、量子点等。稀土元素寿命长，处于激发态的电子可被再次或多次激发并跃迁至较高的能级，因而在返回基态时会产生具有更高能量的光。稀土纳米材料的这一特性是光纳米科技的研究热点，现已被应用于多模成像、声/光动力治疗、靶向化疗药物呈递、温度检测、光遗传学以及防伪等诸多科研领域，并且呈现出光明的应用前景。

实验二十二　钙钛矿 $CsPbX_3$ 量子点的制备

一、实验目的

(1)了解钙钛矿 $CsPbX_3$(X＝Cl、Br、I)量子点的结构组成和发光原理；

(2)了解钙钛矿 $CsPbX_3$ 量子点的制备方法；

(3)了解钙钛矿 $CsPbX_3$ 量子点的表征分析方法。

二、实验原理

1.钙钛矿 $CsPbX_3$(X＝Cl、Br、I)量子点

近年来，一种新的量子点体系——全无机铅卤钙钛矿($CsPbX_3$，X＝Cl、Br、I)量子点引起了业界的广泛关注。$CsPbX_3$ 钙钛矿材料的晶体结构最早于1958年由Møller课题组首次报道，但是当时并未发现其具有荧光性质。直至1997年，科研工作者才对其展开发光性能的研究，但制备方法采用退火法，颗粒尺寸和发光性能等与现阶段报道的 $CsPbX_3$ 量子点相差甚远。直至2009年，无机铅卤钙钛矿 $CsPbX_3$ 发光材料才得以迅速发展。

纯无机 $CsPbX_3$ 量子点具有制备过程简单、量子形貌和尺寸(立方体状、线状、片状和棒状等)可控、荧光量子效率极高(＞90％)、荧光波长可以覆盖整个可见光光谱区域且可调(400～700 nm)、半峰宽窄(12～42 nm)、发光颜色最纯等诸多优点。这些优点使其在太阳能电池、量子点发光二极管(QLED)、激光器、荧光探针和光电检测器等领域具有潜在的应用价值，被誉为“下一代显示技术”，已成为前沿研究热点(见图6－22－1)。据文献报道，与传统量子点和有机染料相比，无机铅卤钙钛矿纳米晶具有显著的优点，并将CdSe/CdS-ZnS量子点、罗丹明6G与无机铅卤钙钛矿 $CsPbBr_3$ 量子点(尺寸为11 nm)在发光性能上做了对比：$CsPbBr_3$ 荧光量子效率约为90％，远高于罗丹明6G的约54％和CdSe/CdS-ZnS的约65％。在发光色纯度和色彩稳定性上，$CsPbBr_3$ 量子点也表现出了明显的优势。

2.钙钛矿 $CsPbX_3$ 量子点的制备方法和生长机理

无机铅卤钙钛矿 $CsPbX_3$(X＝Cl、Br、I)量子点的生长机理：首先是量子点大小的晶粒成核。随着反应的进行，零维的量子点逐渐生长成为二维的纳米片，再通过纵向自组装形成尺寸稍大的三维晶体，随后经历奥斯瓦尔德熟化过程。

目前，$CsPbX_3$(X＝Cl、Br、I)量子点的合成主要有两种方法，即高温热注入合成和常温制备法。此外，也有微波反应法、离子交换法、微流控平台制备法、气相沉积法、原位结晶法等(见图6－22－2)。高温热注入法，是指以三颈烧瓶为反应容器，先合成Cs－油酸前驱体，再制备 PbX_2 反应溶液，将 PbX_2 反应溶液的温度调控至反应温度后，注入一定量的Cs－油酸前驱体，待二者反应适当的时间后，用冰水浴冷却得到 $CsPbX_3$ 量子点。常温制备法，是指以圆底烧瓶为反应容器，利用 N，N－二甲基甲酰胺为溶剂，先将 PbX_2 完全溶解后，再加入Cs－油酸前驱体，室温下反应一段时间后即可得到 $CsPbX_3$ 量子点。两种工艺所得的纳米产物通常都分散在甲苯或正己烷中保存。

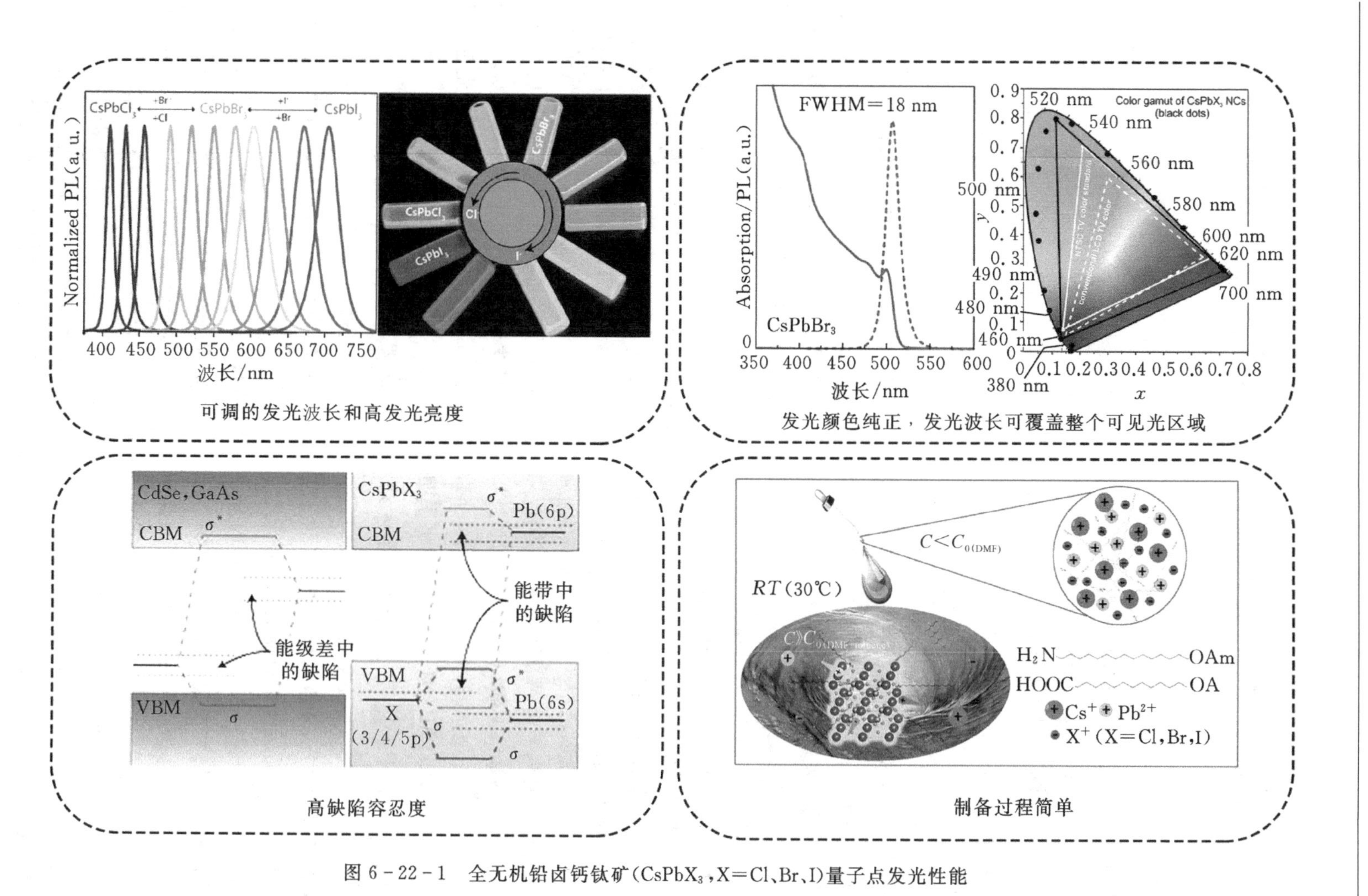

图 6-22-1　全无机铅卤钙钛矿($CsPbX_3$，X=Cl、Br、I)量子点发光性能

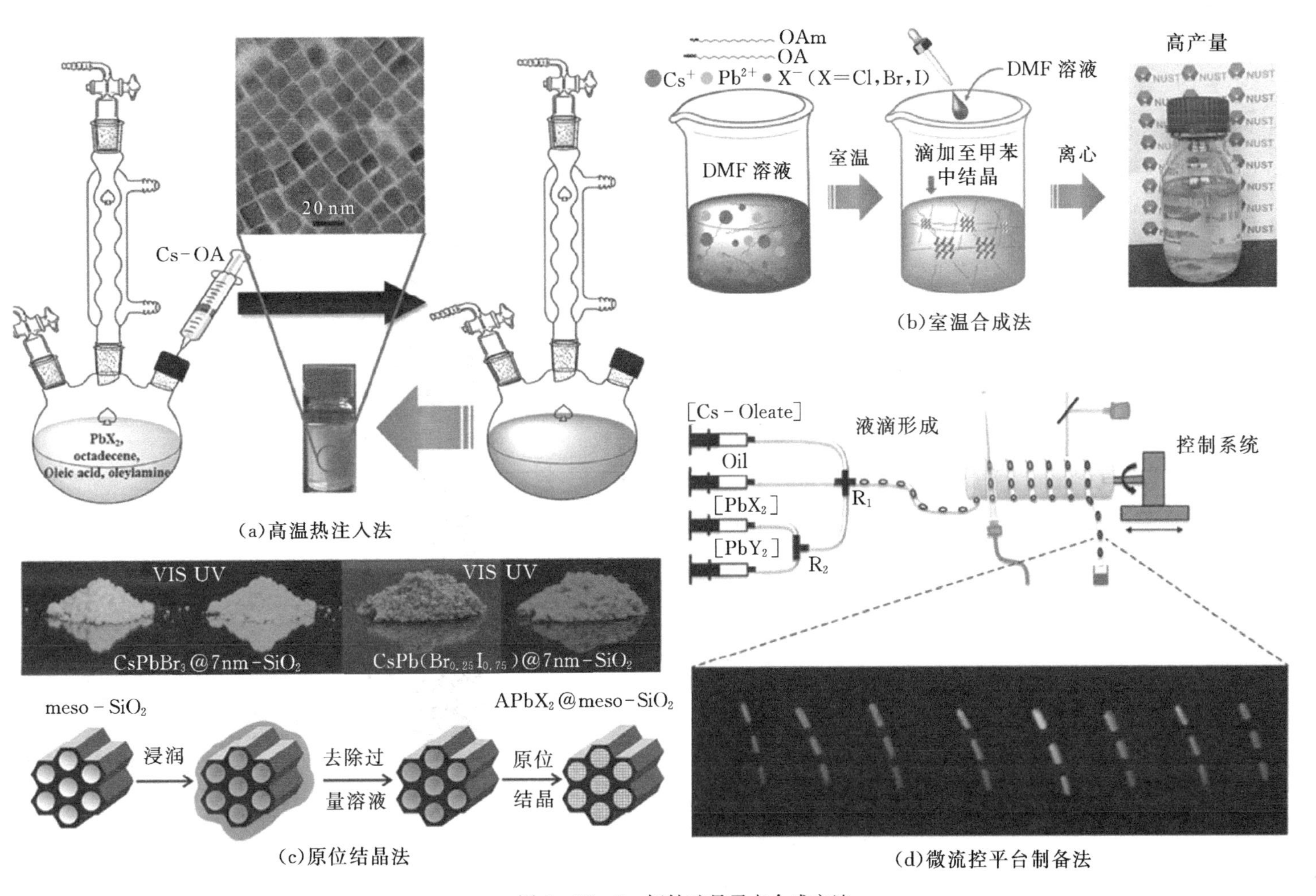

图 6-22-2　钙钛矿量子点合成方法

但是，仅仅依靠单一阴离子的 $CsPbCl_3$、$CsPbBr_3$ 和 $CsPbI_3$ 量子点并不能发出可见光范围所有波段的光，而需要通过不同卤素阴离子之间以合适的比例进行复合来调节其发光颜色。其中，调控光谱较简单的方法，是从原料出发，混合不同比例的 $PbCl_2$、$PbBr_2$、PbI_2 与 Cs-油酸前驱体，或者在已得到 $CsPbCl_3$、$CsPbBr_3$、$CsPbI_3$ 纯量子点溶液的基础上，按不同比例混合使其涵盖整个可见光谱(见表 6-22-1)。

表 6-22-1　钙钛矿 $CsPbX_3$ 量子点卤素组成对应的颜色变化和波长范围

量子点组成	发光颜色	波长范围/nm
$CsPbCl_3$	蓝色	约 400
$CsPb(Cl/Br)_3$	青(蓝绿)色	400～500
$CsPbBr_3$	绿色	约 510
$CsPb(Br/I)_3$	黄色	510～670
$CsPbI_3$	红色	约 670

本实验选择高温和室温法制备钙钛矿量子点。该方法具有简便、快捷、量子产率高的优点，而且加热时间短，能耗较低，绿色环保。

3.全无机铅卤钙钛矿 $CsPbX_3$ 量子点的结构和性能表征

使用透射电子显微镜、扫描电子显微镜等显微成像技术，可实现钙钛矿量子点几何尺寸和形貌结构的表征(见图 6-22-3)。X 射线衍射分析和高分辨透射电子显微镜成像分析可用于钙钛矿量子点晶体结构表征，而 X 射线光电子能谱分析可确定钙钛矿量子点的元素组成情况。钙钛矿量子点的发光特性分析，包括对材料的紫外-可见吸收光谱、荧光激发光谱、荧光发射光谱、荧光量子产率以及荧光寿命等光谱特性的测量。

紫色→红色

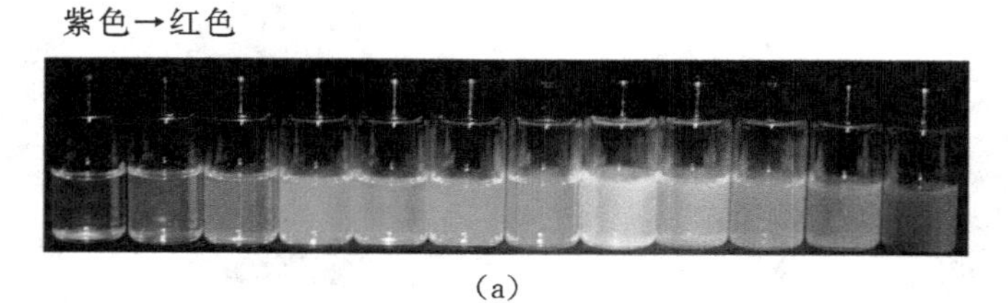

(a)

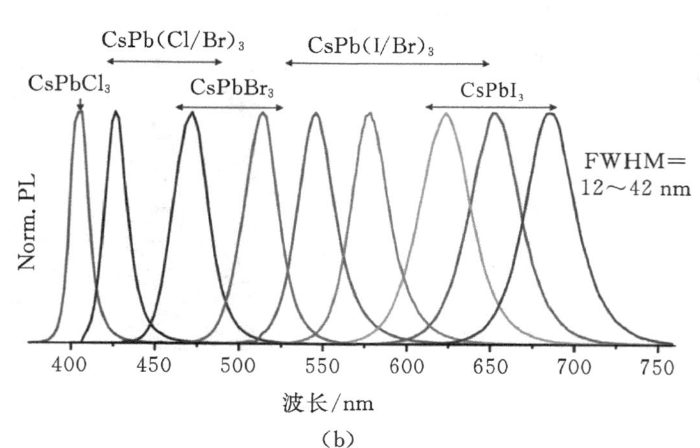

(b)

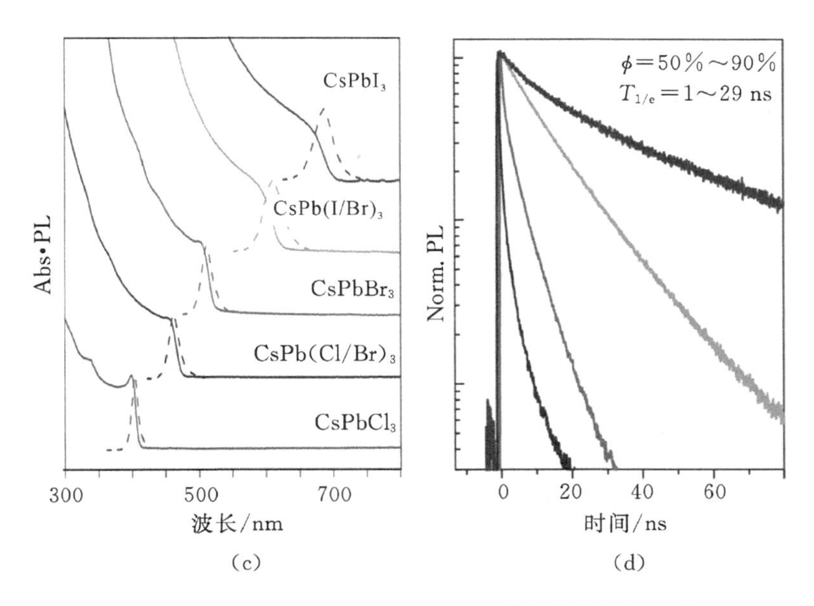

图 6-22-3　钙钛矿量子点的发光光谱与发光颜色的关系

荧光量子产率(Quantum Yield,一般用 ϕ 表示)为荧光材料吸光后所发射的荧光的光子数与所吸收的激发光的光子数之比值。量子产率为一个小于 1 的无量纲数,量子产率越接近 1,材料的发光效率也越高。

$$\phi=\frac{荧光光子数}{吸收光子数}$$

量子产率的常用测定方法可分为绝对法和相对法两类。

三、实验试剂及仪器

试剂:PbX_2(X=Cl、Br、I)、碳酸铯、十八烯、油酸、油胺、甲苯、*N*,*N*-二甲基甲酰胺、正己烷、罗丹明 6G。

仪器:电加热搅拌器、三口烧瓶、高速离心机、紫外灯、紫外-可见分光光度计、真空干燥箱、荧光光谱仪。

四、实验内容及步骤

1.全无机铅卤钙钛矿($CsPbX_3$,X=Cl、Br、I)量子点的制备

(1)Cs-油酸前驱体的合成。称取 0.814 g 碳酸铯于 100 mL 三口烧瓶中,然后依次加入 40 mL 十八烯和 2.5 mL 油酸,通入氮气,在 150 ℃条件下加热,直至碳酸铯完全溶解,即得到 Cs-油酸前驱体。

(2)高温法制备全无机铅卤钙钛矿量子点。称取 0.0745 g $PbBr_2$[PbX_2,X=Cl、Br、I,根据物质的量(不变)换算质量]到干燥的 100 mL 三口烧瓶中,然后加入 10 mL 十八烯,开启搅拌,同时通入氮气 30 min(排出空气),然后将温度提升到 120 ℃,加入 0.5 mL 油酸和 0.5 mL 油胺。当 $PbBr_2$ 完全溶解后将温度提升到 140～200 ℃(不同卤素钙钛矿量子点反应温度不同),并快速加入 0.4 mL Cs-油酸前驱体,反应 5 s 后用冰浴冷却,完全冷却至室温后取出三颈瓶,

得到的产物即为发射绿色荧光的钙钛矿量子点 $CsPbBr_3$。通过更改卤化铅的种类，可以得到不同颜色的钙钛矿量子点。

(3)室温法制备全无机铅卤钙钛矿量子点。称取 0.0745 g $PbBr_2$[PbX_2，X=Cl、Br、I，根据物质的量(不变)换算质量]到干燥的 100 mL 圆底烧瓶中，然后加入 5 mL *N*,*N*-二甲基甲酰胺，开启搅拌，同时通入氮气 30 min(排出空气)，然后依次加入 0.5 mL 油酸和 0.5 mL 油胺。待 $PbBr_2$ 完全溶解后，快速加入 0.4 mL Cs-油酸前驱体，待体系混匀后，将混合溶液滴加至 50 mL 甲苯当中，即得到发射绿色荧光的钙钛矿量子点 $CsPbBr_3$。通过更改卤化铅的种类，可以得到不同颜色的钙钛矿量子点。

(4)钙钛矿量子点的纯化。将反应结束后烧瓶中的混合溶液倒入干燥的离心管中，在 10000 r/min 转速下离心 10 min，然后倒掉上层液，加入正己烷(如果产量较低，可适当加入少量的反溶剂，如丙酮和叔丁醇)对沉淀物进行洗涤离心(3 次)，最后将沉淀物真空干燥 24 h。

2.钙钛矿量子点荧光光谱与量子产率的测定

取制备的钙钛矿量子点加入正己烷进行溶解，调整一定浓度后倒入比色皿，得到浅黄色澄清溶液，将溶液置于紫外灯下，观察溶液的荧光颜色。取制备所得的溶液，测定其紫外-可见吸收光谱，使用荧光分光光度计测量荧光激发与发射光谱，通过荧光光谱仪进行荧光绝对量子产率的测试。

五、思考题

(1)钙钛矿量子点荧光发光性能的影响因素有哪些?

(2)极性溶剂是否会影响钙钛矿量子点的结构和性能?

(3)洗涤离心的目的是什么?加入丙酮和叔丁醇的目的是什么?

六、参考文献

[1]KOVALENKO M V, PROTESESCU L, BODNARCHUK M I.Properties and Potential Optoelectronic Applications of Lead Halide Perovskite Nanocrystals[J].Science,2017,358(6364):745 - 750.

[2]PROTESESCU L, YAKUNIN S, BODNARCHUK M I.Nanocrystals of Cesium Lead Halide Perovskites($CsPbX_3$, X=Cl, Br, and I):Novel Optoelectronic Materials Showing Bright Emission with Wide Color Gamut[J].Nano Lett, 2015,15:3692 - 3696.

[3]AKKERMAN Q A, D'INNOCENZO V, ACCORNERO S, et al.Tuning the Optical Properties of Cesium Lead Halide Perovskite Nanocrystals by Anion Exchange Reactions[J].Journal of the American Chemical Society, 2015,137(32):10276 - 10281.

[4]SWARNKAR A, CHULLIYIL R, RAVI V K, et al.Colloidal $CsPbBr_3$ Perovskite Nanocrystals:Luminescence beyond Traditional Quantum Dots[J].Angewandte Chemie International Edition,2015,54:15424 - 15428.

[5]PAN A, HE B, FAN X Y.Insight into the Ligand-Mediated Synthesis of Colloidal $CsPbBr_3$ Perovskite Nanocrystals:The Role of Organic Acid, Base, and Cesium Precursors[J].ACS Nano,2016,10(8):7943 - 7954.

实验二十三　MOFs 材料 ZIF－8 的制备及吸附性能测试

一、实验目的

(1)了解 MOFs 材料的结构组成和特点；

(2)掌握 MOFs 材料 ZIF－8 的制备方法；

(3)了解材料的吸附性能研究的基本方法。

二、实验原理

1.金属-有机骨架材料

金属-有机骨架(Metal-Organic Frameworks，MOFs)材料，是由有机配体通过与过渡金属中心离子自组装连接而形成的、具有规整网络状晶体结构的材料。这类材料具有高孔隙率、结构可控及良好的化学稳定性等特点，这使得其在磁性材料、光电材料、非线性光学、吸附、分离、分子识别、选择性催化等领域具有巨大的潜在应用价值，在选择性吸附领域展现出广阔的应用前景。

ZIF 系列材料是由咪唑及其衍生物通过与中心过渡金属离子桥连键合形成的一类 MOFs 材料。合成 ZIF 材料时，客体分子/离子会占据金属离子和咪唑酯桥连键合期间产生的孔道，使得孔道结构保持完整，从而赋予 ZIF 分子多孔性。占据孔道的客体分子/离子可以在后期通过加热等方法释放(活化)。ZIF 材料中，金属离子与咪唑酯配体间的键角和传统沸石材料硅与桥氧的键角相接近，但其中的金属-咪唑-金属键长要大于普通分子筛材料中的 Si－O－Si/Al 键长，所以 ZIF 材料的孔洞空腔较大。ZIF 分子孔道的大小、结构可通过选择不同中心金属离子、配体分子以及对配体的修饰来调节。另外，咪唑配体与中心金属离子之间强的相互作用使其较其它 MOFs 材料具有更高的热稳定性与化学稳定性。上述优点使得 ZIF 材料在吸附、催化等领域受到广泛的关注，尤其是用于近年来由于染料工业迅速发展所带来的治理水环境污染的相关问题。ZIF－8 是一种较为典型的 MOFs 材料，由 Zn(Ⅱ)离子与 2－甲基咪唑配体连接而得到(图 6－23－1)，其比表面积约为 1947 $m^2 \cdot g^{-1}$。

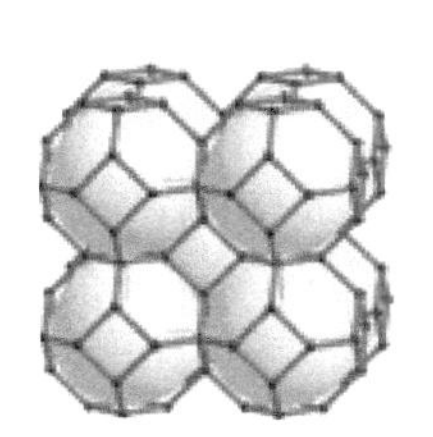
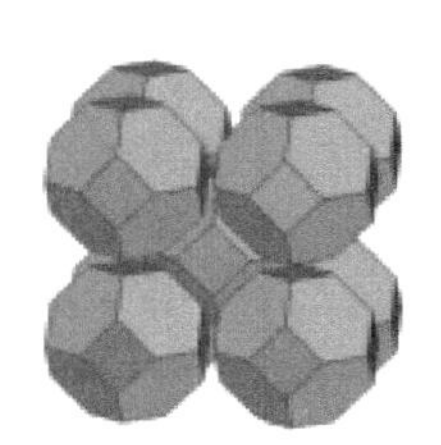
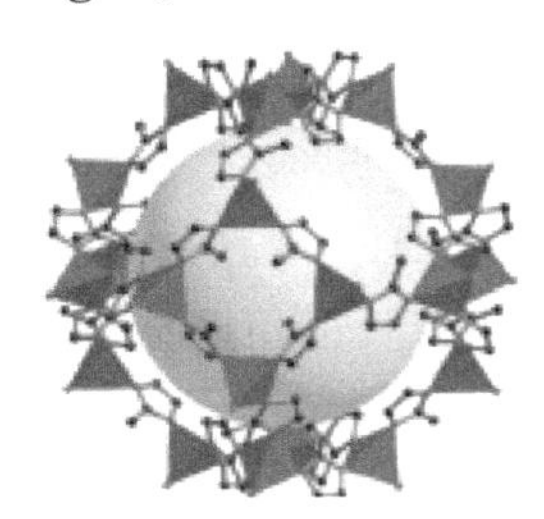

图 6－23－1　ZIF－8 材料的结构示意图[1]

2.MOFs 材料的制备方法

MOFs 材料的合成条件温和，操作简便。MOFs 材料的结构往往需要通过 X 射线衍射来测定，在其制备中往往会涉及到晶体的培养。晶体培养最常用的三种方法是溶液挥发法、界面扩散法及水热/溶剂热法。溶液挥发法是指冷却或蒸发配合物的过饱和溶液从而获得结晶的方法。界面扩散法是指当生成配合物的两种反应物可以分别溶于两种不同（尤其是互不相溶）的溶剂时，将一种反应物的溶液小心地滴加在另一种反应物的溶液上，化学反应就从溶液界面处开始，晶体就在界面附近产生。水热/溶剂热法是指在密封的压力容器中，以水或其它一些有机试剂作为溶剂制备材料的方法，通常需将一定形式的前驱物放置在高压釜水溶液中，在高温、高压条件下进行水热/溶剂热反应，再经分离、洗涤、干燥等后得到晶体。

本实验中 ZIF－8 的合成采用溶剂热合成方法，即通过 Zn(Ⅱ)盐和配体 2－甲基咪唑在有机溶剂 DMF(*N*，*N*－二甲基甲酰胺)中的高温、高压反应获得 ZIF－8 的晶体材料。

3.MOFs 材料的一般表征方法

使用 X 射线衍射分析可实现 MOFs 材料结构和结晶情况的表征。使用红外光谱可表征 MOFs 材料中有机基团及配位成键的情况[1]。使用热重分析可表征 MOFs 材料的热稳定性。使用透射电子显微镜、原子力显微镜等显微成像技术，可实现 MOFs 材料几何尺寸和形貌结构的表征。MOFs 材料对一些有机污染物（如染料）的吸附催化性能可通过紫外-可见光谱来研究[2-3]。

三、实验试剂及仪器

试剂：四水硝酸锌[$Zn(NO_3)_2 \cdot 4H_2O$]、2-甲基咪唑、DMF、氯仿、甲基橙、去离子水。

仪器：电热恒温干燥箱、水热釜、烧杯、磁力搅拌器、离心机、紫外-可见分光光度计。

四、实验内容及步骤

1.ZIF－8 的制备

称取 0.210 g 四水硝酸锌(8.03×10^{-4} mol·L^{-1})与 0.060 g 2－甲基咪唑(7.31×10^{-4} mol·L^{-1})溶于 15 mL DMF，然后转移至 25 mL 反应釜中，在 140 ℃烘箱中反应 24 h 结晶。反应完成后，将水热釜冷却至室温，将产物从母液中分离，加入 20 mL 氯仿，搅拌，收集上层 ZIF－8 晶体，用 30 mL DMF 清洗 3 次，晾干。共做 6 组平行实验，将其中 3 个反应釜的产物放入 150 ℃烘箱中进行活化。

2.ZIF－8 的表征

称取制备所得 ZIF－8 产物 3 份（每份约 10 mg），分别进行如下测试。

(1)XRD 测试。测试角度为 4°～40°，并与 ZIF－8 的晶体模拟 XRD 谱图（见图 6－23－2）对照。

(2)FT－IR 测试。与参考文献[1]中的 ZIF－8 红外谱图对照[参考峰值为（KBr 4000～400 cm^{-1}）：3460(w)，3134(w)，2930(m)，2854(w)，2767(w)，2487(w)，2457(w)，1693(s)，1591(w)，1459(s)，1428(s)，1392(m)，1311(s)，1265(w)，1189(m)，1148(s)，1091(m)，1000(m)，960(w)，766(s)，695(m)，664(m)，425(s)]。

(3)TGA 测试。再称取产物 5 mg 左右，进行 SEM 测试，观察其形貌（见图 6－23－3）。

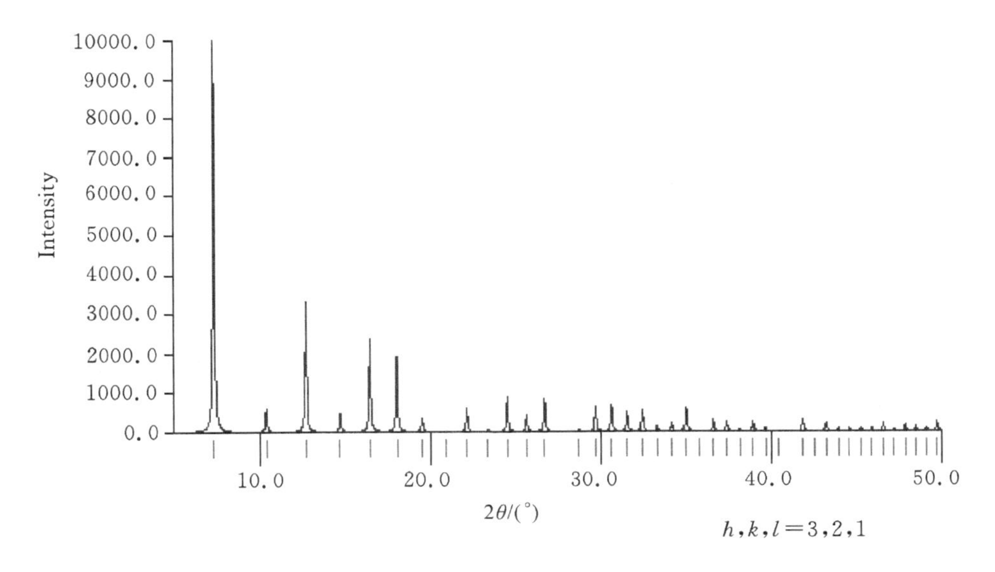

图 6－23－2　ZIF－8 的晶体模拟 XRD 谱图

图 6－23－3　ZIF－8 的 SEM 图片[2]

3.ZIF－8 对甲基橙的吸附性能的研究

(1)于 100 mL 烧杯中准确秤取 0.5 g 甲基橙染料，加适量去离子水溶解后转移至 500 mL 容量瓶中(该溶液浓度约为 100 mg·L^{-1})，定容、摇匀备用。利用所得溶液配制浓度分别为 10、20、30、40 mg·L^{-1}的甲基橙染料溶液各 100 mL 作为模拟染料废水备用。

(2)在紫外-可见分光光度计上测定上述各溶液吸光度，做出标准曲线。

(3)取上述浓度为 20 mg·L^{-1}的甲基橙染料溶液 50 mL，放于 2 个烧杯内，分别放入活化和未经活化的 ZIF－8 样品 50 mg。常温下于磁力搅拌器上搅拌吸附 3 h，然后静置约 12 h 后取上层清液，利用紫外-可见分光光度计测量吸光值。

(4)对比加入 ZIF－8 前后的紫外-可见光谱图，观察甲基橙的特征吸收峰(位于 300～500 nm)是否消失。

五、思考题

(1)为什么 ZIF－8 可以应用于污染物的吸附?

(2)在使用水热釜时应当注意什么问题?

六、参考文献

[1] PARK K S, NI Z, COTE A P, et al. Exceptional chemical and thermal stability of zeolitic imidazolate frameworks[J].Proc Natl Acad Sci USA,2006,103:10186－10191.

[2]吴有根,么雪梅,赵彦英.金属有机框架化合物 ZIF－8 的制备及吸附性能研究[J].科学教育研究,2015,28:88－90.

[3]ZENG X, HUANG L Q, WANG C N, et al. Sonocrystallization of ZIF－8 on Electrostatic Spinning TiO_2 Nanofibers Surface with Enhanced Photocatalysis Property through Synergistic Effect[J].ACS Appl Mater Interfaces,2016,8:20274－20282.

实验二十四 有机-无机杂化聚磷腈纳米发光材料的制备与表征

一、实验目的

(1)了解有机-无机杂化聚磷腈纳米发光材料的分类及特点;

(2)掌握有机-无机杂化聚磷腈纳米发光材料的制备方法;

(3)掌握有机-无机杂化聚磷腈纳米发光材料的表征和分析测试方法。

二、实验原理

1.有机-无机杂化聚磷腈纳米发光材料

近年来,由于具有稳定的化学结构、可调的发光波长及优异的荧光发射性能,包括碳点、稀土纳米粒子及有机荧光纳米体系等在内的诸多荧光纳米材料在化学传感、光电器件及生物诊疗等领域均展现了良好的应用前景。然而,目前研究较多的荧光纳米材料,尤其是有机体系,通常存在光稳定性能较差、Stokes 位移较小以及聚集态发光性能差等问题,不利于进一步深入应用研究。

而有机-无机杂化的聚磷腈纳米发光材料是一类由 N 原子和 P 原子以单双键交替排列构成主链、有机荧光基团(R)作为侧基的高分子体系(构筑示意图如图 6－24－1 所示),具有优良的生物相容性能、可降解并且降解产物无毒等特点,是一类完全符合现代生物材料需求的理想荧光材料[1]。此外,聚磷腈类纳米发光材料可以有效避免有机荧光分子间的紧密堆积,进而避免其发生聚集荧光淬灭,最终可以实现聚集状态下的良好荧光发射性能[2];另一方面,通过和磷腈单元的交联杂化,也可以显著提高其抗光漂白的能力(见图 6－24－2)[3],为生物成像领域的长程动态监测等提供了可能。鉴于上述特点,聚磷腈纳米发光材料近年来受到了全球科学家们的广泛关注。

图 6 - 24 - 1　聚磷腈纳米发光材料构筑示意图

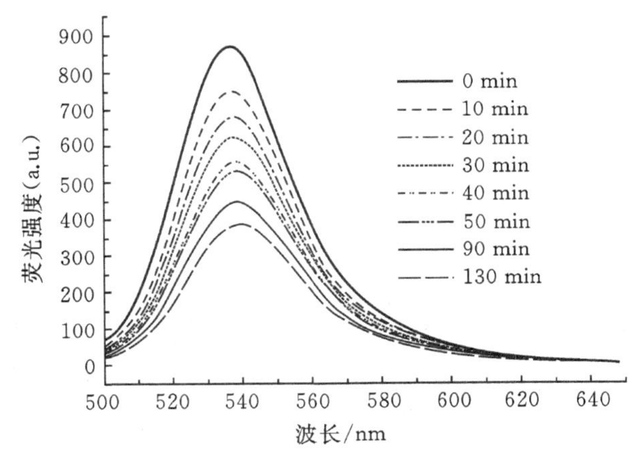

(a)有机荧光材料随着光照时间增加,荧光性能逐渐减弱

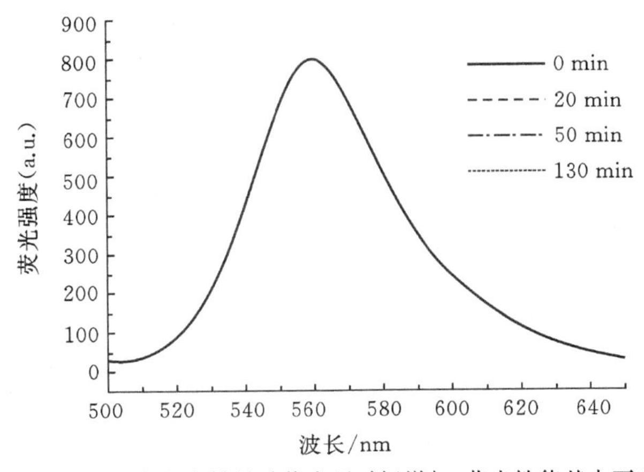

(b)聚磷腈纳米发光材料随着光照时间增加,荧光性能基本不变

图 6 - 24 - 2　聚磷腈纳米发光材料光稳定性示意图

2.有机-无机杂化聚磷腈纳米发光材料的制备方法

如图 6-24-1 所示,有机-无机杂化聚磷腈纳米发光材料通常包括线性和环交联型两种体系,其制备方法也略有不同。对于线性聚磷腈材料,通常情况下六氯环三磷腈需要通过高温开环后获得高相对分子质量的二氯聚磷腈中间体;之后该中间体在三乙胺等碱的作用下,最终通过与含有羟基、氨基等活性基团的荧光化合物之间的反应制得。而对于环交联型聚磷腈材料,通常将荧光化合物前驱体和六氯环三磷腈共混,并利用亲核取代反应“一锅法”制备得到。通过改变溶剂种类、调整加入碱的量及调节单体比例等手段,可进一步调节获得的聚磷腈材料的相对分子质量及形貌。

本实验选择六氯环三磷腈和二溴荧光素作为反应原料,选取乙腈等作为溶剂,三乙胺为碱,在超声作用下制备得到交联型聚磷腈纳米发光材料。该方法具有反应简单、制备快捷和绿色环保等特点,同时也具有较高的可重复性。

3.有机-无机杂化聚磷腈纳米发光材料的表征及测试

通过红外光谱,可判断反应原料二溴荧光素中的羟基及六氯环三磷腈中的 P—Cl 键是否仍然存在,以及 P—O—Ar 新键是否生成等信息,从而研究交联聚磷腈纳米材料的交联程度。通过纳米粒度分析仪(DLS),可以分析制备所得聚磷腈纳米发光材料的水合半径及 Zeta 电位。利用扫描电子显微镜(SEM)和透射电子显微镜(TEM)等仪器,可进一步表征有机-无机杂化聚磷腈纳米发光材料的尺寸及形貌特征。图 6-24-3 为交联型聚磷腈纳米发光材料的 TEM 图像[图 6-24-3(a)和(b)]、SEM 图像[图 6-24-3(c)]和粒径示意图[图 6-24-3(d)][3]。

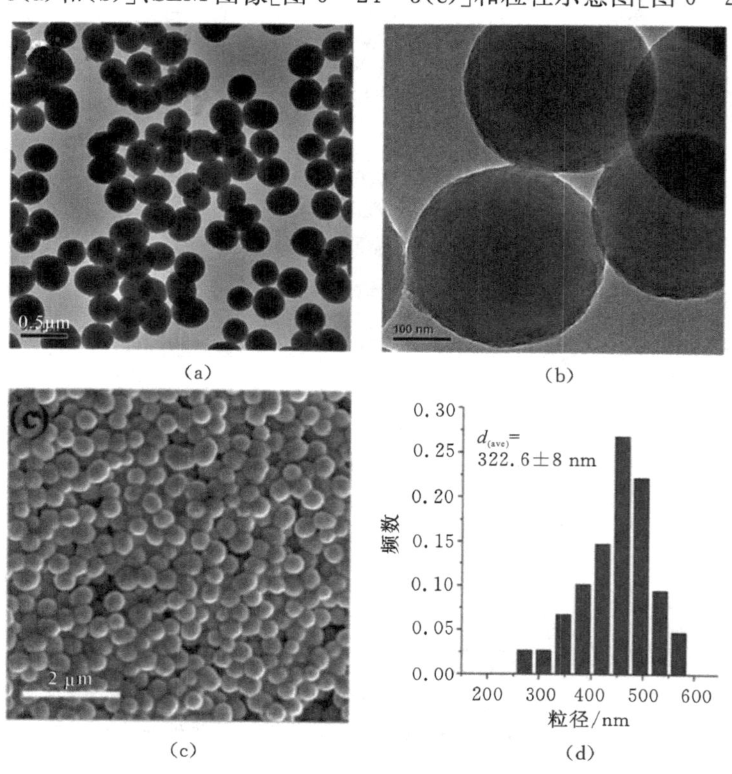

图 6-24-3 交联型聚磷腈纳米发光材料的形貌示意图[3]

有机-无机杂化聚磷腈纳米发光材料的光物理性能测试通常包括紫外-可见吸收光谱、摩尔消光系数、荧光激发光谱、荧光发射光谱、荧光寿命及荧光量子产率等的测定。其中，吸收光谱和摩尔消光系数等体现聚磷腈纳米材料的光吸收性能，可以通过紫外-可见吸收光谱仪测试得到；而荧光发射光谱通常体现聚磷腈纳米材料的发光颜色，荧光量子产率（包括相对法和绝对法两种测试方法）体现其发光效率，上述光物理参数均可以通过稳态-瞬态荧光光谱仪测试得到。图 6-24-4 为聚磷腈纳米发光材料在不同状态下的荧光发射示意图[2]。

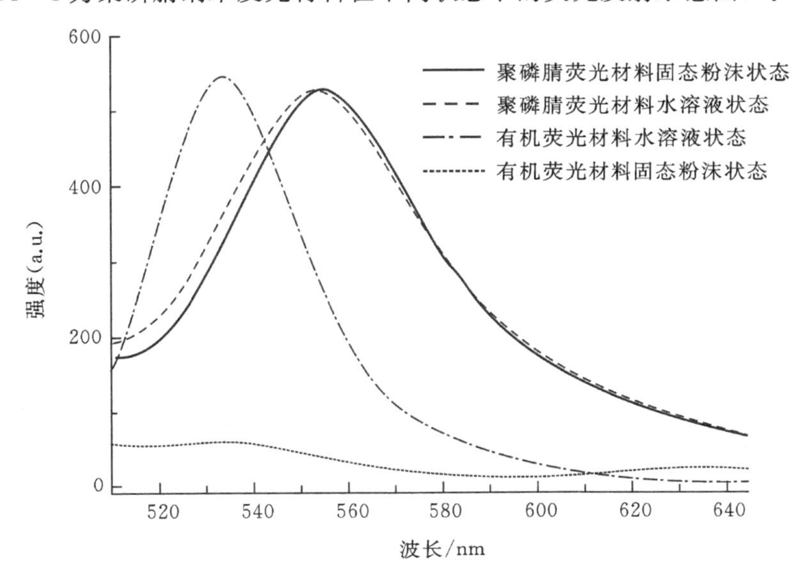

图 6-24-4　聚磷腈纳米发光材料(DBF-PZS)及其对应的荧光化合物(DBF)在不同状态下（水溶液和固态粉末）的荧光发射示意图[2]

三、实验试剂及仪器

试剂：六氯环三磷氰、二溴荧光素、三乙胺、乙腈、乙醇、溴化钾、去离子水。

仪器：天平、研钵、单口瓶(100 mL)、超声波清洗器、离心机、电热恒温干燥箱、红外光谱仪、纳米粒度分析仪、扫描电子显微镜、透射电子显微镜、紫外灯、紫外-可见吸收光谱仪、稳态-瞬态荧光光谱仪。

四、实验内容及步骤

1.有机-无机杂化聚磷腈纳米发光材料的制备

向 100 mL 的单口瓶中依次加入二溴荧光素(32 mg)、三乙胺(2 mL)以及乙腈(50 mL)。超声条件下混合均匀后，向上述反应液中加入六氯环三磷氰(15 mg)，之后继续在超声作用下反应 6～8 h，直至体系中出现浑浊的分散液。所得分散液经过离心(5 min，7000 r/min)后获得粗产物，再经过无水乙醇和去离子水分别洗涤 3 次后获得终产物，并于 40°条件下真空干燥过夜后备用。

2.有机-无机杂化聚磷腈纳米发光材料的结构及形貌表征

将制备得到的聚磷腈纳米发光材料与溴化钾混合均匀，经压片后用于红外光谱检测，从而确定其化学结构与反应交联度；将聚磷腈纳米发光材料分散在乙醇中并超声均匀，即可用于水合粒径及 Zeta 电位的测试；将聚磷腈纳米发光材料在乙醇中超声分散均匀，滴加在硅片（乙醇和丙酮混合溶剂超声处理）上，经过干燥后用于扫描电子显微镜测试；将聚磷腈纳米发光材料在乙醇中超声分散均匀，滴加在碳支撑膜上，自然晾干后用于透射电子显微镜测试。

3.有机-无机杂化聚磷腈纳米发光材料的光物理性能测试

将制备所得的聚磷腈纳米发光材料均匀分散在乙醇溶液当中，使其浓度为 300 μg/mL。将上述溶液置于紫外灯下，即可观察溶液的发光颜色；取上述溶液，利用紫外-可见吸收光谱仪即可测定其紫外-可见吸收光谱及摩尔消光系数；利用稳态-瞬态荧光光谱仪即可测定其荧光激发光谱、荧光发射光谱、荧光寿命及荧光量子产率等光物理参数。

取上述有机-无机杂化聚磷腈纳米发光材料的乙醇分散液加入比色皿中，在紫外灯（365 nm，2 W）下分别照射 0、5、10、15、20、25、30、35、40、45 和 50 min 后，再利用紫外-可见吸收光谱仪和稳态-瞬态荧光光谱仪分别测定其吸收光谱及荧光发射光谱，通过两类光谱峰值大小的变化即可判断所制备的有机-无机杂化聚磷腈纳米发光材料的光稳定性能。

五、思考题

（1）试列举六氯环三磷氰可以和哪些化合物反应生成交联型聚磷腈纳米材料。

（2）有机-无机杂化聚磷腈纳米材料的形貌与哪些因素相关？

（3）有机-无机杂化聚磷腈纳米发光材料的荧光性能是否与荧光素的加入量相关？

六、拓展阅读

聚集诱导发光材料

“聚集诱导发光”是由中国科学院唐本忠院士在 2001 年发现并提出的新概念。与传统发光材料不同，聚集诱导发光材料通常在溶解状态下不发光，而在固态等聚集状态下时，由于分子内含有的“转子单元”运动受限，进而引起辐射跃迁概率提高，最终实现材料在聚集状态下的高效发光。与本实验类似，聚集诱导发光概念的提出无疑为新型聚集态发光材料的设计与合成提供了新的方法和思路；同时，这一类材料也具有 Stokes 位移大和光稳定性能优良等特点，因此也显示了在生物成像、光电显示和化学传感等领域巨大的应用潜力。

七、参考文献

[1]WANG L, YANG Y X, SHI X Y. Cyclotriphosphazene core-based dendrimers for biomedical applications: an update on recent advances[J]. Journal of Materials Chemistry B, 2018, 6: 884.

[2]WANG D, HU Y, MENG L, et al. One-pot synthesis of fluorescent and cross-linked polyphosphazene nanoparticles for highly sensitive and selective detection of dopamine in body fluids[J]. RSC Adv, 2015, 5: 92762.

[3]MENG L, XU C, LIU T. One-pot synthesis of highly cross-linked fluorescent polyphosphazene nanoparticles for cell imaging[J]. Polym Chem, 2015, 6: 3155.

附　录

附录1　国际相对原子质量表

元素		相对原子质量	元素		相对原子质量	元素		相对原子质量	元素		相对原子质量
符号	名称		符号	名称		符号	名称		符号	名称	
Ac	锕	[227]	Er	铒	167.26	Mn	锰	54.93805	Ru	钌	101.07
Ag	银	107.8682	Es	锿	[252]	Mo	钼	95.94	S	硫	32.066
Al	铝	26.98154	Eu	铕	151.965	N	氮	14.00674	Sb	锑	121.75
Am	镅	[243]	F	氟	18.99840	Na	钠	22.98977	Sc	钪	44.95591
Ar	氩	39.948	Fe	铁	55.847	Nb	铌	92.90638	Se	硒	78.96
As	砷	74.92159	Fm	镄	[257]	Nd	钕	144.24	Si	硅	28.0855
At	砹	[210]	Fr	钫	[223]	Ne	氖	20.1797	Sm	钐	150.36
Au	金	196.96654	Ga	镓	69.723	Ni	镍	58.69	Sn	锡	118.710
B	硼	10.811	Gd	钆	157.25	No	锘	[259]	Sr	锶	87.62
Ba	钡	137.327	Ge	锗	72.61	Np	镎	237.0482	Ta	钽	180.9479
Be	铍	9.01218	H	氢	1.00794	O	氧	15.9994	Tb	铽	158.92534
Bi	铋	208.98037	He	氦	4.00260	Os	锇	190.2	Tc	锝	98.9062
Bk	锫	[247]	Hf	铪	178.49	P	磷	30.97376	Te	碲	127.60
Br	溴	79.904	Hg	汞	200.59	Pa	镤	231.03588	Th	钍	232.0381
C	碳	12.011	Ho	钬	164.93032	Pb	铅	207.2	Ti	钛	47.88
Ca	钙	40.078	I	碘	126.90447	Pd	钯	106.42	Tl	铊	204.3833
Cd	镉	112.411	In	铟	114.82	Pm	钷	[145]	Tm	铥	168.93421
Ce	铈	140.115	Ir	铱	192.22	Po	钋	[～210]	U	铀	238.0289
Cf	锎	[251]	K	钾	39.0983	Pr	镨	140.90765	V	钒	50.9415
Cl	氯	35.4527	Kr	氪	83.80	Pt	铂	195.08	W	钨	183.85
Cm	锔	[247]	La	镧	138.9055	Pu	钚	[244]	Xe	氙	131.29
Co	钴	58.93320	Li	锂	6.941	Ra	镭	226.0254	Y	钇	88.90585
Cr	铬	51.9961	Lr	铹	[262]	Rb	铷	85.4678	Yb	镱	173.04
Cs	铯	132.90543	Lu	镥	174.967	Re	铼	186.207	Zn	锌	65.39
Cu	铜	63.546	Md	钔	[258]	Rh	铑	102.90550	Zr	锆	91.224
Dy	镝	162.50	Mg	镁	24.3050	Rn	氡	[222]			

附录 2 一些化合物的相对分子质量

化合物	相对分子质量	化合物	相对分子质量
$AgBr$	187.78	$CuSO_4$	159.61
$AgCl$	143.32	$FeCl_3$	162.21
$AgCN$	133.84	FeO	71.85
Ag_2CrO_4	331.73	Fe_2O_3	159.69
AgI	234.77	Fe_3O_4	231.54
$AgNO_3$	169.87	$FeSO_4 \cdot H_2O$	169.93
$AgSCN$	165.95	$FeSO_4 \cdot 7H_2O$	278.02
Al_2O_3	101.96	$Fe_2(SO_4)_3$	399.89
$Al_2(SO_4)_3$	342.15	$FeSO_4 \cdot (NH_4)_2SO_4 \cdot 6H_2O$	392.14
$BaCl_2$	208.24	HBr	80.91
$BaCl_2 \cdot 2H_2O$	244.27	$H_2C_4H_4O_6$(酒石酸)	150.09
$BaCrO_4$	253.32	HCN	27.03
$Ba(OH)_2$	171.35	H_2CO_3	62.03
$BaSO_4$	233.39	$H_2C_2O_4$	90.04
$CaCO_3$	100.09	$H_2C_2O_4 \cdot 2H_2O$	126.07
CaC_2O_4	128.10	$HCOOH$	46.03
$CaCl_2$	110.99	HCl	36.46
$CaCl_2 \cdot H_2O$	129.00	$HClO_4$	100.46
$Ca(NO_3)_2$	164.09	HF	20.01
CaO	56.08	HI	127.91
$Ca(OH)_2$	74.09	HNO_2	47.01
$CaSO_4$	136.14	HNO_3	63.01
$Ce(SO_4)_2$	332.24	H_2O	18.02
CH_3COOH	60.05	H_2O_2	34.02
CH_3OH	32.04	H_3PO_4	98.00
CH_3COCH_3	58.08	H_2S	34.08
$C_6H_4COOHCOOK$（苯二甲酸氢钾）	204.23	H_2SO_3	82.08
		H_2SO_4	98.08
CH_3COONa	82.03	$HgCl_2$	271.50
C_6H_5OH	94.11	Hg_2Cl_2	472.09
CO_2	44.01	$KAl(SO_4)_2 \cdot 12H_2O$	474.39
CuO	79.54	KBr	119.01
Cu_2O	143.09	$KBrO_3$	167.01

续表

化合物	相对分子质量	化合物	相对分子质量
KCN	65.12	NaH_2PO_4	119.98
K_2CO_3	138.21	Na_2HPO_4	141.96
KCl	74.56	$Na_2H_2Y\cdot 2H_2O$（EDTA 二钠盐）	372.26
$KClO_3$	122.55		
$KClO_4$	138.55	NaOH	40.01
K_2CrO_4	194.20	Na_3PO_4	163.94
$K_2Cr_2O_7$	294.19	Na_2SO_4	142.04
$KHC_2O_4\cdot H_2O$	146.14	$Na_2S_2O_3$	158.11
KI	166.01	$Na_2S_2O_3\cdot 5H_2O$	248.19
KIO_3	214.00	NH_3	17.03
$KMnO_4$	158.04	NH_4Cl	53.49
KOH	56.11	$NH_3\cdot H_2O$	35.05
KSCN	97.18	$(NH_4)Fe(SO_4)_2\cdot 12H_2O$	482.20
K_2SO_4	174.26	$(NH_4)_2HPO_4$	132.05
$MgCO_3$	84.32	NH_4SCN	76.12
$MgCl_2$	95.21	$(NH_4)_2SO_4$	132.14
MgO	40.31	P_2O_5	141.95
MnO_2	86.94	$PbCrO_4$	323.18
$Na_2B_4O_7$	201.22	PbO	223.19
$Na_2B_4O_7\cdot 10H_2O$	381.37	$PbSO_4$	303.26
NaBr	102.90	SO_2	64.06
NaCN	49.01	SO_3	80.06
Na_2CO_3	105.99	$SnCl_2$	189.60
$Na_2C_2O_4$	134.00	$ZnCl_2$	136.30
NaCl	58.44	$ZnSO_4$	161.45
$NaHCO_3$	84.01		

附录 3　酸、碱的解离常数(298.15 K)

1.弱酸的解离常数

弱酸	解离常数
H_3AsO_4	$K_{a1}^{\ominus}=5.7\times10^{-3}$；$K_{a2}^{\ominus}=1.7\times10^{-7}$；$K_{a3}^{\ominus}=2.5\times10^{-12}$
H_3AsO_3	$K_{a1}^{\ominus}=5.9\times10^{-10}$
H_2CO_3	$K_{a1}^{\ominus}=4.2\times10^{-7}$；$K_{a2}^{\ominus}=4.7\times10^{-11}$
HCN	5.8×10^{-10}

续表

弱酸	解离常数
HOCl	2.8×10^{-8}
HF	6.9×10^{-4}
HOI	2.4×10^{-11}
HIO_3	0.16
HNO_2	6.0×10^{-4}
HN_3	2.4×10^{-5}
H_2O_2	$K_{a1}^{\ominus}=2.0\times10^{-12}$
H_2SO_4	$K_{a2}^{\ominus}=1.0\times10^{-2}$
H_2SO_3	$K_{a1}^{\ominus}=1.7\times10^{-2}$；$K_{a2}^{\ominus}=6.0\times10^{-8}$
H_2S	$K_{a1}^{\ominus}=8.9\times10^{-8}$；$K_{a2}^{\ominus}=7.1\times10^{-19}$
$H_2C_2O_4$(草酸)	$K_{a1}^{\ominus}=5.4\times10^{-2}$；$K_{a2}^{\ominus}=5.4\times10^{-5}$
HCOOH(甲酸)	1.8×10^{-4}
HAc(乙酸)	1.8×10^{-5}
$ClCH_2COOH_3$(氯乙酸)	1.4×10^{-3}
EDTA	$K_{a1}^{\ominus}=1.0\times10^{-2}$；$K_{a2}^{\ominus}=2.1\times10^{-3}$；$K_{a3}^{\ominus}=6.9\times10^{-7}$； $K_{a4}^{\ominus}=5.9\times10^{-11}$

2.弱碱的解离常数

弱碱	解离常数
氨	1.8×10^{-5}
联氨	9.8×10^{-7}
羟氨	9.1×10^{-9}
甲胺	4.2×10^{-4}
苯胺	4×10^{-10}
六次甲基四胺	1.4×10^{-9}

附录 4　常见难溶化合物的溶度积常数(298.15 K)

化学式	$K_{sp}^{\ominus}$	化学式	$K_{sp}^{\ominus}$
AgBr	5.3×10^{-13}	$FeCO_3$	3.1×10^{-11}
AgCl	1.8×10^{-10}	$Fe(OH)_2$	4.86×10^{-17}
Ag_2CO_3	8.3×10^{-12}	$Fe(OH)_3$	2.8×10^{-39}
Ag_2CrO_4	1.1×10^{-12}	$HgBr_2$	6.3×10^{-20}
AgCN	5.9×10^{-17}	Hg_2Cl_2	1.4×10^{-18}
$Ag_2C_2O_4$	5.3×10^{-12}	Hg_2I_2	5.3×10^{-29}

续表

化学式	$K_{sp}^{\ominus}$	化学式	$K_{sp}^{\ominus}$
$AgIO_3$	3.1×10^{-8}	Hg_2SO_4	7.9×10^{-7}
AgI	8.3×10^{-17}	$MgCO_3$	6.8×10^{-6}
Ag_3PO_4	8.7×10^{-17}	MgF_2	7.4×10^{-11}
$AgSCN$	1.0×10^{-12}	$Mg(OH)_2$	5.1×10^{-12}
$Al(OH)_3$（无定形）	(1.3×10^{-33})	$Mg_3(PO_4)_2$	1.0×10^{-24}
$BaCO_3$	2.6×10^{-9}	$MnCO_3$	2.2×10^{-11}
$BaCrO_4$	1.2×10^{-10}	$Mn(OH)_2$	2.1×10^{-13}
$BaSO_4$	1.1×10^{-10}	$NiCO_3$	1.4×10^{-7}
$CaCO_3$	4.9×10^{-9}	$Ni(OH)_2$	5.0×10^{-16}
$CaC_2O_4\cdot H_2O$	2.3×10^{-9}	$PbCO_3$	1.5×10^{-13}
$CaCrO_4$	(7.1×10^{-4})	$Pb(OH)_2$	1.4×10^{-20}
CaF_2	1.5×10^{-10}	$PbBr_2$	6.6×10^{-6}
$CaHPO_4$	1.8×10^{-7}	$PbCl_2$	1.7×10^{-5}
$Ca_3(PO_4)_2$（低温）	2.1×10^{-33}	PbCrO4	2.8×10^{-13}
$CaSO_4$	7.1×10^{-5}	PbI_2	8.4×10^{-9}
$Cr(OH)_3$	(6.3×10^{-31})	$SrCO_3$	5.6×10^{-10}
$CuCl$	1.7×10^{-7}	$SrCrO_4$	(2.2×10^{-5})
$CuBr$	6.9×10^{-9}	$SrSO_4$	3.4×10^{-7}
CuI	1.2×10^{-12}	$ZnCO_3$	1.2×10^{-10}
$CuSCN$	1.8×10^{-13}	$Zn(OH)_2$	6.8×10^{-17}
$Cu_2P_2O_7$	7.6×10^{-16}		

附录5　配合物的标准稳定常数(298.15 K)

配合物	$\lg\beta_n$
氨配合物	
Cd^{2+}	2.60；4.65；6.04；6.92；6.6；4.9
Co^{2+}	2.05；3.62；4.61；5.31；5.43；4.75
Cu^{2+}	4.13；7.61；10.46；12.59
Ni^{2+}	2.75；4.95；6.64；7.79；8.50；8.49
Zn^{2+}	2.27；4.61；7.01；9.06
氟配合物	
Al^{3+}	6.1；11.15；15.0；17.7；19.4；19.7
Fe^{3+}	5.2；9.2；11.9

续表

配合物	$\lg\beta_n$
Sn^{4+}	25
TiO^{2+}	5.4； 9.8； 13.7； 17.4
Th^{4+}	7.7； 13.5； 18.0
Zr^{4+}	8.8； 16.1； 21.9
氯配合物	
Ag^{+}	2.9； 4.7； 5.0； 5.9
Hg^{2-}	6.7； 13.2； 14.1； 15.1
碘配合物	
Cd^{2-}	2.4； 3.4； 5.0； 6.15
Hg^{2+}	12.9； 23.8； 27.6； 29.8
硫氰酸配合物	
Fe^{3+}	2.3； 4.5； 5.6； 6.4； 6.4
Hg^{2+}	16.1； 19.0； 20.9
硫代硫酸配合物	
Ag^{+}	8.82； 13.5
Hg^{2+}	29.86； 32.26

附录 6　标准电极电势(298.15 K)

电极反应(氧化型＋$ze^{-}\rightleftharpoons$还原型)	$E^{\ominus}/V$
$Li^{+}(aq)+e^{-}\rightleftharpoons Li(s)$	－3.040
$Cs^{+}(aq)+e^{-}\rightleftharpoons Cs(s)$	－3.027
$Rb^{+}(aq)+e^{-}\rightleftharpoons Rb(s)$	－2.943
$K^{+}(aq)+e^{-}\rightleftharpoons K(s)$	－2.936
$Ra^{2+}(aq)+2e^{-}\rightleftharpoons Ra(s)$	－2.910
$Ba^{2+}(aq)+2e^{-}\rightleftharpoons Ba(s)$	－2.906
$Sr^{2+}(aq)+2e^{-}\rightleftharpoons Sr(s)$	－2.899
$Ca^{2+}(aq)+2e^{-}\rightleftharpoons Ca(s)$	－2.869
$Na^{+}(aq)+e^{-}\rightleftharpoons Na(s)$	－2.714
$La^{3+}(aq)+3e^{-}\rightleftharpoons La(s)$	－2.362
$Mg^{2+}(aq)+2e^{-}\rightleftharpoons Mg(s)$	－2.357
$Se^{3+}(aq)+3e^{-}\rightleftharpoons Se(s)$	－2.027
$Be^{2+}(aq)+2e^{-}\rightleftharpoons Be(s)$	－1.968
$Al^{3+}(aq)+3e^{-}\rightleftharpoons Al(s)$	－1.68

续表

电极反应(氧化型$+ze^- \rightleftharpoons$还原型)	$E^{\ominus}$/V
$Mn^{2+}(aq)+2e^- \rightleftharpoons Mn(s)$	−1.182
$SO_4^{2+}+H_2O(l)+2e^- \rightleftharpoons SO_3^{2+}(aq)+2OH^-(aq)$	−0.9362
$Fe(OH)_2(s)+2e^- \rightleftharpoons Fe(s)+2OH^-$	−0.8914
$Zn^{2+}(aq)+2e^- \rightleftharpoons Zn(s)$	−0.7621
$Cr^{3+}(aq)+3e^- \rightleftharpoons Cr(s)$	−0.74
$2CO_2+2H^+(aq)+2e^- \rightleftharpoons H_2C_2O_4$	−0.5950
$2SO_3^{2+}(aq)+3H_2O(l)+4e^- \rightleftharpoons S_2O_3^{2+}(aq)+6OH^-(aq)$	−0.5659
$Ga^{3+}(aq)+3e^- \rightleftharpoons Ga(s)$	−0.5943
$Fe(OH)_3(s)+e^- \rightleftharpoons Fe(OH)_2(s)+OH^-(aq)$	−0.5468
$S(s)+2e^- \rightleftharpoons S^{2-}(aq)$	−0.445
$Cr^{3+}(aq)+e^- \rightleftharpoons Cr^{2+}(aq)$	−0.4089
$Fe^{2+}(aq)+2e^- \rightleftharpoons Fe(s)$	−0.4089
$Ag(CN)_2^-+e^- \rightleftharpoons Ag(s)+2CN^-(aq)$	−0.4073
$Cd^{2+}(aq)+2e^- \rightleftharpoons Cd(s)$	−0.4022
$PbI_2(s)+2e^- \rightleftharpoons Pb(s)+2I^-$	−0.3653
$PbSO_4(s)+2e^- \rightleftharpoons Pb(s)+SO_4^{2-}(aq)$	−0.3555
$Co^{2+}(aq)+2e^- \rightleftharpoons Co(s)$	−0.282
$PbBr_2(s)+2e^- \rightleftharpoons Pb(s)+2Br^-(aq)$	−0.2798
$PbCl_2(s)+2e^- \rightleftharpoons Pb(s)+2Cl^-(aq)$	−0.2676
$Ni^{2+}(aq)+e^- \rightleftharpoons Ni(s)$	−0.2363
$CuI(s)+e^- \rightleftharpoons Cu(s)+I^-(aq)$	−0.1858
$AgCN(s)+e^- \rightleftharpoons Ag(s)+CN^-(aq)$	−0.1606
$AgI(s)+e^- \rightleftharpoons Ag(s)+I^-(aq)$	−0.1515
$Sn^{2+}(aq)+2e^- \rightleftharpoons Sn(s)$	−0.1410
$Pb^{2+}(aq)+2e^- \rightleftharpoons Pb(s)$	−0.1266
$[HgI_4]^{2-}(aq)+2e^- \rightleftharpoons Hg(l)+4I^-(aq)$	−0.02809
$2H^+(aq)+2e^- \rightleftharpoons H_2(g)$	0
$S_4O_6^{2-}(aq)+2e^- \rightleftharpoons S_2O_3^{2-}$	0.02384
$AgBr(s)+e^- \rightleftharpoons Ag(s)+Br^-(aq)$	0.07317
$S(s)+2H^+(aq)+2e^- \rightleftharpoons H_2S(aq)$	0.1442
$Sn^{4+}(aq)+2e^- \rightleftharpoons Sn^{2+}(aq)$	0.1539
$SO_4^{2+}+4H^+(aq)+6e^- \rightleftharpoons H_2SO_3(aq)+H_2O(l)$	0.1576
$Cu^{2+}(aq)+e^- \rightleftharpoons Cu^+(aq)$	0.1607

续表

电极反应(氧化型$+ze^- \rightleftharpoons$还原型)	$E^{\ominus}/V$
$AgCl(a)+e^- \rightleftharpoons Ag(s)+Cl^-$	0.2222
$[HgBr_4]^{2-}(aq)+2e^- \rightleftharpoons Hg(l)+4Br^-(aq)$	0.2318
$PbO_2(s)+H_2O(l)+2e^- \rightleftharpoons PbO(s)+2OH^-(aq)$	0.2483
$Hg_2Cl_2(aq)+2e^- \rightleftharpoons 2Hg(l)+2Cl^-(aq)$	0.2680
$Cu^{2+}(aq)+e^- \rightleftharpoons Cu(s)$	0.3394
$Ag_2O(aq)+H_2O(l)+2e^- \rightleftharpoons 2Ag(s)+2OH^-(aq)$	0.3428
$[Fe(CN)_6]^{3-}(aq)+e^- \rightleftharpoons [Fe(CN)_6]^{4-}(aq)$	0.3557
$[Ag(NH_3)_2]^+(aq)+e^- \rightleftharpoons Ag(s)+2NH_3(g)$	0.3719
$ClO_4^-(aq)+H_2O(l)+2e^- \rightleftharpoons ClO_3^-(aq)+2OH^-(aq)$	0.3979
$O_2(g)+2H_2O(l)+4e^- \rightleftharpoons 4OH^-(aq)$	0.4009
$2H_2SO_3(aq)+2H^+(aq)+4e^- \rightleftharpoons S_2O_3^{2+}(aq)+3H_2O(l)$	0.4101
$Ag_2CrO_4(s)+2e^- \rightleftharpoons 2Ag(s)+CrO_4^{2-}$	0.4456
$2BrO^-(aq)+2H_2O(l)+2e^- \rightleftharpoons Br_2(l)+4OH^-(aq)$	0.4556
$H_2SO_3(aq)+4H^+(aq)+4e^- \rightleftharpoons S(s)+3H_2O(l)$	0.4497
$Cu^+(aq)+e^- \rightleftharpoons Cu(s)$	0.5180
$I_2(s)+2e^- \rightleftharpoons 2I^-(aq)$	0.5345
$MnO_4^-(aq)+e^- \rightleftharpoons MnO_4^{2-}(aq)$	0.5545
$H_3AsO_4(aq)+2H^+(aq)+4e^- \rightleftharpoons H_3AsO_3^{2-}(aq)+H_2O(l)$	0.5748
$MnO_4^-(aq)+2H_2O(l)+3e^- \rightleftharpoons MnO_2(s)+4OH^-(aq)$	0.5965
$BrO_3^-(aq)+3H_2O(l)+6e^- \rightleftharpoons Br^-(aq)+6OH^-(aq)$	0.6126
$MnO_4^{2-}(aq)+2H_2O(l)+2e^- \rightleftharpoons MnO_2(s)+4OH^-(aq)$	0.6175
$2HgCl_2(aq)+2e^- \rightleftharpoons Hg_2Cl_2(s)+2Cl^-(aq)$	0.6571
$O_2(g)+2H^+(aq)+2e^- \rightleftharpoons H_2O_2(aq)$	0.6945
$Fe^{3+}(aq)+e^- \rightleftharpoons Fe^{2+}(aq)$	0.769
$Hg_2^{2+}(aq)+2e^- \rightleftharpoons 2Hg(l)$	0.7956
$NO_3^-(aq)+2H^+(aq)+e^- \rightleftharpoons NO_2(g)+H_2O(l)$	0.7989
$Ag^+(aq)+e^- \rightleftharpoons Ag(s)$	0.7991
$Hg^{2+}(aq)+2e^- \rightleftharpoons Hg(l)$	0.8519
$2Hg^{2+}(aq)+2e^- \rightleftharpoons Hg^{2+}(l)$	0.9083
$NO_3^-(aq)+3H^+(aq)+2e^- \rightleftharpoons HNO_2(aq)+H_2O(l)$	0.9275
$NO_3^-(aq)+4H^+(aq)+3e^- \rightleftharpoons NO(g)+2H_2O(l)$	0.9637
$Br_2(l)+2e^- \rightleftharpoons 2Br^-(aq)$	1.0774
$2IO_3^-(aq)+12H^+(aq)+10e^- \rightleftharpoons I_2(s)+6H_2O(l)$	1.209

续表

电极反应(氧化型$+ze^-$ ⇌ 还原型)	$E^{\ominus}$/V
$O_2(g)+4H^+(aq)+4e^- \rightleftharpoons 2H_2O(l)$	1.229
$MnO_2(s)+4H^+(aq)+2e^- \rightleftharpoons Mn^{2+}+2H_2O(l)$	1.2293
$Tl^{3+}+2e^- \rightleftharpoons Tl^+(aq)$	1.280
$Cr_2O_7^{2-}(aq)+14H^+(aq)+6e^- \rightleftharpoons 2Cr^{3+}(aq)+7H_2O(l)$	1.33
$Cl_2(g)+2e^- \rightleftharpoons 2Cl^-(aq)$	1.360
$PbO_2(aq)+4H^+(aq)+2e^- \rightleftharpoons Pb^{2+}(aq)+2H_2O(l)$	1.458
$Au^{3+}(aq)+3e^- \rightleftharpoons Au(s)$	1.50
$Mn^{3+}(aq)+e^- \rightleftharpoons Mn^{2+}(aq)$	1.51
$MnO_4^-(aq)+8H^+(aq)+5e^- \rightleftharpoons Mn^{2+}(g)+4H_2O(l)$	1.512
$2BrO_3^-(aq)+12H^+(aq)+10e^- \rightleftharpoons Br_2(l)+6H_2O(l)$	1.513
$Cu^{2+}(aq)+2CN^-(aq)+e^- \rightleftharpoons Cu(CN)_2^-(aq)$	1.580
$2HClO(aq)+2H^+(aq)+2e^- \rightleftharpoons Cl_2(g)+2H_2O(l)$	1.630
$Au^+(aq)+e^- \rightleftharpoons Au(s)$	1.68
$MnO_4^-(aq)+4H^+(aq)+3e^- \rightleftharpoons MnO_2(s)+2H_2O(l)$	1.700
$H_2O_2(aq)+2H^+(aq)+2e^- \rightleftharpoons 2H_2O(l)$	1.763
$S_2O_8^{2-}(aq)+2e^- \rightleftharpoons 2SO_4^{2+}$	1.939
$Co^{3+}(aq)+e^- \rightleftharpoons Co^{2+}(aq)$	1.95
$Ag^{2+}(aq)+e^- \rightleftharpoons Ag^+(aq)$	1.989

附录 7　常用的化学网站网址

1.化学信息与检索

(1)中国科学院文献情报中心 https://www.las.ac.cn/

(2)中国国家图书馆 http://www.nlc.cn

(3)中国科技网 http://www.stdaily.com/

(4)美国化学会全文期刊数据库 https://pubs.acs.org/

(5)中国知网 https://www.cnki.net/

(6)万方数据 http://wanfangdata.com.cn

(7)中国化工信息网 https://www.cncic.cn/

(8)美国化学信息网 http://chemistry.org

2.专利信息与检索

(1)中国专利信息网 http://www.patent.com.cn

(2)美国专利检索网 http://uspto.gov/ patent

(3)欧洲专利局 http://www.epo.org

(4)日本专利检索网:http:/www.jpo-miti.go.jp

参考文献

[1] 李云涛.普通化学普通化学实验[M].北京:化学工业出版社,2012.

[2] 孙尔康,张剑荣,李巧云,等.普通化学普通化学实验[M].南京:南京大学出版社,2010.

[3] BOTTOMLEY L, COX C. Chemistry1310 2008-2009 Laboratory Manual[M]. Plymouth:Hayden-McNeil Publishing,2009.

[4] 南京大学《普通化学实验》编写组.普通化学实验[M].4版.北京:高等教育出版社,2006.

[5] 侯海鸽,朱志彪,范乃英.普通化学普通化学实验[M].哈尔滨:哈尔滨工业大学出版社,2005.

[6] 倪哲明.新编基础化学实验(Ⅰ):普通化学实验[M].北京:化学工业出版社,2006.

[7] 孙毓庆.分析化学实验[M].北京:科学出版社,2004.

[8] 武汉大学《普通化学实验》编写组.普通化学实验[M].2版.武汉:武汉大学出版社,2001.

[9] 袁书玉.无机化学实验[M].北京:清华大学出版社,1996.

[10] 大连理工大学无机化学教研室.无机化学实验[M].北京:高等教育出版社,1990.